科学出版社“十四五”普通高等教育本科规划教材

基础化学实验

（第四版）

王小燕　高洪涛　王　超
王　静　戴冬梅　李明华　主编

科学出版社

北　京

内 容 简 介

本书是普通高等教育“十一五”国家级规划教材《基础化学教程(无机与分析化学)(第三版)》(许泳吉等，2021，科学出版社)的配套实验教材，也是科学出版社“十四五”普通高等教育本科规划教材。全书将无机化学实验与分析化学实验的基本内容统一安排，既强化基础，又注重能力和创新意识的培养。主要内容包括：基础化学实验基本知识与技术，基本实验(基本操作训练、化学基本原理的应用及常数测定、定量分析、元素及其化合物的性质)，综合实验、准设计性实验和准研究性实验。准设计性实验和准研究性实验不仅有利于学生创新能力的培养，而且能提高学生撰写科技论文的能力。

本书可作为高等学校化学、化工、环境、材料、海洋、生物、药学等相关专业的基础化学实验教材，也可供从事化学实验工作的技术人员参考。

图书在版编目（CIP）数据

基础化学实验 / 王小燕等主编. -- 4版. -- 北京 : 科学出版社, 2025. 8. -- (科学出版社“十四五”普通高等教育本科规划教材).

ISBN 978-7-03-082944-3

Ⅰ. 06-3

中国国家版本馆CIP数据核字第2025XS1841号

责任编辑：侯晓敏　陈雅娴 / 责任校对：杨　赛

责任印制：张　伟 / 封面设计：陈　敬

科学出版社 出版

北京东黄城根北街16号

邮政编码：100717

http://www.sciencep.com

天津市新科印刷有限公司印刷

科学出版社发行　各地新华书店经销

*

2008年9月第　一　版　开本：787×1092　1/16

2016年3月第　二　版　印张：16　插页：1

2020年8月第　三　版　字数：410 000

2025年8月第　四　版　2025年8月第十九次印刷

定价：56.00元

（如有印装质量问题，我社负责调换）

第四版前言

时光荏苒，本书第一版于 2008 年问世，至今已历经两次修订与完善。每一次改版，都凝聚着众多师生的心血与期望，也见证着无机及分析化学实验教学的不断进步。

第三版教材在环保意识提升的背景下，对毒性大、内容陈旧的实验进行了调整，增加了先进、环保且综合性强的实验项目，为实验教学带来了新的活力。而在这之后 4 年多的时间里，实验教学又发生了诸多变化，数字技术的飞速发展给教学带来了新的机遇与挑战。2022 年，国务院印发《“十四五”数字经济发展规划》，明确了深入推进智慧教育是社会服务数字化提升工程的首要任务；2023 年，中共中央、国务院印发《数字中国建设整体布局规划》，强调要推动包括高校在内的多主体共同参与的数字中国建设，信息技术助推教育数字化转型已成为高等教育的核心议题。

基于此，编者守正创新，编写了本书。本书仍然延续了两大特点：①强化基础知识和基本技能训练，注重实验能力的培养；②注重能力和创新意识的培养，着力造就拔尖创新人才。编者继续自主研发与学生认知水平及实践能力相匹配、更具创新性和挑战性的准研究性实验，进一步培养学生的科研思维和实践能力，为他们未来从事科研工作或相关领域的技术创新奠定坚实基础。本书最大的亮点在于增加了丰富的数字资源，涉及 27 个实验项目的 72 个视频及 2 个虚拟仿真实验项目。操作视频、讲解视频以及虚拟仿真实验的融入，打破了传统教材在时间和空间上的限制，让学生能够随时随地学习实验操作技能，身临其境地感受实验过程，极大地提高了实验学习的趣味性和实效性。

本书由青岛科技大学王小燕、高洪涛、王超、王静、戴冬梅和李明华担任主编，参与数字资源建设的还有李会平、王春芙、罗世忠等。数字资源建设分工为：王小燕(实验 1、2，实验 8，实验 24、25，实验 29，实验 33～37，实验 41，实验 43、44)，高洪涛(实验 15、16 虚拟仿真实验项目的设计研发)，王超(实验 3)，王静(实验 1，实验 4，实验 7，实验 10，实验 17、18，实验 29，实验 36、37，实验 43)，戴冬梅(实验 2、3，实验 10、11，实验 21、22，实验 33)，李明华(实验 7、8，实验 13，实验 19，实验 34，实验 41，实验 43、44)，李会平与王春芙（实验 9，实验 14，实验 35）。全书由王小燕统稿和定稿。

在本书编写过程中，科学出版社和青岛科技大学教务处给予了立项支持，同时科学出版社的编辑为本书的出版做了大量细致的工作，在此表示衷心的感谢！

借本书出版之际，对多年来为本书编写做出贡献的青岛科技大学化学与分子工程学院从事无机及分析化学实验教学的老师表示最诚挚的谢意；特别感谢罗世忠、李会平、王春芙、解从霞等老师对本书编写工作的大力支持和无私奉献。

由于编者业务水平和教学经验有限，书中难免有不妥之处，敬请读者批评指正。

编　者

2025 年 7 月于青岛

第三版前言

本书 2008 年出版第一版，满足了当时的化学、化工和材料等专业的课程需要，对实验教学改革起到了很好的推动作用。2016 年出版了第二版，删除了部分传统实验内容，增加了准研究性实验内容。

4 年多来，教师和学生在实验教学中提出了许多宝贵意见和建议，对本书的再次修订起到了极大的帮助和推动作用，在此向支持和关心本书的学院领导、教师以及学生表示衷心的感谢。

为着力造就拔尖创新人才，进一步培养学生的创新意识和创新能力，在汇总各方面意见的基础上，编者坚持守正创新，提出了第三版的修订计划。首先，在环保意识不断加强的背景下，从减少环境污染角度出发，元素性质实验中涉及毒性大的实验内容不再具体操作，改由学生通过实验教学视频学习；其次，删除了内容较陈旧的 8 个实验项目，增加了实验技术先进、实验内容更环保、实验操作综合性和应用性强的实验项目，包括基本实验 5 个、综合实验 3 个、准设计性实验 1 个。另外，为配合信息化教学，方便实验预习，编者录制了部分操作视频，读者可扫描书中的二维码观看。

第三版教材仍然延续了两大特点：

(1) 强化基础知识和基本技能训练，注重实验能力的培养。按照由浅入深、循序渐进的认识规律，本书的编写分成基础化学实验基本知识、基本操作训练、化学常数测定实验、定量分析实验、综合实验、准设计性实验和准研究性实验等几个层次，努力使学生掌握化学实验的基本知识及基本操作技能，落实“厚基础、宽专业、大综合”的教育理念，培养学生的综合素质。

(2) 注重能力和创新精神的培养。本书除基本操作和基础实验内容外，还编制了较多的综合实验、准设计性实验和准研究性实验。综合实验主要将无机化学的制备和分析化学的测试内容进行结合，形成了“化合物制备—组成确定—结构确定—性能测试”的实验教学理念，提高学生的综合能力。准设计性实验则介于综合实验和设计性实验之间，可以使综合实验设计化、设计性实验指导化。学生充分查阅文献，运用已有的理论知识反复推敲后，在教师的指导下设计出最佳方案。准研究性实验介于设计性实验和研究性实验之间。该类实验不仅能使学生较全面地巩固所学的理论知识和基本操作技能，而且能通过查阅文献扩大知识面，提高分析处理数据及撰写科技论文的能力，为毕业设计打下良好的基础。

本书由罗世忠、魏庆莉、李会平、王春芙、王小燕和解从霞担任主编，参加编写的还有王静、李明华、戴冬梅、张春艳、纪小婷。编写分工为：魏庆莉(1.1～1.5、1.6.3、1.6.4、2.1～2.5)，戴冬梅、张春艳(1.6.1、1.6.2)，李会平(2.6～2.7)，王小燕 (第 3 章、第 9 章)，罗世忠、王静(第 4 章)，罗世忠 (第 5 章)，李会平、王春芙(第 6 章)，解从霞(第 7 章实验 41～44 及实验 48、第 8 章)，李明华(第 7 章实验 45～47)，纪小婷(附录)。教材校对分工为：李会平、李明华、王春芙负责第 1 章、第 2 章和第 6 章，王静负责第 3～5 章，王小燕负责第 7～9 章，纪小婷负责附录。全书由罗世忠统稿和定稿。

在本书编写过程中，青岛科技大学教务处给予了立项支持，科学出版社和青岛科技大学化学与分子工程学院给予了极大的帮助和支持。青岛科技大学罗细亮教授、王德宝教授、高洪涛教授对再版工作给予指导并提出宝贵的建议，基础化学原理教研室全体教师也为本书的编写提供了大力支持和帮助，在此一并表示感谢。

由于编者业务水平和教学经验所限，书中难免有不妥与疏漏之处，敬请读者批评指正。

编　者

2023 年 6 月于青岛

第二版前言

基础化学实验是中学生进入大学后接触的第一门化学实验课。实验内容与理论教学既相互独立、自成教学体系，又互为依托、相辅相成、各有特色。通过实验，学生能加深对化学基本概念和原理的理解。本书第一版于 2008 年出版，经过几年的使用，受到广大师生的好评。结合多年的实验教学经验，基于“厚基础、宽专业、大综合”的教育理念，编者进行了再版修订，删除了部分传统实验内容，增加了准研究性实验内容，不仅能使学生全面了解所学的理论知识和基本操作技能，而且通过查阅文献能够扩大学生的知识面，提高学生分析问题、解决问题及撰写科技论文的能力。学生进入高年级后普遍反映，准设计性实验和准研究性实验的开设为后续的设计性实验乃至毕业设计的顺利进行打下了扎实的基础。

编者多年从事基础化学实验教学，结合多年的教学经验并参阅兄弟院校已出版的实验教材及相关论著修订本书。本书内容包括：基础化学实验基本知识与技术，基本实验(基本操作训练、化学基本原理的应用及常数测定、定量分析、元素及其化合物的性质，共 41 个实验)，综合实验(6 个)、准设计性实验(5 个)和准研究性实验(4 个)。不同专业可以根据专业特点，选择相应的实验项目。

本书的主要特点包括：

(1) 强化基础教学，注重基本技能的训练。基本实验部分精选经典实验，在确保训练学生基本技能的前提下，增加了反映高新技术与实际应用相关的内容。强调实验的可操作性、适用性，注重实验的科学化、现代化、系列化、应用化、微型化和绿色化。内容涉及基本操作训练、无机合成、组分提纯、定性和定量分析与化学常数的测定。

(2) 注重能力和创新精神的培养。本书除基本实验和综合实验内容外，还编排了准设计性实验和准研究性实验。准设计性实验介于综合实验和设计性实验之间，可以使综合实验设计化，设计性实验指导化。学生在充分查阅文献、运用已有的理论知识反复推敲后，在教师的指导下设计出最佳方案。准研究性实验介于设计性实验和研究性实验之间。该类实验不仅能使学生较全面地巩固所学的理论知识和基本操作技能，而且通过查阅文献能扩大知识面，提高分析处理数据及撰写科技论文的能力，为学生在大学四年级进行毕业设计打下良好的基础，有利于提高教学质量。

本次修订由罗世忠、魏庆莉、王小燕和解从霞担任主编，参加编写的还有王春芙、李会平、于莹。编写分工如下：魏庆莉(第 1 章、第 2 章 2.1～2.5 节)，李会平(第 2 章 2.6 节)，王小燕(第 3 章和第 9 章)，罗世忠(第 4、5 章)，王春芙(第 6 章)，解从霞(第 7、8 章)，于莹(附录)。全书由罗世忠统稿。

在本书编写过程中，青岛科技大学教务处给予了立项支持，科学出版社和青岛科技大学化学与分子工程学院给予了极大的帮助和支持。青岛科技大学傅洵教授对本书的编写提出了指导性意见和修改意见，在此一并表示感谢。同时感谢基础化学实验中心和基础化学原理教研室全体教师的大力支持和帮助。

由于编者业务水平和教学经验所限，书中难免有不妥与疏漏之处，敬请读者批评指正。

编　者

2015 年 12 月于青岛

第一版前言

基础化学实验是一门独立的基础实验课程，是化学实验的重要分支，在课程体系和人才培养方面占有很大的比重和重要的地位，也是学生学习其他化学实验课的基础。基础化学实验是中学生进入大学后接触的第一门化学实验课，虽然该课程独立开设，但在内容上和无机与分析化学课程密切结合，实验课与理论课两者既相互独立、自成教学体系，又互为依托、相辅相成、各有特色。

基于对大学基础化学实验教学基本要求的深刻理解以及对普通高等学校一年级学生的基础知识及动手能力的了解，结合多年的教学经验，我们编写了《基础化学实验》。本书既强化基础，又注重能力和创新精神的培养。主要内容包括：基础化学实验基本知识与技术，基本实验(基本操作训练、化学基本原理的应用及常数测定、定量分析实验、元素及其化合物的性质实验，共 40 个实验)，综合性实验(6 个实验)和准设计性实验(8 个实验)。不同专业可以根据实际需要选择合适的实验项目。

本书的编写特点主要体现在：

(1) 强化基础，注重基本技能的训练。基本实验部分精选经典实验，在确保训练学生基本技能的前提下，增加了反映高新技术与实际应用相关的内容。强调实验的可操作性、适用性，注重实验的科学化、现代化、系列化、应用化、微型化和绿色化。内容涉及基本操作训练、无机合成、组分提纯、定性和定量分析与化学常数的测定。

(2) 注重能力和创新精神的培养。本书除基本实验和综合实验内容外，还编排了准设计性实验。准设计性实验介于综合性和设计性实验之间，可以使综合性实验设计化，设计性实验指导化。学生在充分查阅文献、运用已有的理论知识反复推敲后，在教师的指导下设计出最佳方案。该类实验不仅能使学生较全面地巩固所学的理论知识和基本操作技能，而且通过查阅文献能扩大知识面，提高用计算机分析及处理数据、综合整理实验报告及撰写科技论文的能力，为大学二年级进行设计性实验打下良好的基础，有利于提高教学质量。

本书由魏庆莉、罗世忠、解从霞担任主编，参加编写的还有王春芙、李会平、张振英和于莹。编写分工如下：魏庆莉(第 1 章、第 2 章 2.1～2.5 节)，李会平(第 2 章 2.6 节)，张振英(第 3 章)，罗世忠(第 4、5 章)，王春芙(第 6 章)，解从霞(第 7、8 章)，于莹(附录)。全书由魏庆莉统稿。

在本书编写过程中，青岛科技大学教务处给予了立项支持，科学出版社和青岛科技大学化学与分子工程学院给予了极大的帮助和支持，青岛科技大学傅洵教授对本书的编写提出了宝贵意见，在此一并表示感谢。同时感谢基础化学实验中心和基础化学教研室全体教师的大力支持和帮助。在编写过程中，编者还参阅了兄弟院校已出版的多本相关实验教材，谨表谢意。

由于编者业务水平和教学经验所限，书中难免有不妥与错误之处，欢迎读者批评指正。

编　者
2008 年 5 月于青岛

目　　录

第二部分 基本实验

第一部分

基础化学实验基本知识与技术

第1章 绪　论

1.1 基础化学实验的学习目的和方法

化学是一门以实验为基础的自然科学，许多化学理论与规律都源自实验，同时又被实验所检验。对科学工作者而言，实验技术是十分重要的。化学实验课是传授知识和技能、训练科学思维和方法、培养科学精神和职业道德、全面实施化学素质教育的最有效的形式之一。

在基础化学的学习中，实验占有极其重要的地位。基础化学实验是化学化工类专业学生所学的第一门专业基础实验课，它是一门独立设置的课程，但又和无机与分析化学理论课有紧密的联系。本实验课程包括基础化学中重要原理的应用及常数测定、无机化合物的制备与提纯、分析鉴定、元素及化合物的性质、定量分析等化学实验。通过本课程的学习，学生可达到以下目的：

(1) 通过仔细观察实验现象，获得化学感性知识，巩固和扩展课堂中所获得的知识，为理论联系实际提供具体的条件。

(2) 熟练掌握实验操作的基本技术，正确使用化学实验中的各种常见仪器。

(3) 加深对基础化学理论的理解，确立准确的“量”的概念，了解并掌握影响实验结果的关键环节，掌握实验数据的处理方法。

(4) 培养严谨的科学态度和良好的工作作风，以及独立思考、分析问题、解决问题的能力。

(5) 逐步掌握科学研究的方法，养成良好的学习习惯和实验习惯，为学习后续课程及将来的科研和生产工作打好基础。

要达到上述目的，必须有正确的学习态度和学习方法。基础化学实验的学习方法大致可从预习、实验、实验报告三个方面来掌握。

1. 预习

实验前充分预习是做好实验的前提。预习的内容包括：

(1) 阅读实验教材和教科书中的有关内容，必要时参阅有关资料。

(2) 明确实验目的和要求，透彻理解实验的基本原理。

(3) 明确实验内容、操作过程和实验时应当注意的事项。

(4) 实验前认真思考实验中可能出现的问题，并从理论上加以解决。

(5) 查阅有关教材、参考书、手册，获得该实验所需的有关化学反应方程式、常数等。

(6) 通过对实验的理解，在记录本上简要写出实验预习报告，其中实验步骤尽可能用方框图、箭头等符号表示。

实验课前写出预习笔记，未预习实验者不允许进入实验室。

2. 实验

实验是培养独立工作和思维能力的重要环节，必须认真、独立完成实验内容。根据实验教材所规定的方法、步骤、试剂用量和实验操作规程进行操作，实验中应该做到下列几点：

(1) 认真操作，细心观察。对操作的目的、作用以及可能出现的问题认真探究，并把现象和测得的数据及时、详细、如实地记录在实验本(或数据记录纸)上，不得记录在纸片上。

(2) 深入思考。如果发现观察到的实验现象与理论不符合，首先要尊重实验事实，然后认真分析原因，并重做实验。必要时可做对照实验、空白实验或自行设计的实验来核对。

(3) 实验中遇到难以解释的疑难问题和异常现象时，可提请实验指导教师解答。

(4) 勤于思考，注意培养严谨的科学态度和实事求是的科学作风，不弄虚作假、随意修改数据。若实验失败或产生的误差较大，应努力寻找原因，并经实验指导教师同意后重做实验。

(5) 在实验过程中应保持严谨的态度，严格遵守实验室规则。实验结束后，清洗、整理仪器和药品，清理实验台面，清扫实验室，检查电源开关，关好门窗。

3. 实验报告

实验报告是实验的总结，是把感性认识上升到理性认识的重要环节，是培养学生分析、归纳、总结、写作能力的重要步骤。实验报告要求字迹端正、整洁、语句通顺、格式统一，一般应包括以下内容：

(1) 实验名称，日期，环境温度，实验者姓名及班级、学号，指导教师姓名。

(2) 实验目的。

(3) 实验原理。要求简明扼要，尽量用化学语言表达。

(4) 实验步骤。通过简图、表格、化学反应方程式、符号等简洁明了地表示。

(5) 实验现象和数据记录。根据实验现象进行数据整理、归纳、计算，表达要正确，数据记录要完整。绝对不允许主观臆造或抄袭他人的报告。

(6) 结果讨论与分析。对实验进行小结，包括对实验现象与结果的分析讨论。对实验方法、教学方法和实验内容等提出意见或建议。

(7) 思考题的解答。

1.2 实验报告格式示例

基础化学实验大致可分为以下几种类型：制备或提纯实验、常数测定及定量分析实验、性质验证实验。现将几种不同类型的实验报告格式介绍如下，以供参考。

1.2.1 制备或提纯实验示例

姓名：　　班级：　　学号：　　同组者：　　实验日期：
实验名称：　　　　指导教师：　　成绩：

实验×　粗食盐的提纯

一、实验目的

(1) 学习提纯无机化合物的基本方法。

(2) 练习溶解、加热、过滤、蒸发、结晶、干燥等无机制备中的基本操作。

(3) 了解沉淀溶解平衡原理的应用。

二、实验原理

略。

三、实验步骤

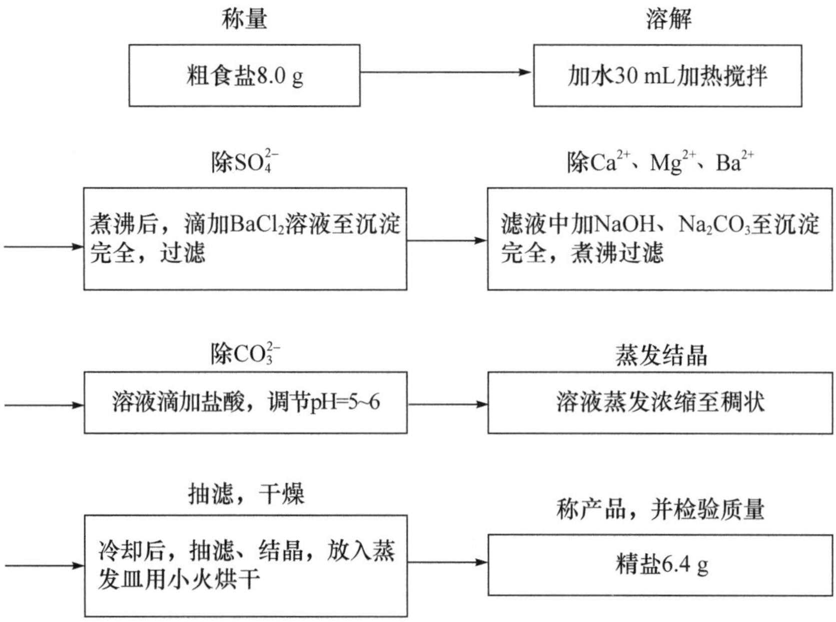

四、产品纯度检验

检验项目	检验方法	实验现象	
		粗食盐	精盐
SO_4^{2-}	加入 $BaCl_2$ 溶液	白色沉淀	无色溶液
Ca^{2+}	加入$(NH_4)_2C_2O_4$溶液	白色沉淀	无色溶液
Mg^{2+}	加入 NaOH 溶液和镁试剂	天蓝色溶液	紫色溶液

结论：得到的精盐中已除去SO_4^{2-}、Ca^{2+}和Mg^{2+}。

五、实验结果

产率：(6.4 g/8.0 g) × 100% = 80%。

产品质量：合格。

六、问题与讨论

根据产品产率和质量，讨论做好实验的关键所在。

1.2.2 测定实验示例

姓名：　　班级：　　学号：　　同组者：　　实验日期：

实验名称：　　指导教师：　　成绩：

实验× 离子选择性电极测定水中微量的氟

一、实验目的

(1) 了解氟离子选择性电极的结构、特性和使用。

(2) 掌握用氟离子选择性电极测定水中氟含量的原理和方法。

(3) 掌握标准曲线法测定微量氟的方法。

(4) 了解酸度计的使用。

二、实验原理

略。

三、实验步骤

1. 系列标准溶液的配制

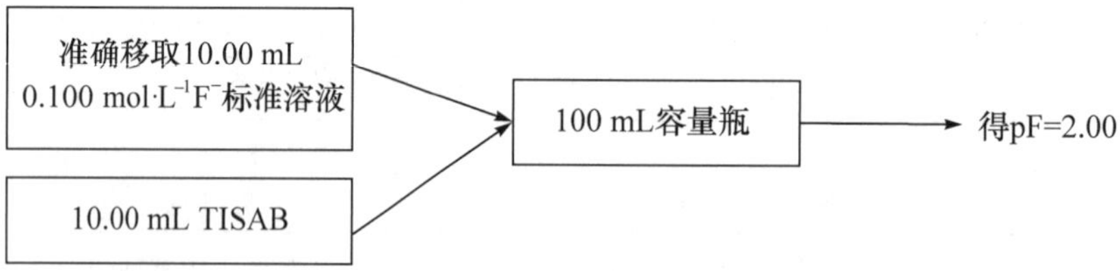

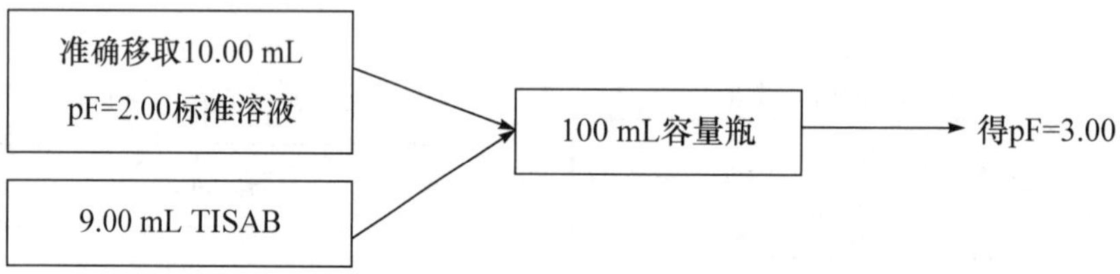

用同样的方法制得 pF=4.00、pF=5.00、pF=6.00 的溶液。

2. 水样的配制

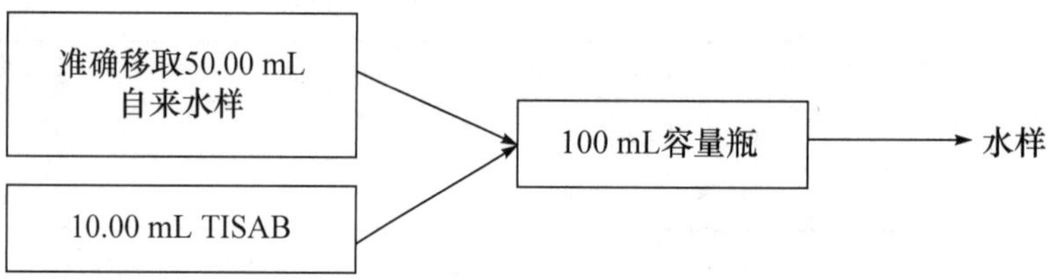

3. *E* 的测定

(1) 洗空白值。用去离子水洗氟电极至空白值+300 mV(−300 mV)。

(2) 系列标准溶液 *E* 的测定。将洗好的氟电极用待测液冲洗后，从稀至浓依次测 pF=6.00、pF=5.00、pF=4.00、pF=3.00、pF=2.00 溶液的电动势 *E*。

(3) 水样电动势 *E* 的测定。先用去离子水洗氟电极至空白值，再测待测液的电动势 *E*。

四、实验数据记录与处理

1. 数据记录

pF	2.00	3.00	4.00	5.00	6.00	水样
E/mV	62	121	187	246	324	239

2. 绘图

3. 计算氟离子含量

从图 1.1 中查出 E_x 对应 pF_x=4.78，则

$$c_{F^-}=10^{-pF}\times M_{F^-}\times 10^3\times\frac{100}{50}$$
$$=10^{-4.78}\times 19.0\times 10^3\times 2$$
$$=0.63(mg\cdot L^{-1})$$

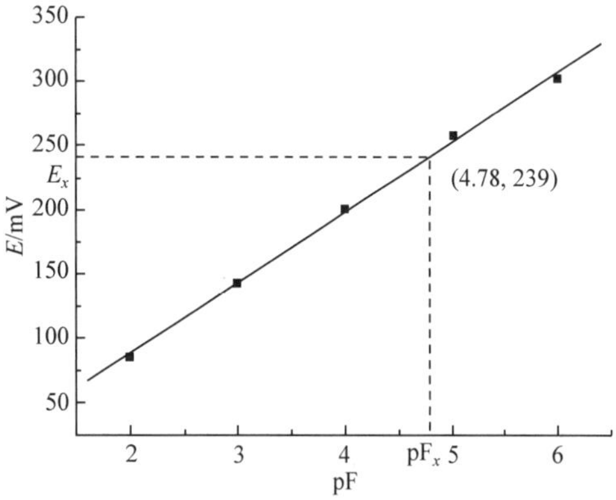

图 1.1　F^-溶液标准曲线

五、注意事项

略。

六、问题与讨论

略。

1.2.3　性质验证实验示例

姓名：　　　班级：　　　学号：　　　同组者：　　　实验日期：

实验名称：　　　　　　　　　　指导教师：　　　成绩：

实验×　ds 区元素(铜、银、锌、镉、汞)化合物的性质与应用

一、实验目的

略。

二、实验方法、现象、反应方程式及讨论

实验方法	实验现象	反应方程式	讨论
Cu^{2+}、Hg^{2+}、Hg_2^{2+} 与 KI 的反应：			(略)
(1) Cu^{2+}的氧化性和Cu^+的配合物。取 5 滴 0.1 $mol\cdot L^{-1}$ $CuSO_4$和 15 滴 0.1 $mol\cdot L^{-1}$ KI，慢慢滴加 4 滴 0.2 $mol\cdot L^{-1}$ $Na_2S_2O_3$，不宜过多	黄色↓ 渐变白色↓	$2Cu^{2+}+4I^-=2CuI\downarrow+I_2\downarrow$ $2S_2O_3^{2-}+I_2=2I^-+S_4O_6^{2-}$	
(2) 取 2 滴 0.1 $mol\cdot L^{-1}$ $Hg(NO_3)_2$和 1 滴 0.1 $mol\cdot L^{-1}$ KI，继续滴加 0.1 $mol\cdot L^{-1}$ KI	橘红色↓ ↓溶解，无色溶液	$Hg^{2+}+2I^-=HgI_2\downarrow$ $HgI_2+2I^-=[HgI_4]^{2-}\downarrow$	
(3) 取 2 滴 0.1 $mol\cdot L^{-1}$ $Hg_2(NO_3)_2$和 1 滴 0.1 $mol\cdot L^{-1}$ KI，继续滴加 0.1 $mol\cdot L^{-1}$ KI	黄绿色↓ ↓溶解，黑色↓	$Hg_2^{2+}+2I^-=Hg_2I_2\downarrow$ $Hg_2I_2+2I^-=[HgI_4]^{2-}+Hg\downarrow$ (歧化反应)	
……	……	……	

1.3　化学实验室规则

遵守实验室规则可以保证正常的实验环境和工作秩序，是防止意外事故发生、做好实验的前提和保障。化学实验室规则包括以下几方面：

(1) 实验前必须认真预习，明确实验目的和要求，弄清实验基本原理、实验操作技术和基

本仪器的使用方法，熟悉实验内容及注意事项，写好预习报告。

(2) 遵守纪律，不迟到，不早退。进入实验室时，先熟悉实验室及其周围环境，尤其是水、电、煤气等各种阀门所在位置。严格遵守实验室的各项规章制度。检查实验所需的物品、仪器、试剂等是否齐全，若有缺少或破损，及时向教师提出补足或更换。

(3) 实验过程中保持安静，严禁饮食、吸烟、看手机、听音乐，应集中精力、正确进行操作。爱护公共财物，小心使用仪器和实验设备，节约使用药品、水、电和煤气。

(4) 严格按照实验规定的操作步骤和试剂用量进行实验，若要更改，必须征得指导教师的同意方可进行。仔细观察各种现象，并如实、详细地记录在预习报告中，严禁随意涂改数据或拼凑结果。实验过程中如出现问题，应立即向指导教师汇报，以便及时解决和处理。

(5) 使用药品时应注意下列几点：

(i) 应按实验内容中的规定量取用，如果书中未规定用量，应注意节约，尽量少用。

(ii) 取用固体药品时，注意勿使其撒落在实验台上。

(iii) 药品自瓶中取出后，不应倒回原瓶中，以免带入杂质而引起瓶中药品污染变质。

(iv) 试剂瓶用过后，应立即盖上塞子放回原处，以免不同试剂瓶塞子盖错，混入杂质。

(v) 滴管在未洗净时，不应在另外的试剂瓶中吸取溶液。

(vi) 实验完成后，要求回收的药品应倒入回收瓶中。

(6) 保持实验台面整齐清洁，共用药品和仪器应在原位置取用，不得随意挪动。废液应倒入废液桶内，严禁倒入水槽内，以防污染环境和腐蚀下水管道。实验过程中损坏或丢失的仪器要及时登记补领，并按实验室的有关规定进行赔偿。值日生负责打扫和整理实验室，关好水、电、气等阀门，检查无误后报告指导教师，经教师允许方可离开。

(7) 实验后需对实验现象进行认真分析和总结，处理实验数据及对实验结果进行讨论。根据不同的实验要求写出不同格式的实验报告，提交指导教师批阅。

1.4 化学实验室安全与事故处理

化学实验所用的药品中，有的具有易燃、易爆、腐蚀性和毒性等特点。为确保实验顺利进行，保障实验人员安全，所有进入实验室的操作人员必须了解并遵守实验室的安全守则，了解实验室救护的基础知识，掌握常见事故的简单处理，养成良好的环保意识和实验习惯。

1.4.1 化学实验室安全规则

(1) 使用电器设备时，不能用湿手操作，以防触电。实验完毕后，关闭设备开关，拔去电源插头。

(2) 有毒、有刺激性或有恶臭物质的实验应在通风橱中进行。

(3) 易挥发或易燃物质的实验应在远离火种的地方进行，并尽可能在通风橱中进行，试剂使用完毕后立即盖紧盖子。

(4) 强氧化剂(如氯酸钾、高氯酸)及其混合物(如氯酸钾与红磷、碳、硫等的混合物)不能研磨，否则易发生爆炸。

(5) 使用浓酸、浓碱等强腐蚀性试剂时要小心，避免溅在皮肤、衣服和鞋袜上，尤其注意保护眼睛，一旦溅入眼睛应立即用水冲洗，之后请医务人员处理。

(6) 加热试管时，不要将试管口指向自己或他人，也不要俯视正在加热的液体，以免被溅出的液体烫伤。在嗅闻瓶中气体的气味时，鼻子不能直接对着瓶口(或管口)，而应用手把少量气体轻轻扇向鼻孔。

(7) 稀释浓硫酸时，应将浓硫酸慢慢地注入水中，并不断搅动。切勿将水注入浓硫酸中，以免产生局部过热，导致浓硫酸溅出引起灼伤。

(8) 使用酒精灯时应随用随点，不用时盖上灯罩。不要用已点燃的酒精灯去点燃其他酒精灯，以免酒精流出而失火。

(9) 有毒药品(如重铬酸钾、钡盐、铅盐、砷的化合物、汞的化合物等，特别是氰化物)不能随便倒入下水道，应回收或加以特殊处理。

(10) 实验室内严禁饮食、吸烟，勿用实验容器代替水杯、餐具使用，实验后应洗净双手。

1.4.2 化学实验意外事故的处理

如果在实验过程中发生了意外事故，可以采取以下救护措施：

(1) 割伤。若伤口内有玻璃碎片等异物应小心挑出，用水洗净伤口，挤出一点血，然后涂上红药水用消毒纱布包扎。也可在洗净的伤口上贴上创可贴，可立即止血，且易愈合。若伤口过大，应先止血并立即送医院救治。

(2) 烫伤。立即在伤口上涂抹烫伤膏(如氧化锌软膏、鱼肝油药膏、獾油等)。

(3) 强酸灼伤。应立即用大量水冲洗，然后用饱和碳酸氢钠溶液(或稀氨水、肥皂水)洗涤，最后用水冲洗。

(4) 浓碱灼伤。应立即用大量水冲洗，然后用 1%～2%硼酸溶液洗涤，最后用水冲洗。

(5) 溴灼伤。用 20% $Na_2S_2O_3$ 溶液洗涤伤口，再用大量水冲洗干净，包上消毒纱布后立即就医。

(6) 磷灼伤。用 5%硫酸铜溶液或高锰酸钾溶液洗涤伤口，并用浸过硫酸铜溶液的绷带包扎。

(7) 触电。立即切断电源，必要时进行人工呼吸。

(8) 吸入刺激性气体。立即转移到室外呼吸新鲜空气。

(9) 毒物入口。把 5～10 mL 1%～5%稀硫酸铜溶液加入一杯温水中，搅匀后喝下，用手指刺激喉部催吐，然后送医院治疗。

(10) 使用汞时应避免泼洒在实验台或地面上。使用后的汞应收集在专用的回收容器中，切不可倒入下水道或污物箱内。万一发生少量汞洒落，应尽量收集干净，然后在可能洒落的地方撒一些硫磺粉，最后清扫干净，并集中做固体废物处理。

(11) 着火。实验过程中如果发生着火，不要惊慌，应尽快切断电源或燃气源，移走易燃药品，防止火势蔓延。当身上衣服着火时，切勿惊慌乱跑，应赶快脱下衣服，或就地卧倒翻滚，或用防火布覆盖着火处。如因乙醇、苯或醚等起火，应立即用湿布或砂土等扑灭；如火势较大，应选择合适灭火器扑灭，并根据火情决定是否报告消防部门。常用灭火器及其适用范围见表 1.1。

表 1.1　实验室常用灭火器及其适用范围

灭火器类型	药液成分	适用范围
酸碱式	H_2SO_4 和 $NaHCO_3$	非油类和电器起火的一般初起火灾
泡沫灭火器	$Al_2(SO_4)_3$ 和 $NaHCO_3$	油类起火
二氧化碳灭火器	液态 CO_2	电器设备、小范围油类及忌水化学物品的失火
四氯化碳灭火器	液态 CCl_4	电器设备、小范围汽油、丙酮等失火，不能用于活泼金属钾、钠的失火(否则会因强烈分解发生爆炸)
干粉灭火器	$NaHCO_3$、硬脂酸铝、云母粉、滑石粉等	油类、可燃性气体、电器设备、精密仪器、图书等遇火易燃物品的初起火灾
1211 灭火器	CF_2ClBr 液化气体	特别适用于油类、有机溶剂、精密仪器、高压设备的失火

1.5　实验室“三废”处理

在化学实验中会产生各种有毒的废气、废液和废渣，俗称“三废”。“三废”不仅污染环境，而且其中的有用成分未能回收，造成经济损失。应树立环境保护和绿色化学实验观念，重视废弃物的处理，把用过的酸类、碱类、盐类等废液、废渣分别倒入各自的回收容器内，再根据废弃物的特性，采取中和、吸收、燃烧、回收循环利用等方法进行处理。

1.5.1　废气的处理

对于产生少量有毒气体的实验，可在通风橱内进行，通过排风设备将少量有毒气体排到室外，以免污染室内空气。而对于产生大量有毒气体的实验，必须备有吸收和处理装置。有害气体可采用液体或固体吸收法处理，其中以溶液吸收法成本最低，操作也简便，如 NO_2、SO_2、Cl_2、H_2S、HF 等可用碱液吸收，CO 可直接点燃使其转化为 CO_2。固体吸收法则是用固体吸附剂将污染物分离，常用的吸附剂有活性炭、硅胶、分子筛等。

1.5.2　废液的处理

实验室产生的废液种类繁多，组成变化大，应根据溶液的性质分别处理。

(1) 废酸和废碱溶液经过中和处理，使 pH 在 6～8，并用大量水稀释后方可排放。

(2) 废铬酸洗液可用高锰酸钾氧化法使其再生后使用。少量的废洗液可用废碱液或石灰使其生成 $Cr(OH)_3$ 沉淀，将沉淀埋于地下即可。

(3) 含铬废液可加入消石灰等碱性试剂，使所含的金属离子形成氢氧化物沉淀而除去。

(4) 氰化物是剧毒物质，对于含氰化物的废液，可用氯碱法，即将废液调节成碱性后，通入 Cl_2 或 NaClO，使氰化物分解成 CO_2 和 N_2 而除去；少量氰化物的废液也可用铁蓝法，在含有氰化物的废液中加入 $FeSO_4$，使其变成毒性较小的氰化亚铁沉淀除去。

(5) 在铬酸废液[含 Cr(Ⅵ)]中加入 $FeSO_4$、Na_2SO_3，使其变成 Cr(Ⅲ)后再加入 NaOH 或 Na_2CO_3 等碱性试剂，调 pH 至 6～8，使 Cr^{3+}形成 $Cr(OH)_3$ 沉淀而除去。

(6) 处理少量含汞废液时，常采用化学沉淀法，先调 pH 至 8～10，加入过量的 Na_2S，使其生成难溶的 HgS 沉淀而除去。少量残渣可埋于地下，大量残渣可用焙烧法回收汞。

(7) 在含铅及重金属的废液中加入 Na_2S 或 NaOH，使铅盐及重金属离子生成难溶性的硫化物或氢氧化物而除去。

(8) 含砷及其化合物的废液，在鼓入空气的同时加入 $FeSO_4$，然后用 NaOH 调 pH 至 9，以便使砷化合物生成亚砷酸钠或砷酸钠，再与氢氧化铁共沉淀而除去。

1.5.3　废渣的处理

固体废弃物一般采用土地填埋的方法。被填埋的废弃物应是惰性物质或能经微生物分解为无害物质。对少量高危险性物质(如放射性废弃物等)，可将其通过物理或化学的方法进行固化，再深埋。填埋场地应远离水源，场地底土不透水，不能穿入地下水层。

1.6　实验结果的数据表达与分析

化学实验现象及本质的分析常需通过实验数据来体现，因此不仅需要准确地测量物理量，还应正确地记录测得的数据并对数据进行分析。

1.6.1　误差

在分析化学中，定量分析的任务是准确测定试样中待测组分的含量，因此要求分析结果具有一定的准确度。不准确的分析结果会导致资源浪费，生产损失，甚至在科学上得出错误的结论。在测量过程中，由于受客观因素(实验方法、仪器、试剂等)和实验者的主观因素等方面的影响，即使是技术很熟练的操作者，用最精密的仪器，用同一种方法对同一样品进行多次测定，也不可能得到完全一致的结果。这就说明误差是客观存在的，测定值与真实值不可能完全一致。因此，实验中除要选用合适仪器和正确方法外，还要科学地处理实验数据，以使测定值与真实值(理论值)尽可能接近。因此，要掌握实验误差及有效数字的概念，使分析结果达到一定的准确度。

1. 误差的种类及产生的原因

在定量分析中，由各种原因造成的误差，按照性质和来源的不同，可分为系统误差(或称可测误差)、偶然误差(或称未定误差)和过失误差三类。

1) 系统误差

系统误差根据产生原因的不同，可分为以下几种：

(1) 方法误差。由于分析方法本身不够完善而引入的误差。例如，重量分析中沉淀溶解损失，滴定分析中反应进行不完全，化学计量点和滴定终点不符等而产生的误差。

(2) 仪器误差。由于仪器精度不够造成的误差。例如，天平的两臂不等，砝码、滴定管等不准确等。

(3) 试剂误差。如果试剂不纯或所用的水不合规格，引入微量的待测组分或对测定有干扰的杂质，就会造成误差。

(4) 主观误差。由操作人员主观原因造成的误差。例如，对终点颜色的辨别不同，有的人偏深，有的人偏浅。

由此可见，系统误差是由某些比较确定的因素引起的，它对测定结果影响比较恒定，会在同样条件下的重复测量中重复出现。例如，用未经校正的砝码进行称量时，在几次称量中用同一个砝码，误差就会重复出现，而且误差的大小不变。系统误差可通过改进实验方法、校正仪器、提高试剂纯度等措施来减少或校正，因此系统误差又称可测误差。这类误差的特点可归纳为：①在多次测量中会重复出现；②具有单向性；③误差数值的大小基本不变，可校正。

2) 偶然误差

偶然误差又称随机误差，是由某些难以预料的偶然因素造成的。例如，测量时环境温度、气压、湿度等微小变化所引起的误差。又如，个人辨别的差异而使读数不一致，如在滴定管读数时，估计小数点后第二位数值，几次读数不一致。这类误差在操作中不能完全避免，对实验结果的影响也无规律可循，通常可采用“多次测定，取平均值”的方法来减小偶然误差。这类误差的特点可归纳为：①实验中无法避免；②无规律可循，有时正，有时负。

3) 过失误差

由于实验者粗心大意，不按操作规程、药品加错、数据读错等造成的误差。如果确认由于过失差错而引进了误差，则应剔除该数据。只要认真仔细，严格按规程操作，过失误差是完全可以避免的。

2. 准确度和精密度

1) 准确度和误差

(1) 准确度。准确度指测定值 x 与真实值 μ 之间的接近程度。准确度的好坏用误差来衡量。

(2) 误差。误差分为绝对误差和相对误差，绝对误差指测定值与真实值之差，相对误差则是绝对误差与真实值之比(百分比)。分别表示为

$$\text{绝对误差}(E_a) = \text{测定值}(x) - \text{真实值}(\mu)\ (\text{单位与测定值相同})$$

$$\text{相对误差}(E_r) = \frac{\text{绝对误差}}{\text{真实值}} \times 100\%$$

例如，分析天平称量两个物体的质量分别为 3.8350 g 和 0.3835 g，假如真实质量分别为 3.8351 g 和 0.3836 g，则称量的绝对误差为

$$E_{a1} = 3.8350\ \text{g} - 3.8351\ \text{g} = -0.0001\ \text{g}$$

$$E_{a2} = 0.3835\ \text{g} - 0.3836\ \text{g} = -0.0001\ \text{g}$$

而相对误差分别为

$$E_{r1} = \frac{-0.0001\ \text{g}}{3.8351\ \text{g}} \times 100\% = -0.003\%$$

$$E_{r2} = \frac{-0.0001\ \text{g}}{0.3836\ \text{g}} \times 100\% = -0.03\%$$

由上例可知，若被测量的数值越大，则相对误差越小。一般用相对误差反映测量的准确度比用绝对误差更为合理。

2) 精密度和偏差

(1) 精密度。精密度是指多次平行测定结果之间相互接近的程度，反映测定结果的重现性。精密度的好坏用偏差来衡量。

(2) 偏差。通常被测量的真实值很难准确知道，实际工作中往往是在同样条件下进行多次

平行测定，然后取其平均值 $\bar{x}$ 代替真实值 μ。偏差分为绝对偏差和相对偏差，即

$$绝对偏差(d)= 单次测定值(x_i)- 平均值(\bar{x})$$

$$相对偏差(d_r)=\frac{绝对偏差}{平均值}\times 100\%$$

相对偏差的大小可反映测量结果重现性的好坏，即测量的精密度。相对偏差越小，即精密度越高。

为了说明一组测量结果的精密度，可以用平均偏差、相对平均偏差及标准偏差来表示：

$$平均偏差(\bar{d})=\frac{\sum_{i=1}^{n}|x_i-\bar{x}|}{n}$$

$$相对平均偏差(\bar{d}_r)=\frac{平均偏差(\bar{d})}{平均值(\bar{x})}\times 100\%$$

$$标准偏差(s)=\sqrt{\frac{\sum_{i=1}^{n}(x_i-\bar{x})^2}{n-1}}$$

由于标准偏差不考虑偏差的正负号，同时增加了偏差较大数据的权重，因此能更好地反映测量数据的精密度。

3. 准确度与精密度的关系

准确度表示测量的准确性，精密度表示测量的重现性。系统误差主要影响测定结果的准确度，偶然误差主要影响测定结果的精密度。精密度高，准确度不一定高。要做到准确度高，必须有好的精密度为基础。只有校正系统误差、控制偶然误差，才能使测定结果精密度好、准确度高。

1.6.2　有效数字及其运算规则

1. 有效数字及位数确定

1) 有效数字

有效数字是由全部准确的数字和最后一位可疑数字构成的。可疑数字有 ±1 个单位误差。例如，用 0.1 mg 精度的分析天平称量时，要记到小数点后第四位，如 1.3483 g，前 4 个数准确，最后一位 3 是不准确的，绝对误差为 ±0.0001 g。在测试工作中，有效数字就是实际能测量到的数字，它不仅表示一个数据的大小，还能说明测量的准确程度。例如，从滴定管刻度读取数值为 25.00 mL，前三位数字都很准确，而第四位数是估计的、不确定的，有±0.01 mL 误差；若记录为 25.0 mL，虽然数值相同，但误差为 ±0.1 mL，精密度相差 10 倍；也不能记录为 25.000 mL，因为仪器测量的精度达不到。

2) 有效数字位数确定

(1) “0”的作用。例如在 0.06080 中，前两个“0”(数字 6 前的“0”)仅起定位的作用，而中间和后面的“0”是有效数字。

(2) 若某数字的首位数字等于或大于 8，则该有效数字的位数可多计算一位，如 8.58 可看

作四位有效数字。

(3) 对数中有效数字的位数由小数部分决定，其整数部分代表该数的方次。例如，pH=2.50，其有效数字为两位。

(4) 常数、分数或倍数等不是测量所得的，则视为无限多位有效数字，如 2/3、π 等。

有效数字位数可由表 1.2 中数字说明。

表 1.2　有效数字位数的举例

数字	0.06010	6.0×10^{-5}	26.0%	pH=1.70	0.860	π	2/3	6000
有效数字位数	四位	两位	三位	两位	三位	无限多	无限多	不确定

常用仪器的精度及有效数字位数见表 1.3。

表 1.3　常用仪器的精度及有效数字位数

仪器名称	仪器的精度	举例	有效数字位数
500 g 托盘天平	0.1 g	16.1 g	三位
万分之一分析天平	0.0001 g	16.1003 g	六位
10 mL 量筒	0.1 mL	6.5 mL	两位
100 mL 量筒	1 mL	65 mL	两位
移液管、吸量管	0.01 mL	10.00 mL	四位
滴定管	0.01 mL	26.30 mL	四位
容量瓶	0.01 mL	50.00 mL	四位
pHS-3C 型酸度计	0.01	4.76	两位

用玻璃量器量取溶液时，准确度视量器不同而有差异。5 mL 以上滴定管应记到小数点后两位，绝对误差为 ±0.01 mL；50 mL 以下的无分度移液管(大肚移液管)应记到小数点后两位，如 50.00 mL、5.00 mL 等。有分度的移液管(吸量管)，25 mL 以下的可记到小数点后两位。容量瓶总体积可记到四位有效数字，如常用的 50.00 mL、100.0 mL、250.0 mL。50 mL 以上的量筒只能记到个位数，50 mL 以下量筒则应记到小数点后一位。

2. 数字的修约规则

对实验数据进行计算时，涉及的各测量值的有效数字位数可能不同。因此按照一定的规则确定有效数字位数后，其余数字(尾数)一律舍去。舍弃办法采用“四舍六入五成双”的规则。在拟舍弃的数字中：若左边第一个数字≤4，则舍弃；若左边第一个数字≥6，则进位；若左边第一个数字等于 5，其后的数字不全为零(说明比 5 大)，则进位(即不考虑末位是偶数或奇数)；若左边第一个数字等于 5，其后的数字全为零，若保留末位数是偶数(包括 0)则不进位，若保留末位数是奇数则进位。例如，将下列数值修约成两位有效数字，其结果为

0.5636 修约为 0.56　　0.5672 修约为 0.57　　0.5251 修约为 0.53

0.5151 修约为 0.52　　0.5250 修约为 0.52　　3.1500 修约为 3.2

注意：对数字的修约只允许一次修约到所需的位数，不能分次修约。例如，2.1749 只能修约为 2.17，不能先修约为 2.175，再修约为 2.18。

使用计算器做连续运算时，运算过程中不必对每一步的计算结果进行修约，但最后结果的有效数字位数必须按照以上规则正确地取舍。

3. 有效数字运算规则

1) 加减法

进行加减运算时，有效数字的位数应以其中绝对误差最大的那个数，即小数点后位数最少的数为依据。尾数的修约采取四舍六入五成双的原则，一般先修约后运算。例如：

$$32.6251+2.15+30.125=32.63+2.15+30.12=64.90$$

以上数据中 2.15 的绝对误差最大(±0.01)，即小数点后第二位为不确定值，所以各数值及结果都取到小数点后第二位。

2) 乘除法

进行乘除运算时，有效数字的位数应以其中相对误差最大的那个数为准，通常是根据有效数字位数最少的数进行修约。计算结果所保留位数与有效数字位数最少的数相同。例如：

$$2.1878\times0.153\times60.09=2.19\times0.153\times60.1=20.1$$

各数的相对误差分别为

$$\pm\frac{0.0001}{2.1878}\times100\%=0.005\%$$

$$\pm\frac{0.001}{0.153}\times100\%=0.6\%$$

$$\pm\frac{0.01}{60.09}\times100\%=0.02\%$$

在上述数据中，有效数字位数最少的是 0.153，其相对误差最大，因此计算结果也应取三位有效数字。

在较复杂的计算过程中，中间各步可暂时多保留一位不确定数字，以免多次修约或舍弃造成误差的积累，待最后计算结束时再弃去多余的数字。

1.6.3　实验数据的采集

实验数据的采集一般有人工采集和自动采集两种方式。在以化学反应为主的基础化学实验中，以人工采集为主，即通过测定来记录相应的实验数据，而自动采集一般采用与计算机联用技术实时采集数据。记录实验数据要真实、客观和完整。

(1) 原始实验数据应及时记录在实验报告本上，不能仅记录计算后的数据结果。例如，在滴定实验中，应同时记录滴定剂的初读数和终读数，再计算出消耗的滴定剂体积，而不能只记下 V=24.25 mL。

初读数 $V_{初}$/mL	0.02
终读数 $V_{终}$/mL	24.27
滴定剂体积 V/mL	24.25

(2) 应准确、清晰地记录实验数据，不得随意涂改。若读错数据需要修正时，应在原数据旁写上正确数据并加以注明，保留原始数据备查。

(3) 有些实验与实验条件有关，如温度、大气压、湿度、仪器、校正值等，要在实验记录本上记录清楚。记录实验数据时还应注明其实验内容(标题)及所用单位，对一些重要实验现象也要及时记录。

1.6.4 实验数据的分析

从实验得到的数据包含了许多信息，需要对这些数据用科学的方法进行归纳、处理，才能提取有用的信息并合理表达结果，这是化学实验的主要目的。对实验数据进行处理，首先要剔除不可靠的数据，然后用列表法、作图法等方法对测定结果进行分析和评价。

1. 列表法

列表法是把实验数据按自变量与因变量一一对应列表，把相应计算结果填入表格中。列表法在一般化学实验中应用最为普遍，特别是原始数据的记录。列表法的优点是简单、清楚、形式紧凑，一个表内可以同时表示几个变量间的变化关系而不混乱，易于参考比较，数据表达直接，不引入处理误差。列表时要求如下：

(1) 表格必须写清名称(在表上方注明表题)，表题应简明扼要。若表的名称过于简单而不足以说明其原意时，则在名称下面或表的下面附以说明，并标出数据来源。

(2) 自变量与因变量应一一对应列表，应包括变量名称及单位，一般在不加说明即可了解的情况下，应尽量用符号代表。

(3) 表格中记录数据应符合有效数字规则，写法应整齐统一。数值空缺时记为“—”。同一竖列的数值，小数点应上下对齐。数值过大或过小时，应以科学计数法表示，如 0.000005687 应写成 5.687×10^{-6}。

(4) 也可用表格表达实验方法、现象与反应方程式，如元素化学性质实验。

2. 作图法

有些实验数据用作图的方式表达，可更形象、直观地显示数据的特点和数据的变化规律。根据作图还可求得最大或最小值、转折点、斜率、截距、内插值、外推值等。下面简单介绍一般的作图方法。

(1) 坐标纸的选择。根据变量间的关系合理选择图纸类型，如直角毫米坐标纸、对数坐标纸、双对数坐标纸、三角坐标纸和极坐标纸等。

(2) 坐标标度的选择。在作图时，一般以自变量作为横坐标，因变量作为纵坐标，且在相应坐标轴旁标明所代表的变量的名称及其量纲。坐标标度应选取适当，便于从图上读出任一点的坐标值，通常应使最小分度所代表的变量值为简单整数(可选用 1、2、5，不宜选用 3、7、9)。坐标起点不一定为零，若无特殊需要(如由直线外推法求截距)，也不必以坐标原点作为标度的起点，应以略低于最小测量值的整数作为标度起点。这样得到的图形紧凑，充分利用坐标纸，读数精度也得以提高。

(3) 曲线绘制。首先依据测得的数据在坐标纸上绘制代表点(测得的各数据在图上的点)，数据点以●、⊗、◆、▲、■、□、○等符号标注于图中，各符号中心点应处于数据代表的位置，符号面积大小应与测量误差相适应。若在同一幅图上作多条曲线，应采用不同符号区分开来，并在图上注明。依据代表点描画曲线(或直线)，在描曲线(或直线)时应尽可能接近大多数的代表点，使各代表点均匀分布在曲线(或直线)两侧，所有代表点离曲线(或直线)距离的平方和为最小，符合最小二乘法原理。画曲线时，先用铅笔轻轻地循各代表点的变化趋势手绘一条曲线，然后用曲线尺逐段吻合手描线，作出光滑的曲线。曲线作好后应在图上注明图名，标明坐标轴代表的物理量。图 1.2 为描线的方法。

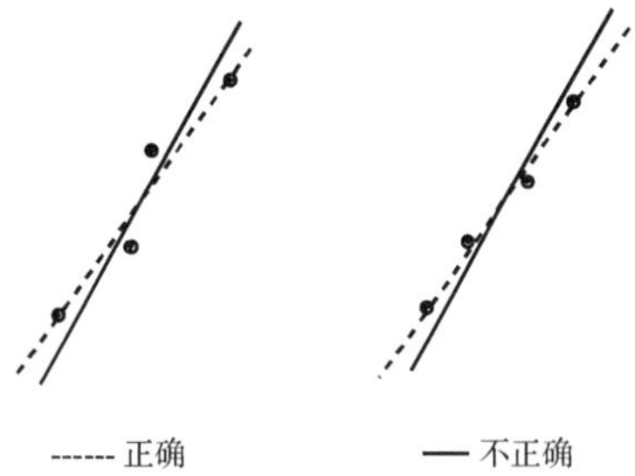

图 1.2 描线的方法

目前由于计算机的普及，一些数据处理软件如 Microsoft Excel 和 Origin 等广泛地应用到实验数据处理过程中。熟练地使用这些软件，能够准确、快速、方便地处理表格、图形并完成对曲线的非线性拟合，只要方法选择合适，则得到的结果更为准确。

第 2 章　基础化学实验基本知识

2.1　常用玻璃量器的洗涤、干燥与使用

2.1.1　仪器的洗涤

化学实验中经常使用玻璃仪器和瓷器，常由于仪器上污物和杂质的存在而得不到正确的结果。尤其是久置变硬、不易洗掉的实验残渣和对玻璃仪器有腐蚀作用的废液，一定要在实验前后清洗干净。玻璃仪器的洗涤方法很多，应根据实验的要求、污物的性质和沾污程度来选择。

一般来说，附着在仪器上的污物有可溶性物质，也有尘土、油污和其他不溶性物质。实验工作中应根据污物及器皿本身的化学、物理性质，有针对性地选用洗涤方法和洗涤剂。实验室常采用下列方法洗涤。

1. 水洗

用水刷洗可以洗去可溶性物质，又可以使附着在仪器上的尘土和其他不溶性物质脱落下来。例如，烧杯、试管、量筒、漏斗等仪器一般先用自来水洗刷仪器上的灰尘和易溶物，再选用粗细、大小、长短等合适的毛刷，蘸取洗衣粉或各种合成洗涤剂转动刷洗仪器的内壁(图 2.1)。洗涤试管时要注意避免试管刷底部的铁丝将试管捅破。洗涤仪器时应逐个清洗，不要同时洗多个，否则很容易将仪器碰坏或摔坏。

(a) 选好毛刷，确定手拿部位　　(b) 转动毛刷刷洗

图 2.1　毛刷刷洗

2. 用去污粉或合成洗涤剂刷洗

去污粉由碳酸钠、白土、细砂等组成，它与肥皂、合成洗涤剂一样，能够去除仪器上的油污，而且由于去污粉中还含有白土和细沙，其摩擦作用能使洗涤效果更好。经去污粉或合成洗涤剂洗刷过的仪器，需再用自来水冲洗，以除去附着在仪器上的白土、细砂或洗涤剂。但应注意，用于定量分析的器皿一般不采用这种方法洗涤。

3. 用铬酸洗液洗

在进行精确的定量实验时，对仪器的洁净程度要求更高。由于仪器容积精确、形状特殊，

不能用毛刷机械地刷洗，要用洗液(或工业浓硝酸)清洗。铬酸洗液是由浓硫酸和重铬酸钾配制而成的，具有很强的氧化性，对有机物和油污的去除能力特别强。用洗液洗涤仪器时，先往仪器内加少量洗液(其用量约为仪器总容量的 1/5)，然后将仪器倾斜并慢慢转动，使仪器的内壁全部被洗液湿润，这样反复操作，最后把洗液倒回原瓶内，再用水把残留在仪器上的洗液洗去。如果用洗液将仪器浸泡一段时间或使用热的洗液，洗涤效果更好。使用铬酸洗液时要注意如下几点：

(1) 被洗涤的仪器内不宜有水，以免洗液被冲淡而失效。

(2) 洗液可以反复使用，用后应倒回原瓶。当洗液变绿时则失效。

(3) 洗液吸水性很强，应把洗液瓶的瓶塞盖紧，以防洗液吸水而失效。

(4) 洗液具有很强的腐蚀性，会灼伤皮肤和破坏衣物，使用时应当注意安全。如不慎洒在皮肤、衣服或实验桌上，应立即用水冲洗。

(5) 铬(Ⅵ)化合物有毒，清洗仪器上残留的洗液所产生的废液应回收处理，以免锈蚀管道和污染环境。

4. 特殊污物的去除

一些仪器上常有不溶于水的污垢，尤其是原来未清洗而长期放置后的仪器。这时需要视污垢的性质选用合适的试剂，使其经化学作用而除去。几种常见污垢的处理方法见表 2.1。

表 2.1　常见污垢的处理方法

污垢	处理方法
碱土金属的碳酸盐、$Fe(OH)_3$、一些氧化剂如 MnO_2 等	用稀 HCl 处理，MnO_2 需要用 6 $mol \cdot L^{-1}$ 的 HCl 处理
沉积的金属如银、铜	用 HNO_3 处理
沉积的难溶性银盐	用 $Na_2S_2O_3$ 洗涤，Ag_2S 则用热、浓 HNO_3 处理
沾附的硫磺	用煮沸的石灰水处理 $3Ca(OH)_2 + 12S \longrightarrow 2CaS_5 + CaS_2O_3 + 3H_2O$
高锰酸钾污垢	用草酸溶液处理(沾附在手上也用此法)
残留的 Na_2SO_4、$NaHSO_4$ 固体	用沸水使其溶解后趁热倒掉
沾有碘迹	可用 KI 溶液浸泡，也可用温热的稀 NaOH 或 $Na_2S_2O_3$ 溶液处理
瓷研钵内的污迹	用少量食盐在研钵内研磨后倒掉，再用水洗
有机反应残留的胶状或焦油状有机物	视情况用低规格或回收的有机溶剂(如乙醇、丙酮、苯、乙醚等)浸泡，或用稀 NaOH、浓 HNO_3 煮沸处理
一般油污及有机物	用含 $KMnO_4$ 的 NaOH 溶液处理
被有机试剂染色的比色皿	可用体积比为 1：2 的盐酸-乙醇溶液处理

除了上述清洗方法外，还可用超声波清洗器。只要把用过的仪器放在配有合适洗涤剂的溶液中，接通电源，利用声波的能量和振动，就可将仪器清洗干净，既省时又方便。

用上述各种方法洗涤后的仪器，经自来水反复冲洗后，往往还留有 Ca^{2+}、Mg^{2+}、Cl^- 等离子。如果实验中不允许这些离子存在，应该再用去离子水洗涤，洗涤时应遵循“少量多次”的原则，每次用水一般为总容量的 5%～20%，淋洗三次即可。

已洗净仪器的器壁上不应附着不溶物或油污，器壁可以被水润湿，如果把水加到仪器中，再把仪器倒转过来，水会顺着器壁流下，器壁上只留下一层既薄又均匀的水膜，并无水珠附着在上面，这样仪器才算清洗干净。

凡是已洗净的仪器内壁，绝不能再用布或纸擦拭，否则布或纸的纤维将留在仪器壁上，反而沾污了仪器。毛细管、玻璃棒等洗净后，应插在储有清洁去离子水的烧杯中，绝不允许放在实验台上。

2.1.2　仪器的干燥

有些仪器洗涤干净后就可用来做实验，但有些化学实验需要在无水条件下进行，常需要使用干燥的玻璃仪器。常用的干燥方法如下。

1. 晾干

将洗净的仪器倒立放置在适当的仪器架上，让其在空气中自然干燥，倒置可以防止灰尘落入，但要注意放稳。

2. 烘干

洗净的仪器可以放在电热干燥箱(烘箱)内烘干，但放进去之前应尽量把水倒净。放置仪器时，应注意使仪器的口向下(倒置后不稳的仪器则应平放)。可以在电热干燥箱的最下层放一个搪瓷盘，以接收从仪器上滴下的水珠，防止水滴到电炉丝上损坏电炉丝。

3. 烤干

烧杯和蒸发皿可以放在石棉网上用小火烤干，试管可以直接用小火烤干。操作时，试管要略微倾斜，管口向下，并不时地移动试管，把水珠赶掉。最后，烤到不见水珠时，管口朝上，以便把水汽赶尽。

4. 用有机溶剂干燥

在洗净的仪器内加入少量有机溶剂(最常用的是乙醇和丙酮)，把仪器倾斜，转动仪器，器壁上的水即与乙醇或丙酮混合，然后倾出乙醇或丙酮和水的混合液(应回收)。最后留在仪器内的乙醇或丙酮挥发，仪器得以干燥(不能放烘箱内干燥)。

5. 吹干

用热或冷的空气流将玻璃仪器吹干，所用仪器是吹风机或玻璃仪器气流烘干器。用吹风机吹干时，一般先用热风吹玻璃仪器的内壁，待干后再吹冷风使其冷却。如果先用易挥发的溶剂如乙醇、乙醚、丙酮等淋洗仪器，将淋洗液倒净，然后用吹风机采取冷风—热风—冷风的顺序吹，则仪器干燥得更快。另一种方法是将洗净的仪器直接使用气流烘干器进行干燥。

还应注意，一般带有刻度的计量仪器，如移液管、容量瓶、滴定管等不能用加热的方法干燥，以免仪器受热变形影响精密度。玻璃磨口仪器和带有活塞的仪器(如酸式滴定管、分液漏斗等)洗净后应该在磨口和活塞处垫上小纸片，以防止长期放置后粘上不易打开。

2.1.3　玻璃量器的使用

基础化学实验室中常用的量器有滴定管、容量瓶、移液管和吸量管、量筒和量杯等。其中，前三种量器是定量分析中的重要仪器，下面分别加以介绍。

1. 滴定管

滴定管是可放出定量液体的量出式玻璃量器，主要用于滴定分析中对滴定剂体积的测量。它的主要部分是管身，用细长而且内径均匀的玻璃管制成，上面刻有均匀的分度线(线宽不超过 0.3 mm)，下端的流液口为一尖嘴，中间通过玻璃旋塞或乳胶管连接以控制滴定速度。实验室中常见的是有塞和无塞滴定管，常用的是 10 mL、25 mL、50 mL 容量的滴定管。

滴定管一般可分为酸式滴定管[图 2.2(a)]和碱式滴定管[图 2.2(b)]两种。酸式滴定管可以盛放非碱性的各种溶液(因玻璃旋塞会被碱性溶液腐蚀而难以转动)；碱式滴定管可以盛放碱性溶液，不宜盛放对乳胶管有腐蚀作用的溶液，如 $KMnO_4$、I_2 等。

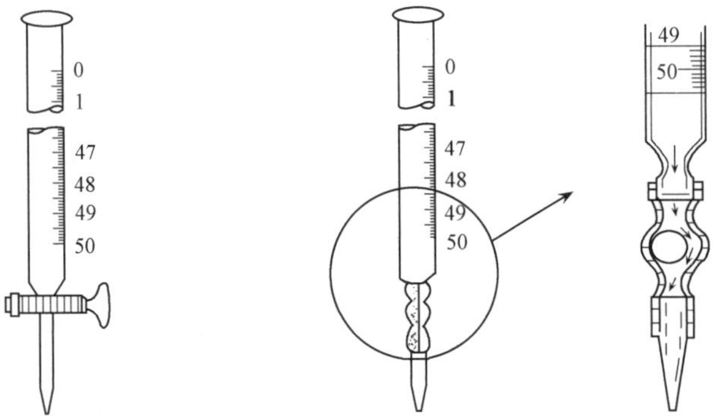

(a) 酸式滴定管　(b) 碱式滴定管

图 2.2　滴定管

1) 滴定管的准备

(1) 洗涤。选择合适的洗涤剂和洗涤方法洗涤滴定管。滴定管可用管刷蘸肥皂水或洗涤剂洗刷(避免使用去污粉)，然后用自来水冲洗、去离子水润洗。有油污的滴定管要用铬酸洗液洗涤。

(2) 涂凡士林。酸式滴定管洗净后，取下旋塞，将滴定管平放，用吸水纸擦干净旋塞与旋塞槽，用手指沾少量凡士林在旋塞的两头涂上薄薄一层。在旋塞孔附近应少涂凡士林，以免堵住旋塞孔。把旋塞插入旋塞槽内，旋转几圈，观察旋塞与旋塞槽接触的地方是否都呈透明状态，转动是否灵活，如图 2.3 所示。为避免旋塞松动脱落，应在涂凡士林后的滴定管旋塞末端套上小橡皮圈或用橡皮筋将旋塞系牢。

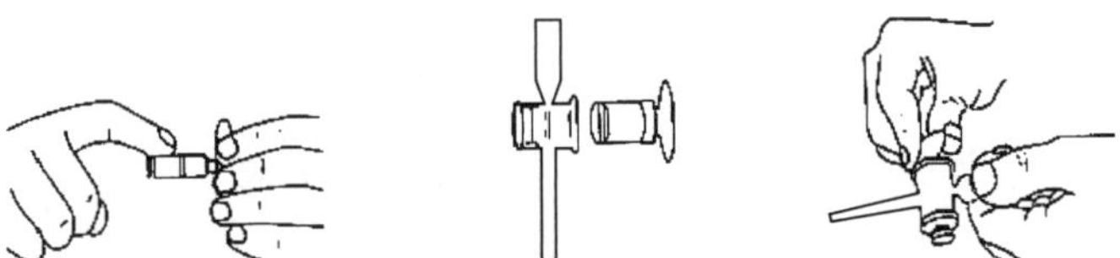

图 2.3　活塞涂凡士林的方法

(3) 检漏。关闭酸式滴定管旋塞，将滴定管装满水后垂直架放在滴定管夹上，放置 2 min，观察管口及旋塞两端是否有水渗出。然后将旋塞转动 180°，再放置 2 min，看是否有水渗出。若前后两次均无水渗出，旋塞转动也灵活，则可使用。否则应将旋塞取出，按上述要求重新涂凡士林并检漏后方可使用。碱式滴定管应选择大小合适的玻璃珠和乳胶管，并检查滴定管是否漏水，是否能灵活控制液滴，如不符合要求则需更换大小合适的玻璃珠。

(4) 润洗。用操作溶液润洗滴定管，以除去滴定管内残留的水分，确保操作溶液的浓度不变。例如，在 50 mL 滴定管中先加入操作溶液约 10 mL，然后两手平端滴定管，慢慢转动，使溶液流遍全管，打开滴定管的旋塞(或捏挤玻璃珠)，使润洗液从出口管的下端流出。如此润洗两三次后，即可加入操作溶液于滴定管中，并尽量装满以便于排气泡。

(5) 排气泡。酸式滴定管可转动旋塞，使溶液急速冲下排除气泡；碱式滴定管则可将乳胶管向上弯曲，并用力捏挤玻璃珠所在处，使溶液从尖嘴喷出从而排除气泡，如图 2.4 所示。

图 2.4　碱式滴定管排气泡法

(6) 装溶液、调液面。排除气泡后，再次加入操作溶液，使液面在“0”刻度以上，待 1～2 min 后，再调节液面在“0”刻度处备用。

滴定时最好每次都从“0”刻度开始，或从接近“0”刻度的任一刻度开始。这样可固定在滴定管某一体积范围内滴定，减少体积误差。如果液面不在“0”刻度处，则应记下初读数。

2) 滴定操作

滴定操作最好在锥形瓶中进行，必要时也可在烧杯中进行。酸式滴定管操作如图 2.5(a)所示，用左手控制滴定管的旋塞，大拇指在前，食指和中指在后，无名指略微弯曲，轻轻向内扣住旋塞，手心空握，以免旋塞松动甚至被顶出。右手握持锥形瓶，边滴边摇动，向同一方向做圆周旋转，不能前后振动，否则会溅出溶液。滴定速度一般为每分钟 10 mL，即每秒 3～4 滴。临近滴定终点时，应一次加入一滴或半滴，并用洗瓶吹入少量去离子水淋洗锥形瓶内壁，使附着的溶液全部落下，然后摇动锥形瓶，如此继续滴至滴定终点。

(a) 酸式滴定管操作　　(b) 碱式滴定管操作

图 2.5　滴定管操作

使用碱式滴定管时，如图 2.5(b)所示，左手拇指在前，食指在后，捏住乳胶管中的玻璃珠所在部位稍靠上处，捏挤乳胶管，使其与玻璃珠之间形成一条缝隙，溶液即可流出。但注意不能捏挤玻璃珠下方的乳胶管，否则会进入空气而形成气泡，若发现尖嘴内有气泡必须小心排除。

3) 读数

(1) 滴定管应垂直地夹在滴定台上，操作者要坐正或站正。由于一般滴定管夹不能使滴定管处于垂直状态，所以可从滴定管夹上将滴定管取下，一手拿住滴定管上部无刻度处，使滴定管保持自然垂直再进行读数。

(2) 对于无色溶液或浅色溶液，应读取弯月面下缘实线的最低点，即视线与弯月面下缘实线的最低点应在同一水平面上，如图 2.6(a)所示；对于有色溶液，如 $KMnO_4$、I_2 溶液等，视线应与液面两侧与管内壁相交的最高点相切，如图 2.6(b)所示；对于带蓝线的滴定管读数，如图 2.6(c)所示。

(3) 为了协助读数，可采用读数卡，此法有利于初学者练习读数。读数卡可用黑纸或涂有黑长方形的白纸。读数时，将读数卡放在滴定管背后，使黑色部分在弯月面下约 1 mm 处，此时即可看到弯月面的反射层成为黑色，然后读此黑色弯月面下缘的最低点，如图 2.6(d)所示。

(4) 读数必须精确至 0.01 mL，如读数为 25.46 mL。

(5) 滴定溶液不宜长时间放在滴定管中，实验结束后倒掉管中的溶液，用水洗净后倒置夹在滴定台上。

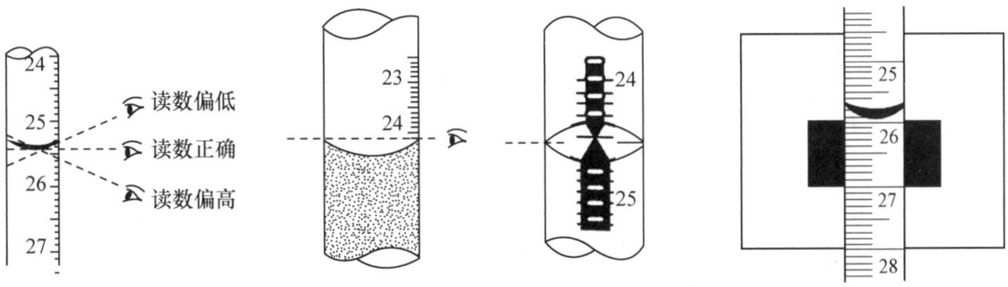

(a) 无色及浅色溶液　(b) 有色溶液　(c) 带蓝线滴定管　(d) 读数卡读数

图 2.6　滴定管读数

2. 容量瓶

容量瓶是细颈梨形平底玻璃瓶，由无色或棕色玻璃制成，带有磨口玻璃塞或塑料塞，颈上有一圈标线。容量瓶的主要用途是配制准确浓度的溶液或把配成的溶液定量地分成若干等份。容量瓶的容量定义为：在 20℃时，充满至标线所容纳水的体积，以 mL 计。

1) 容量瓶的准备

(1) 检漏。容量瓶使用前应检查是否漏水，方法是注入自来水至标线附近，盖好瓶塞，右手拿住瓶底，左手食指压住瓶塞，将瓶倒立，观察瓶塞周围是否渗水，然后将瓶塞转动 180°，观察是否有水渗出。若两次均无水渗出，则可使用。

(2) 洗涤。选择合适的洗涤剂和方法洗涤容量瓶。

2) 操作方法

(1) 溶解。先用分析天平准确称取一定质量的固体，在小烧杯中将固体物质完全溶解。

(2) 定量转移。把溶液定量转移到预先洗净的容量瓶中。如图 2.7 所示，一手拿玻璃棒，并将其伸入瓶中 3～4 cm；另一手拿烧杯，烧杯嘴紧靠玻璃棒，慢慢倾斜烧杯，使溶液沿玻璃棒缓缓流下。倾倒完溶液后，使烧杯嘴沿玻璃棒直立起来并上移 1～2 cm，再将玻璃棒小心放回烧杯中，但不得靠在烧杯嘴上。可用食指卡住玻璃棒，以免玻璃棒来回滚动。然后用少量去离子水冲洗烧杯及玻璃棒三四次，将洗涤液全部转入容量瓶。若在溶解试样时，为防止溶解时发生喷溅使用了表面皿，则表面皿朝溶液的一面也应用去离子水冲洗几次，将洗涤液倒入烧杯中，再转入容量瓶。

(3) 定容。当溶液体积约为容量瓶 3/4 容积时，应将容量瓶水平摇晃做初步混匀，切勿倒置容量瓶。然后继续加水稀释，当接近标线时，应用滴管逐滴加水至弯月面恰好与标线相切。

(4) 混匀。盖好瓶塞，用食指压住瓶塞，另一只手的指尖托住瓶底边缘，将瓶倒转并摇动，再倒转过来，使气泡上升到容量瓶顶部，如此反复操作，使溶液充分混合均匀，如图 2.8 所示。若将浓溶液稀释，则直接用移液管转移定量溶液至容量瓶，再用去离子水稀释定容。

图 2.7　溶液定量转移操作

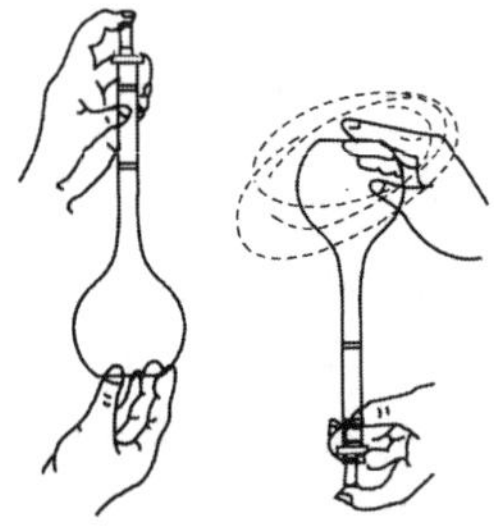

图 2.8　容量瓶溶液的混匀操作

3) 使用容量瓶注意事项

容量瓶只能用于配制标准溶液或试样溶液，不得长期存放溶液，尤其是碱性溶液不可在容量瓶中久置。若需要长期存放溶液，可将溶液转移到试剂瓶中(根据需要采用无色瓶、棕色瓶或聚乙烯塑料瓶)。对需避光的溶液应使用棕色容量瓶。热溶液应冷至室温后才能注入容量瓶，或冷至室温后才能稀释至标线，否则会造成体积误差。

3. 移液管和吸量管

移液管[图 2.9(a)]是中间有一膨大部分(称为球部)的玻璃管，球部上下均为较细窄的管颈，上部管颈刻有一条标线。吸量管[图 2.9(b)]是具有分刻度的玻璃管。它们都是准确移取一定量溶液的量器。

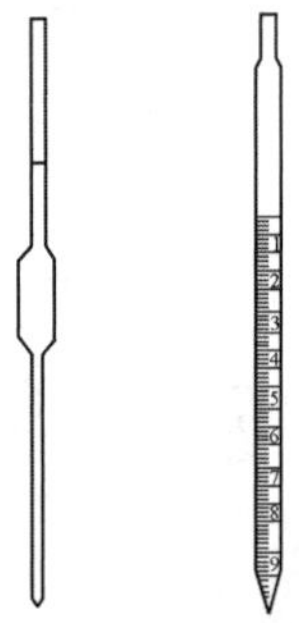

(a)　(b)

图 2.9　移液管(a)与吸量管(b)

移液管和吸量管的洗涤以及移取溶液一般采用橡皮洗耳球。用铬酸洗液洗涤时，可将移液管或吸量管放在高型玻璃筒或量筒内浸泡。

用水洗涤过的移液管第一次移取溶液前，应先用滤纸将移液管口尖端内外的水吸净，否则会因水滴的引入而改变移取溶液的浓度。然后用所移取的溶液将移液管润洗两三次，确保所移取的操作溶液浓度不变。

移取溶液时，一般用右手大拇指和中指拿住移液管颈标线上方，把管下部插入溶液中，下部的尖端插入液面约 1 cm，不能伸入太深，以免管外壁沾上过多溶液，也不能伸入太浅，以免液面下降吸入空气。左手拿洗耳球，先把球内空气挤出，然后把洗耳球的尖端紧接在移液管口，慢慢松开左手手指，使溶液吸入移液管内，如图 2.10(a)所示。当液面升高到刻度以上时，移去洗耳球，立即用右手的食指按住移液管上口，大拇指和中指拿住移液管，同时将移液管提起离开液面，并将移液管下部伸入溶液的部分沿待吸液容器内壁轻转两圈，以除去管外壁上的溶液。

移液管的末端仍靠在待吸溶液容器的内壁上，左手拿容器并使之倾斜约 45°，稍放松右手食指，不断转动移液管管身，使管内液面缓缓下降。直到管内溶液的弯月面与标线相切时，立即用食指压紧管口，然后将移液管移入预先准备好的接收溶液的器皿中，使移液管保持垂直，管的末端靠在器皿内壁上，并使器皿内壁与移液管尖端成约 45°，松开食指，让管内溶液自然地全部沿器皿内壁流下，如图 2.10(b)所示。溶液流尽后再停靠 15 s，移走移液管。如移液管未标“吹”字，残留在移液管末端的溶液切不可用外力吹出，因校正移液管时已考虑了末端保留溶液的体积。

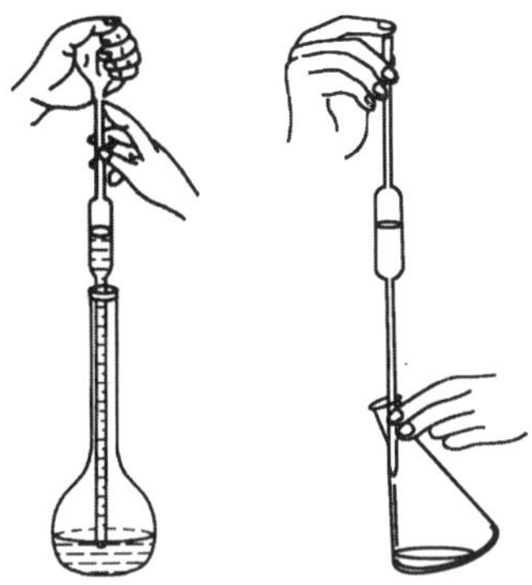

(a)　　(b)

图 2.10　移液管的使用

吸量管的使用方法与移液管大致相同，这里只强调以下几点：

(1) 因为吸量管的容量精度低于移液管，所以在移取 2 mL 以上固定量溶液时应尽可能使用移液管。

(2) 使用吸量管时，尽量在最高标线调整零点。

(3) 同一实验中，应尽可能使用同一吸量管的同一部位，而且尽可能地使用上面的部分。

(4) 使用管口上刻有“吹”字的移液管(或吸量管)时，必须在管内的液面降至流液口静止后，随即将最后残留的溶液一次吹出，不能保留。

(5) 使用管口上刻有“快”字的移液管(或吸量管)时，若需放尽溶液，操作同移液管，但溶液自然流完后停靠 4 s 就可移走管。

移液管或吸量管用完后，应立即用自来水和去离子水冲洗干净，然后放在移液管架上。

4. 量筒和量杯

量筒和量杯的容量精度低于上述几种量器，是最普通的玻璃量器。量筒分为量出式[图 2.11(a)]和量入式[图 2.11(b)]两种：量入式有磨口塞子，平时使用不多；量出式在基础化学实验中普遍使用。量杯是下窄上宽的外形(图 2.12)。

把要量取的液体注入量筒中时，手拿量筒的上部，让量筒竖直，使视线与量筒内液体凹面的最低处保持水平，然后读出量筒上的刻度即得液体的体积。量筒不能用作精密测量，只能用来测量液体的大致体积；量筒不耐热，不能用作反应器。

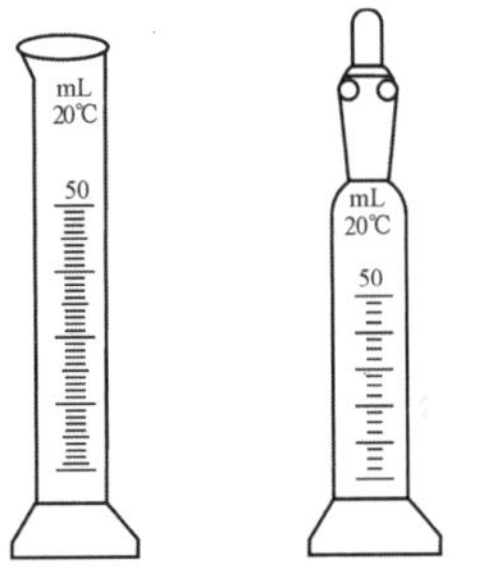

(a) 量出式　　(b) 量入式

图 2.11　量筒

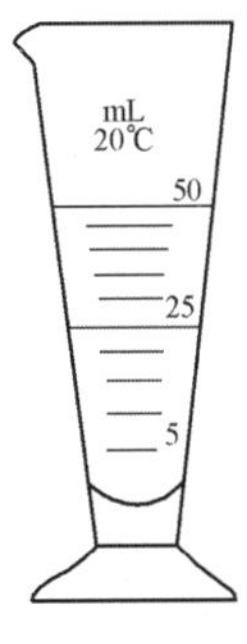

图 2.12　量杯

2.2　试剂的配制、保管与取用

2.2.1　常用试剂的规格

试剂的纯度对实验结果准确度的影响很大，不同的实验对试剂纯度的要求也不相同。因此，必须了解试剂的分类标准。化学试剂的种类很多，其分类和分级标准也不尽一致，国际标准化组织(ISO)近年来已陆续建立了多种化学试剂的国际标准。我国化学试剂的标准主要是国家标准(GB)。试剂按用途可分为一般试剂、标准试剂、特殊试剂、高纯试剂等，按组成、性质和结构又可分为无机试剂、有机试剂、生化试剂等。另外，新的试剂还在不断产生，没有绝对的分类标准。我国国家标准根据试剂的纯度和杂质含量将试剂分为以下四个级别，如表 2.2 所示，并规定了试剂包装的标签颜色及适用范围。

表 2.2　化学试剂的级别

级别	名称	英文名称	符号	适用范围	标签颜色
一级试剂	优级纯 (保证试剂)	guaranteed reagent	G. R.	纯度很高，适用于精密分析工作和科学研究	绿色
二级试剂	分析纯 (分析试剂)	analytical reagent	A. R.	纯度仅次于一级试剂，用于一般定量分析和科学研究	红色
三级试剂	化学纯	chemically pure	C. P.	纯度较二级试剂差些，用于一般定性分析	蓝色
四级试剂	实验试剂	laboratorial reagent	L. R.	纯度较低，适用于实验辅助试剂及一般化学制备	棕色或黄色

除上述级别的试剂外，还有适合某一方面需要的特殊规格试剂，如基准试剂、光谱纯试剂、色谱纯试剂、生化试剂等。基准试剂是定量分析中用于标定标准溶液的基准物质；光谱纯试剂为光谱分析中的标准物质；色谱纯试剂用作色谱分析的标准物质或试剂。

试剂的配制应该遵循节约的原则，按实验的要求选用不同规格的试剂。并不是试剂越纯越好，超越具体条件盲目追求高纯度会造成浪费，当然也不能随意降低规格而影响测定结果的准确度。

2.2.2　试剂溶液的配制

配制试剂溶液时，先根据所配制试剂纯度的要求，选用不同等级试剂，再根据配制溶液的浓度和数量，计算试剂的用量。将称量后的试剂置于烧杯中，加少量水搅拌溶解，必要时可加热促使其溶解，再加水至所需的体积，摇匀，即得所配制的溶液。

配制饱和溶液时，所用试剂量应稍多于计算量，加热使之溶解、冷却，待结晶析出后再用。

配制易水解盐溶液时，先用相应的酸溶液溶解后再加水稀释，如溶解 $SbCl_3$、$Bi(NO_3)_3$ 等。

配制易氧化的盐溶液时，不仅需要酸化溶液，还需加入相应的纯金属，使溶液稳定。例如，配制 $FeSO_4$、$SnCl_2$ 溶液时，需分别加入金属铁、金属锡。

对于经常大量使用的溶液，可预先配制出比预定浓度约大 10 倍的储备液，用时再行稀释。

配制好的溶液盛装在试剂瓶或滴瓶中，摇匀后贴上标签，标明溶液名称、浓度和配制日期。

2.2.3　试剂的保管与取用

1. 试剂的保管

试剂若保管不当，会变质失效，不仅造成浪费，甚至会引起事故。一般的化学试剂应保存在通风良好、干净、干燥的室内，以防止被水分、灰尘和其他物质污染。同时，应根据试剂的不同性质采取不同的保管方法。

(1) 见光会逐渐分解的试剂(如过氧化氢、硝酸银、焦性没食子酸、高锰酸钾、草酸、铋酸钠等)，与空气接触易逐渐被氧化的试剂(如氯化亚锡、硫酸亚铁、硫代硫酸钠、亚硫酸钠等)，以及易挥发的试剂(如溴、氨水及乙醇等)，应放在棕色瓶内置于冷暗处保存。氧化剂、还原剂应密封、避光保存。

(2) 易侵蚀玻璃而影响试剂纯度的试剂，如氢氟酸、含氟盐(氟化钾、氟化钠、氟化铵)和苛性碱(氢氧化钾、氢氧化钠)等，应保存在聚乙烯塑料瓶或涂有石蜡的玻璃瓶中。

(3) 易燃的试剂如乙醇、乙醚、苯、丙酮等，易爆炸的试剂如高氯酸、过氧化氢、硝基化合物，应分开储存在阴凉、通风、不受阳光直射的地方。

(4) 剧毒试剂，如氰化钾、氰化钠、氢氟酸、二氯化汞、三氧化二砷(砒霜)等，应特别注意由专人妥善保管，严格做好管理记录，经一定手续方可取用，以免发生事故。

(5) 盛碱液的细口瓶用橡皮塞。

(6) 吸水性强的试剂，如无水碳酸盐、苛性钠、过氧化钠等应严格密封(蜡封)。

(7) 易相互作用的试剂，如挥发性的酸与氨、氧化剂与还原剂，应分开存放。

(8) 极易挥发并有毒的试剂可放在通风橱内，当室内温度较高时，可放在冷藏室内保存。

(9) 特殊化学试剂(汞、金属钠、钾)的存放应特别注意：

(i) 汞易挥发，在人体内会逐渐积累而引起慢性中毒。因此，汞不能直接暴露在空气中，通常存放在厚壁器皿中，存放汞的容器内必须加水将汞覆盖，使其不能挥发。

(ii) 钠、钾是活泼性较强的金属元素，容易与水及其他物质反应，通常保存在煤油中，置于阴凉处。使用时先在煤油中切割成小块，再用镊子夹取，并用滤纸把煤油吸干。切勿与皮肤接触，以免灼烧。未用完的金属碎片不能乱放，可加少量乙醇，使其慢慢反应掉。

每个试剂瓶上都应贴有标签，上面写明试剂的名称、规格或浓度(溶液)以及日期，在标签的外面涂一薄层蜡或用透明胶带等保护。

2. 试剂的取用

1) 液体试剂的取法

注意在取用试剂前要核对标签，确认无误后才能取用。从平顶瓶塞试剂瓶取用试剂的方法如图 2.13 所示，取下瓶塞将其倒置在实验台上，左手的拇指、食指和中指拿住容器(如试管、量筒等)，用右手拿起试剂瓶。注意试剂瓶上的标签要对着手心，慢慢倒出所需要量的试剂。倒完后，应该将试剂瓶口在容器上靠一下，再使试剂瓶竖直，这样可以避免遗留在瓶口的试剂从瓶口流到试剂瓶的外壁。注意，倒完试剂后须立刻将瓶塞盖在原来试剂瓶上，把试剂瓶放回原处，并使瓶上的标签朝外。

图 2.13　平顶瓶塞试剂瓶的操作

将液体试剂倒入烧杯时，亦可用右手握试剂瓶，左手拿玻璃棒，使玻璃棒的下端斜靠在烧杯中，将瓶口靠在玻璃棒上，使液体沿着玻璃棒往下流，如图 2.14 所示。定量取用液体试剂时，根据要求选用量筒或移液管等。

从滴瓶中取用少量试剂时，先提起滴管，使管口离开液面，用手指捏紧滴管上部的橡皮头，以赶出滴管中的空气。然后把滴管伸入试剂瓶中，放开手指，吸入试剂，再提起滴管，将试剂滴入试管或烧杯中。使用滴瓶时，必须注意以下几点：

(1) 试剂滴入试管中时，必须用无名指和中指夹住滴管，将它悬空在靠近试管口的上方，然后用拇指和食指挤捏橡皮头，使试剂滴入试管中。禁止将滴管伸入试管中(图 2.15)，否则滴管的管端易沾附其他溶液，此滴管再放回试剂瓶中，试剂将被污染。滴管口不能朝上，以防管内溶液流入橡皮头内与橡皮头发生作用，腐蚀橡皮头并沾污滴瓶内的溶液。

图 2.14　往烧杯倒入试剂

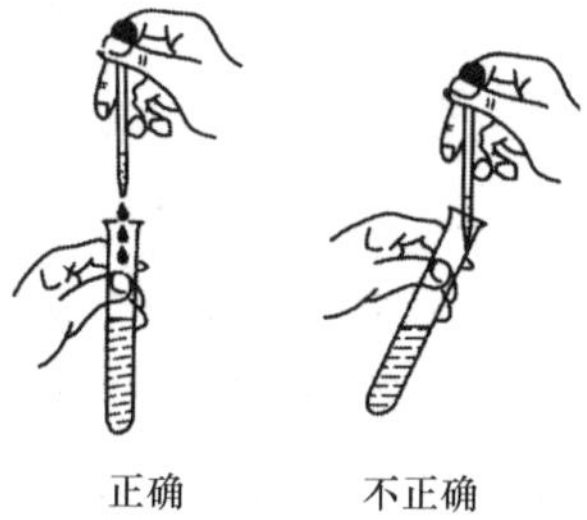

图 2.15　用滴管将试液加入试管中

(2) 滴瓶上的滴管只能专用，因此使用后应立即将滴管放回原来的滴瓶中。一旦插错滴管，必须将该滴瓶中的试剂全部倒掉，洗净滴瓶及滴管，重新装入纯净的试剂。

(3) 试剂应按次序排列，取用试剂时不得将滴瓶从架上取下，以免弄乱顺序后寻找困难。

取用易挥发的试剂，如浓 HCl、浓 HNO_3 等，应在通风橱中操作，防止污染室内空气。取用剧毒及强腐蚀性药品要注意安全，不要沾附到手上。取用试剂要注意节约，用多少取多少，多余的试剂不应倒回原试剂瓶内，有回收价值的可放入回收瓶中。

2) 固体试剂的取法

固体试剂一般用药匙取用。药匙用牛角、塑料或不锈钢制成。将取用的固体加入试管时，必须用小匙。药匙必须专匙专用。注意以下几点：

(1) 取用试剂前应看清标签。取用时，先打开瓶塞，将瓶塞倒放在实验台上。如果瓶塞一端不是平顶而是扁平的，可用食指和中指将瓶塞夹住(或放在清洁的表面皿上)，绝不可将它横置桌上以免污染。不能用手接触化学试剂。应根据用量取用试剂。取用完毕，将瓶塞盖严，绝不允许将瓶塞张冠李戴。最后把试剂瓶放回原处，以保持实验台整齐、干净。

(2) 要用清洁、干燥的药匙取试剂。用过的药匙必须洗净擦干后才能再使用。

(3) 取用试剂不要超过指定用量，多取的试剂不能倒回原瓶，可放在指定的容器中供他人使用，或放到专门的回收瓶中。

(4) 一般性质稳定的固体试剂可以放在干净的称量纸或表面皿上称量。具有腐蚀性、强氧化性或易潮解的固体试剂应放在表面皿或玻璃容器内称量。

(5) 向试管(特别是湿的试管)中加入固体试剂时，可用药匙(图 2.16)，或将取出的药品放在对折的纸槽上，将纸槽伸进试管约 2/3 处(图 2.17)。加入块状固体试剂时，应将试管倾斜，使其沿着试管壁慢慢滑下，以免碰破试管(图 2.18)。

(6) 有毒药品要在教师指导下取用。

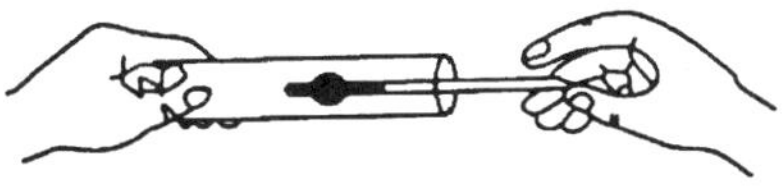

图 2.16　用药匙向试管送固体试剂

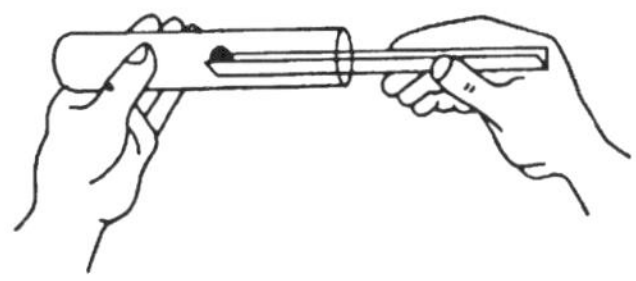

图 2.17　用纸槽向试管送固体试剂

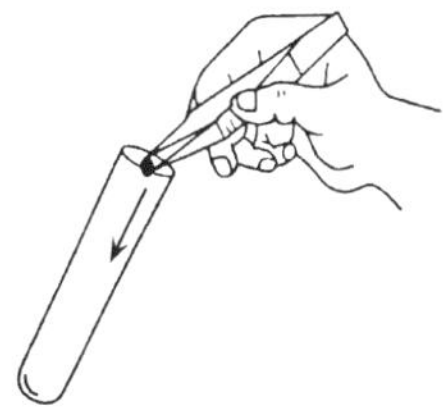

图 2.18　向试管中加入块状固体

2.2.4　标准溶液及其配制

1. 基准物质

可用于直接配制标准溶液或标定溶液浓度的物质称为基准物质(或称基准试剂)。基准物质应同时满足下列条件：

(1) 稳定性高。在一般条件下物理和化学性质稳定，如不挥发、不易吸潮、不与空气中的H_2O、CO_2等反应。

(2) 试剂的纯度足够高(质量分数在 99.9%以上)。杂质的含量应少到不至于影响分析的准确度。

(3) 试剂的组成与其化学式完全相符。最好有较大的摩尔质量，以减少称量误差。

(4) 滴定反应是按化学式发生的有确定计量关系的反应(完全程度≥99.9%)，且无副反应。

2. 标准溶液

标准溶液是预先配制的、已知准确浓度并用于滴定分析的溶液。标准溶液有两种配制方法：

(1) 直接法。准确称取一定质量的基准物质，溶解后直接配制成一定体积的溶液。根据基准物质的质量和溶液体积，即可计算出该标准溶液的准确浓度。

(2) 间接法。先用化学试剂配成接近所需浓度的溶液，再用适当的基准物质(或经基准物质标定过的标准溶液)进行标定。对于不满足基准物质条件的物质，可采用间接法配制标准溶液，如 HCl、NaOH 溶液等。

配制标准溶液时要注意以下几点：

(1) 选用符合实验要求的去离子水。例如，配制 NaOH、$Na_2S_2O_3$ 等溶液时，要使用新鲜煮沸并冷却的去离子水。

(2) 基准试剂要预先进行干燥处理(对含结晶水的基准物要保存在一定湿度的容器中)。

(3) 当某溶液可用多种基准物质及指示剂进行标定时(如 EDTA 溶液)，原则上应使标定的实验条件与测定试样时相同或相近，以避免可能产生的系统误差。

(4) 标准溶液均应密闭存放，有些还需避光保存。溶液的标定周期长短除与溶质本身的性质有关外，还与配制方法、保存方法有关。浓度低于 $0.01\ mol \cdot L^{-1}$ 的标准溶液不宜长时间存放，可先配制成浓度大的标准溶液保存，临用前稀释。

(5) 实验精度要求不是很高时，可用优级纯或分析纯试剂代替同种的基准试剂进行标定。

2.3　溶解、熔融、蒸发与结晶

2.3.1　实验室常用的加热方法

1. 加热装置

化学实验室中常用的加热装置有酒精灯、煤气灯、电炉、电热套等加热仪器。

1) 酒精灯

酒精灯是用酒精作燃料的加热器，它由灯罩、灯芯和灯壶三部分组成，如图 2.19 所示。其火焰温度为 400～500℃。多数化学实验都可用酒精灯加热，使用方便且比较安全。使用酒精灯时应注意下列几点：

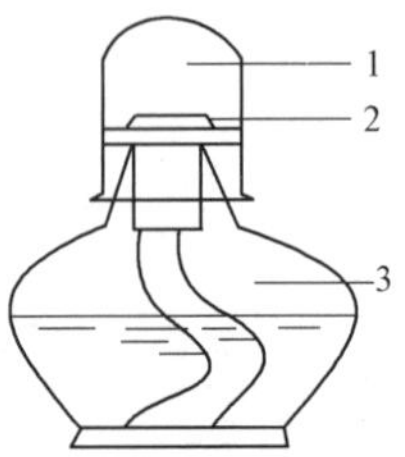

图 2.19　酒精灯
1. 灯罩；2. 灯芯；3. 灯壶

(1) 酒精灯内需添加酒精时，应把火焰熄灭后，借用漏斗把酒精加入灯内。灯内酒精不可装得太满，一般不应超过酒精灯容积的 2/3，以免移动时倾洒出，或点燃时受热膨胀而溢出。

(2) 点燃酒精灯时要用火柴引燃，切不能用另一个燃着的酒精灯引燃。

(3) 酒精灯连续使用的时间不能过长，避免火焰使酒精灯本身灼热后，灯内酒精大量气化形成爆炸混合物。

2) 煤气灯

煤气灯是实验室中最常用的加热器。它主要由灯管和灯座组成，如图 2.20 所示。灯管的下部有螺旋，与灯座相连，灯管下部还有几个气孔，为空气入口。旋转灯管，即可完成关闭或不同程度地开启气孔以调节空气的进入量。灯座的侧面有煤气入口，可接上橡皮管把煤气导入灯内。灯座下面有螺旋形针形阀，用以调节煤气的进入量。

点燃煤气时，应先关闭空气入口，擦燃火柴并放在灯管口边缘，然后打开煤气开关，将灯点燃。调节空气和煤气的进入量，使煤气燃烧完全，此时可得到淡紫色分层的正常火焰。

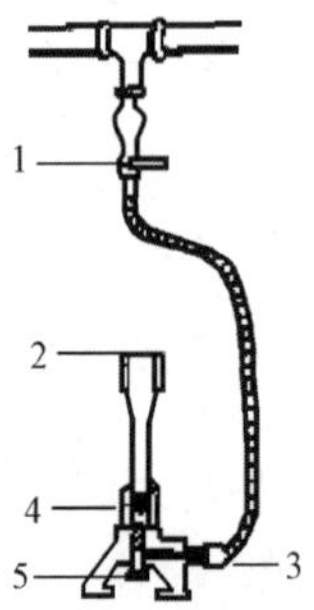

图 2.20　煤气灯
1. 煤气开关；2. 灯管；3. 煤气入口；4. 空气入口；5. 煤气调节器

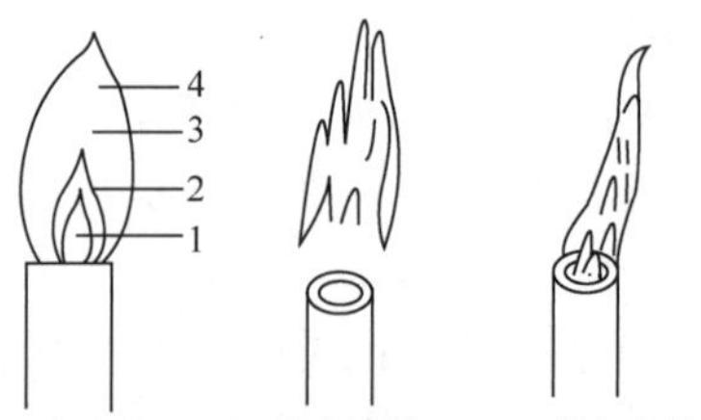

(a) 正常火焰　(b) 临空火焰　(c) 侵入火焰

图 2.21　各种火焰
1. 焰心；2. 还原焰；3. 氧化焰；4. 高温区

煤气灯的正常火焰分成三层，如图 2.21(a)所示。内层为焰心，由未燃烧的煤气与空气的混合物组成；中层为还原焰，煤气不完全燃烧并分解为含碳的产物，所以这部分火焰具有还原性，温度较高，火焰呈淡蓝色；外层为氧化焰，煤气完全燃烧，过剩的空气使这部分火焰具有氧化性。最高温度处在还原焰顶端上部的氧化焰，温度约为 1500℃。当煤气和空气的进入量都很大时，气流冲出管外，火焰在灯管上空燃烧，称为临空火焰，如图 2.21(b)所示。当煤气进入量很小而空气进入量很大时，火焰在灯管内燃烧，火焰呈绿色，并发出特殊的嘶嘶声，这种火焰称为侵入火焰，如图 2.21(c)所示。遇到临空火焰或侵入火焰产生时，应立即关闭煤气开关，重新调节空气或煤气的进入量后再点燃。

3) 电加热设备

电加热设备包括电炉、电热板、电热套、管式炉和高温炉等，如图 2.22 所示。

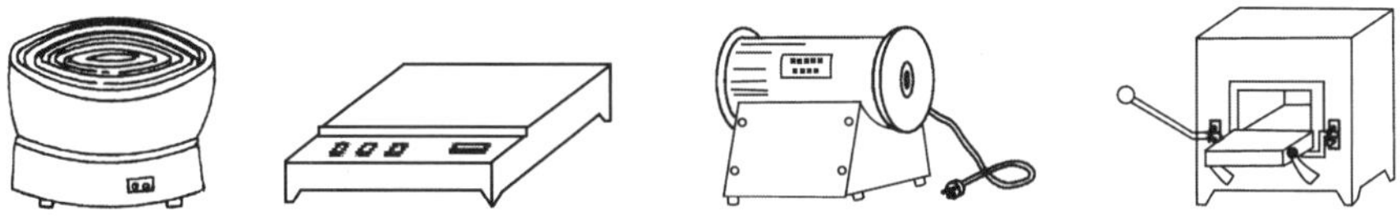

(a) 电炉　(b) 电热板　(c) 管式炉　(d) 高温炉

图 2.22　电热设备

(1) 电炉。温度的高低可以通过调节调压变压器来控制。加热时容器(如烧杯和蒸发皿等)和电炉之间要垫石棉网，以使容器受热均匀。

(2) 电热板、电热套。电炉做成封闭式称为电热板，由控制开关和外接调压变压器调节。电热板升温速度较慢，且受热是平面的，不适合加热圆底容器，但加热面积比电炉大，用于加热体积较大或数量较多的试样。电热套(包)是专为加热圆底容器而设计的，使用时应根据圆底容器的大小选用合适的型号。电热套相当于一个均匀加热的空气浴。

(3) 管式炉。利用电热丝或硅碳棒加热，温度可达 1000℃以上。炉膛中插入一根耐高温的瓷管或石英管，瓷管中再放入盛有反应物的瓷舟。反应物可以在空气或其他气体氛围中受热。

(4) 高温炉。也称马弗炉，也是用电热丝或硅碳棒加热，最高使用温度有 950～1300℃不等。它的炉膛为长方体，有炉门，打开炉门可放入要加热的坩埚或其他耐高温的容器。管式炉和高温炉可以自动调温和控温。

2. 加热方法

1) 直接加热

实验室中常用的加热器皿有烧杯、烧瓶、瓷蒸发皿、试管等。这些器皿能承受一定的温度，可以直接加热，但不能骤热或骤冷。因此，在加热之前必须将器皿外面的水擦干，加热后不能立即与潮湿的物体接触。

当加热液体时，所盛液体一般不宜超过试管容量的 1/3、烧杯容量的 1/2 或烧瓶容量的 1/3。加热玻璃容器中液体时，玻璃容器必须放在石棉网上，如图 2.23 所示，否则容器易因受热不均而破裂。在加热时应适当搅拌，使加热均匀，特别是在加热含有较多不溶的固体物质的溶液时。

加热试管中的液体时，一般可直接在火焰上加热，如图 2.24 所示。注意：离心试管不得在火上直接加热。在火焰上加热试管时，应注意以下几点：

(1) 将试管夹夹在试管的中上部，试管应稍微倾斜，管口向上，以免烧坏试管夹。

(2) 不要将试管口对着自己或他人，以免溶液煮沸时溅出而烫伤。

(3) 应使液体各部分受热均匀，先加热液体的中上部，再慢慢往下移动，然后上下移动。不要集中加热某一部分，否则液体将局部受热，骤然产生蒸气，将液体冲出管外。

加热试管中的固体时，必须使试管稍微向下倾斜，试管口略低于管底，以免凝结在试管壁上的水珠流到灼热的管底，而使试管炸裂。可用试管夹夹持试管加热，有时也可用铁夹固定试管加热，如图 2.25 所示。

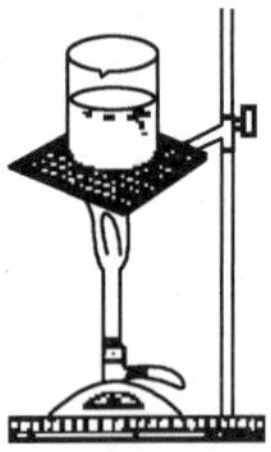

图 2.23　加热烧杯中的液体

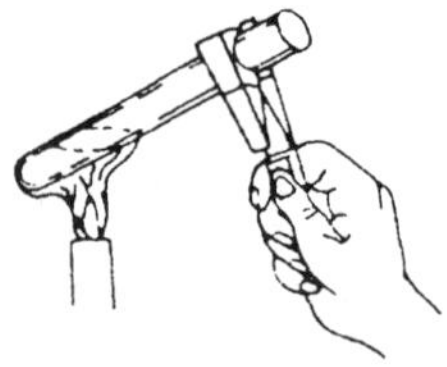

图 2.24　加热试管中的液体

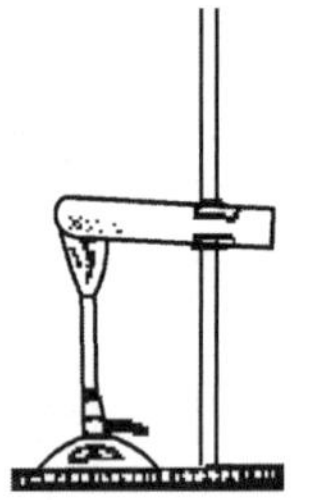

图 2.25　加热试管中的固体

2) 热浴间接加热

(1) 水浴加热。当被加热物质要求受热均匀，而温度又不能超过 100℃时，可用水浴加热，如图 2.26 所示。水浴加热主要有电加热的恒温水浴锅和火焰加热的不定温水浴两种方式。加热时应将容器浸入水浴中，但不能接触锅底和锅壁。水浴锅存水量一般不超过其容量的 2/3，操作时切记不能烧干。

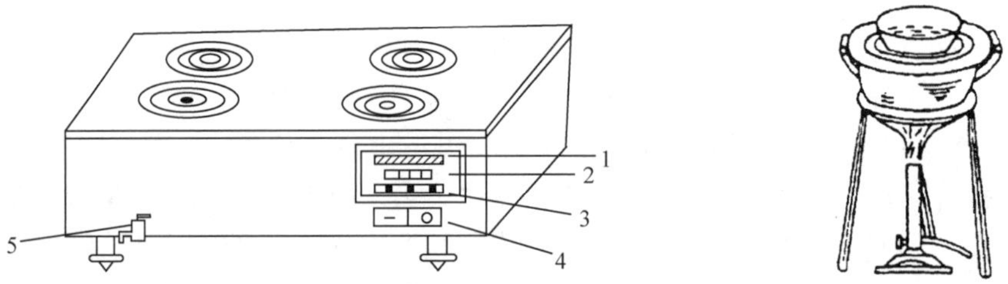

(a) 恒温数显水浴锅加热　　(b) 水浴锅加热

图 2.26　水浴加热

1. 温度显示屏；2. 调温显示屏；3. 调温键；4. 电源开关；5. 放水阀

(2) 油浴和砂浴加热。油浴是以油代替水浴锅中的水，油浴所能达到的最高温度取决于所使用油的沸点。常用的油有甘油(用于 150℃ 以下的加热)、液体石蜡(用于 200℃ 以下的加热)等。使用油浴要小心，防止着火。砂浴是将细砂盛在铁盘内，用煤气灯加热，被加热的器皿可埋在砂子中。用砂浴加热，升温比较缓慢，停止加热后，散热也较慢。

2.3.2　试纸和滤纸的使用方法

1. 试纸的使用

在实验室经常使用试纸来定性检验一些溶液的性质(酸碱性)或某些物质(气体)是否存在，操作简单，使用方便。

1) 试纸的种类

试纸的种类很多，实验室中常用石蕊试纸、pH 试纸、醋酸铅试纸和淀粉-碘化钾试纸等。

(1) 石蕊试纸用于检验溶液的酸碱性，有红色石蕊试纸和蓝色石蕊试纸两种。红色石蕊试纸用于检验碱(遇碱变成蓝色)，蓝色石蕊试纸用于检验酸(遇酸变成红色)。

(2) pH 试纸用以检验溶液的 pH，一般有两类：一类是广泛 pH 试纸，变色范围在 pH=1～14，用来粗略检验溶液的 pH；另一类是精密 pH 试纸，这种试纸在 pH 变化较小时就有颜色的变化，可用来较精密地检验溶液的 pH。精密 pH 试纸有很多种，如变色范围为 pH=2.7～4.7、3.8～5.4、5.4～7.0、6.9～8.4、8.2～10.0、9.5～13.0 等。

(3) 醋酸铅试纸用以定性地检验反应中是否有 H_2S 气体产生(溶液中是否有 S^{2-}存在)。试纸曾在醋酸铅溶液中浸泡过，使用时要先用去离子水润湿试纸。将待测溶液酸化，如有 S^{2-}，则生成 H_2S 气体逸出，H_2S 遇到试纸即溶于试纸上的水中，然后与试纸上的醋酸铅反应，生成黑色的 PbS 沉淀，使试纸呈黑褐色并有金属光泽。

$$Pb(Ac)_2 + H_2S = PbS\downarrow + 2\,HAc$$

有时试纸颜色较浅，但一定有金属光泽。若溶液中 S^{2-}的浓度较小，用此试纸就不易检出。

(4) 淀粉-碘化钾试纸用以定性地检验氧化性气体(如 Cl_2、Br_2 等)。试纸曾在淀粉-碘化钾溶液中浸泡过，使用时要先用去离子水将试纸润湿，氧化性气体溶于试纸上的水后，将 I^- 氧化为 I_2，其反应为

$$2\,I^- + Cl_2 = I_2 + 2\,Cl^-$$

I_2 立即与试纸上的淀粉作用，使试纸变为蓝紫色。

需要注意的是，如果氧化性气体的氧化性很强且气体量很大，则有可能将 I_2 继续氧化成 IO_3^-，而使试纸又褪色。这时不要误认为试纸没有变色，以致得出错误的结论。

2) 试纸的使用方法

使用 pH 试纸和石蕊试纸时，将一小块试纸放在干燥、清洁的点滴板或表面皿上，用沾有待测溶液的玻璃棒点试纸的中部，试纸即被待测溶液润湿而变色。不要将待测溶液滴在试纸上，更不要将试纸泡在溶液中。pH 试纸变色后，要与标准色阶板比较，得出溶液 pH 或 pH 范围。

使用醋酸铅试纸和淀粉-碘化钾试纸时，将用去离子水润湿的一小块试纸粘在玻璃棒的一端，然后用此玻璃棒将试纸放到管口，如有待测气体逸出则试纸变色。若逸出气体较少，可将试纸伸进试管，但不要使试纸接触溶液。取出试纸后，应将装试纸的容器盖严，以免被实验室内的一些气体污染，致使试纸变质失效。

2. 滤纸的选用

实验中常用的滤纸分为定量滤纸和定性滤纸两种，按过滤速度和分离性能的不同又可分为快速、中速和慢速三类，见表 2.3。

表 2.3　几种滤纸及其适用范围

滤纸类型	纤维组织	色带标志	适用范围
快速	疏松	蓝	过滤无定形沉淀，如 $Fe(OH)_3$、$Al(OH)_3$ 等
中速	中等多孔	白	过滤大多数晶形沉淀，如 CaC_2O_4、$ZnCO_3$ 等
慢速	紧密	红	过滤微细晶形沉淀，如 $BaSO_4$ 等

滤纸的特点是灰分很低，以直径 125 mm 定量滤纸为例，每张纸的质量均匀，灼烧后其灰分的质量不超过 0.1 mg(小于分析天平的感量)，在重量分析实验中可以忽略不计，所以通常又称为无灰滤纸。定量滤纸中其他杂质的含量也比定性滤纸低，其价格则比定性滤纸高。在实验工作中应根据实际需要合理地选用滤纸。

2.3.3 溶解与熔融

将固体物质转化为液体，通常采用溶解与熔融两种方法。

1. 溶解

溶解是指把固体物质溶于水、酸、碱等试剂中制备成溶液。

溶解固体时，要根据固体物质的性质选择适当的试剂，并用加热、搅拌等方法促使其溶解。用试剂溶解试样时，先把烧杯适当倾斜，将量筒(或量杯)嘴靠近烧杯壁，使试剂沿杯壁慢慢流入，也可使试剂沿玻璃棒慢慢流入，以防止杯内溶液溅出而损失。加入试剂后，用玻璃棒搅拌使试样完全溶解，使用过的玻璃棒应放在烧杯中，不要随意取出，以免溶液损失。

加热一般可加速溶解过程，应根据物质对热的稳定性选用直接加热或水浴等间接加热方法。应防止溶液剧烈沸腾、暴沸和迸溅，并在加热后用去离子水冲洗表面皿和烧杯内壁。

搅拌可加速溶质的扩散，从而加快溶解速度。搅拌时注意手持搅拌棒轻轻搅动，不能用力过猛，不要使玻璃棒触及容器底部及器壁。

如果固体颗粒较大不易溶解时，应先在洁净、干燥的研钵中将固体研细，研钵中盛放固体的量不要超过其容量的 1/3。

在试管中溶解固体时，可用振荡的方法加速溶解，振荡时不能上下振荡，也不能用手堵住管口来回振荡。

有些试样在溶解时会产生气体，应事先用少量去离子水将其润湿成糊状，盖上表面皿，将相关试剂用滴管从烧杯嘴逐滴加入，以防止溶解试样时产生的气体将粉状的试样带出而损失，然后用去离子水冲洗表面皿和烧杯内壁。

2. 熔融

熔融是将固体物质和固体熔剂混合，在高温下加热，使固体物质转化为可溶于水或酸的化合物。

根据所用熔剂性质可分为酸熔法和碱熔法。酸熔法是用酸性熔剂(如 $K_2S_2O_7$ 或 $KHSO_4$)分解碱性物质，碱熔法是用碱性熔剂(如 Na_2CO_3、NaOH、Na_2O_2)分解酸性物质。熔融一般在很高的温度下进行，因此需根据熔剂的性质选择合适的坩埚(如铁坩埚、镍坩埚、铂坩埚等)。将固体物质与熔剂在坩埚中混匀后，送入高温炉中灼烧熔融，冷却后用水或酸浸取溶解。

2.3.4 蒸发与浓缩

当溶液很稀而欲制备的无机物的溶解度又较大时，为了能从溶液中析出该物质的晶体，需对溶液进行蒸发、浓缩。

在无机化学制备实验中，蒸发、浓缩一般在水浴中进行。若溶液很稀，物质对热的稳定性又较好时，可先放在石棉网上用电炉(或煤气灯)直接加热蒸发。蒸发时用小火，以防溶液暴沸、迸溅，然后放在水浴上加热蒸发。常用的蒸发容器是蒸发皿，操作时应注意以下几点：

(1) 在蒸发皿内所盛放的液体不应超过其容量的 2/3。如果液体量较多，蒸发皿一次盛不下，可随水分的不断蒸发而继续添加液体。当水分蒸发到一定程度后冷却，就可析出晶体。

(2) 加热过程中不搅拌，慢慢冷却则可得到较大颗粒的晶体，但纯度不高。这是因为大颗粒晶体的间隙中包存着母液或杂质。如果溶液迅速冷却或搅拌，则得到颗粒较小的晶体，但纯度较高。颗粒太小的晶体不易洗涤和过滤。

(3) 蒸发浓缩的程度取决于溶质溶解度的大小及对晶粒大小的要求。若物质的溶解度随温度的变化很大，不必蒸发到液面出现晶膜就可以冷却。

2.3.5　蒸干与灼烧

为了除去有机物和铵盐，需将溶液蒸干后进行灼烧。此时应将溶液放在瓷坩埚中先在水浴上加热蒸干，然后在泥三角上从小火至大火逐步升温灼烧。重量分析中沉淀的干燥与灼烧操作方法见 2.4.3 节。

2.3.6　结晶与重结晶

溶质从溶液中析出晶体的过程称为结晶。

结晶时要求物质溶液的浓度达到饱和程度。物质在溶液中的饱和程度与物质的溶解度和温度有关。当物质的溶解度随温度变化不大时，则要求蒸发至稀粥状后冷却结晶。

如果希望得到较大颗粒状的晶体，则不宜蒸发至太浓。此时溶液的饱和程度较低，结晶的晶核少，晶体易长大。若溶液饱和程度较高，晶核多，晶体快速形成，得到的是细小的晶体。

如果第一次结晶所得物质的纯度不符合要求，可进行重结晶。其方法是在加热的情况下使被纯化的物质溶于尽可能少的溶剂中，形成饱和溶液，趁热过滤，除去不溶性杂质。然后使滤液冷却，被纯化物质即结晶析出，而杂质则留在母液中，过滤便得到较纯净的物质。重结晶是提纯固体物质常用的重要方法之一，它适用于溶解度随温度有显著变化的化合物的提纯。

2.4　沉淀的生成、分离与洗涤

2.4.1　沉淀的生成

应根据沉淀性质采取不同的操作方法。

1. 定性分析中沉淀的生成

定性分析常在离心管中进行沉淀。将试液放入离心管中，滴加试剂，每加一滴试剂要用玻璃棒搅拌，直至沉淀完全。检验沉淀完全的方法是将沉淀离心沉降，在上层清液中沿管壁加一滴沉淀剂，如不产生浑浊，则表示已经沉淀完全，否则应继续滴加沉淀剂，直到沉淀完全。

2. 定量分析中沉淀的生成

准备好干净的烧杯，杯的底部与内壁不应有纹痕，配上合适的玻璃棒与表面皿，按下列规程进行沉淀操作。

(1) 准确称取一定量的试样，处理成溶液后适当地稀释或加热。沉淀剂的用量可先按照被测组分的含量计算出理论值，然后根据过量的原则算出实际用量。用量筒量取沉淀剂，倒入一小烧杯中，必要时稀释或加热，但被测溶液或沉淀剂都不可以煮沸，否则会因溅溢而造成损失。

(2) 沉淀时，左手拿滴管慢慢地滴加沉淀剂，滴管口要接近液面，勿使溶液溅出。右手拿玻璃棒，边滴边充分地搅拌，防止沉淀剂局部过浓，但勿使玻璃棒碰击杯壁或杯底，以免划伤烧杯而使沉淀沾附在烧杯上。沉淀剂溶液应连续一次加完。

(3) 沉淀剂加完后，必须检查其沉淀是否完全。将溶液放置片刻，待上层溶液完全清晰透明时，用滴管滴加一滴沉淀剂，观察滴落处是否出现浑浊。如出现浑浊，再补加沉淀剂，直到再加一滴沉淀剂不出现浑浊为止，然后盖上表面皿。玻璃棒要一直放在烧杯内，直至沉淀、过滤、洗涤结束后才能取出。

(4) 沉淀操作结束后，对晶形沉淀可放置过夜，或将沉淀连同溶液加热一定时间，这个过程称为陈化。对非晶形沉淀，只需静置数分钟，待沉淀下沉即可过滤，不必放置陈化。如果是胶状沉淀，用浓的沉淀剂快速加入热的试液中，同时搅拌，这样就容易得到紧密的沉淀。

定量分析中有时采用均相沉淀法，具体方法可见有关实验内容。

2.4.2　沉淀与溶液的分离和洗涤

固液分离一般有三种方法：倾泻法、离心分离法和过滤法。

1. 倾泻法

物质制备或重结晶等过程中，若沉淀(晶体)的相对密度较大或结晶颗粒较大，静置后容易沉降至容器的底部，可用倾泻法进行沉淀的分离或洗涤。

图 2.27　倾泻法分离与洗涤

倾泻法操作如下：先把烧杯倾斜地静置，待沉淀沉降至烧杯底角时，将玻璃棒横架在烧杯嘴上，将沉淀上部的清液沿玻璃棒缓慢地倾入另一个烧杯中，使沉淀与溶液分离，如图 2.27 所示。洗涤时，可在沉淀上加少量洗涤剂，充分搅拌后静置，沉降，再倾出洗涤液。如此重复操作可将沉淀洗净。

用倾泻法进行沉淀分离，操作简单、方便，但沉淀的效果较差，只适用于定性实验。

2. 离心分离法

定性分析时试管中少量溶液和沉淀的分离常用离心分离法，操作简单而迅速，使用的离心机一般为电动离心机。将盛有沉淀的离心试管放入离心机的试管套内，在与之相对称的另一试管套内也装入一支盛相当质量水的离心试管，两试管质量近似相等，以使离心机的两臂保持平衡，否则易损坏离心机的轴。然后打开开关，离心机逐渐加速。数分钟之后，关闭开关，让离心机自然停止。在任何情况下都不能突然加速离心机，或在未停止前用手按住离心机的轴强制其停下，否则离心机很容易损坏，而且容易发生危险。

离心时间和转速由沉淀的性质来决定。结晶形的紧密沉淀，转速 1000 $r \cdot min^{-1}$，1～2 min 后即可停止。无定形的疏松沉淀，沉降时间要长些，转速可提高至 2000 $r \cdot min^{-1}$。

由于离心作用，沉淀紧密聚集在离心管底部的尖端，上层溶液则变清。离心沉降后，取一根毛细吸管(或滴管)，先用手指捏紧橡皮头，排除空气，将毛细吸管的尖端轻轻插入液面以下，但不可接触沉淀(注意尖端与沉淀表面的距离应不小于 1 mm)，然后缓缓放松橡皮头，尽量吸出上层清液。操作中注意不要将沉淀吸入管中或搅起沉淀。

洗涤离心试管中存留的沉淀，可用洗瓶吹入少量去离子水，用玻璃棒充分搅拌。离心分离使沉淀沉降，再按上述方法将上层清液尽可能地吸出。如此重复洗涤沉淀两三次，即可洗去沉淀里的溶液和吸附的杂质。必要时可检验是否洗净，方法是将一滴洗涤液放在点滴板上，加入适当试剂，检查应分离出去的离子是否还存在，决定是否还要进一步洗涤沉淀。

3. 过滤法

过滤法是最常用的固液分离方法。常用的过滤方法有常压过滤和减压过滤两种。

1) 常压过滤

常压过滤又称普通过滤，是指在圆锥形玻璃漏斗中放入滤纸，将含有沉淀的混合物放入其中，滤液可透过滤纸流出，沉淀留在滤纸上，以此达到沉淀分离的目的。

(1) 滤纸的选择。根据沉淀的性质选择滤纸的类型：如 $BaSO_4$ 等细晶形沉淀，应选择慢速滤纸过滤；$Fe_2O_3 \cdot nH_2O$ 等胶体沉淀，则选用快速滤纸过滤；而 CaC_2O_4、$MgNH_4PO_4$ 等粗晶形沉淀，则选用中速滤纸过滤。至于滤纸的大小，应根据沉淀量的多少选择，一般沉淀的体积不应超过滤纸容积的一半。过滤晶形沉淀常用直径为 7～9 cm 的滤纸；过滤非晶形沉淀，则选用直径 11 cm 的滤纸。另外，还应考虑漏斗的大小，一般滤纸应比漏斗边缘低 1 cm 左右。

(2) 漏斗。漏斗锥体角度应为 60°，颈的直径不能太大，一般应为 3～5 mm，颈长为 15～20 cm，颈口处磨成 45°，如图 2.28 所示。

(3) 滤纸的折叠。滤纸一般按四折法折叠，如图 2.29 所示，折叠时，应先把手洗净、擦干。折叠好的滤纸展开成 60°的圆锥体(半边一层，另半边为三层)，放入漏斗中后用手按紧三层的一边，然后用洗瓶加少量水润湿滤纸，轻压滤纸赶去气泡，加水至滤纸边缘，此时漏斗颈内应全部充满水，形成水柱。由于液体的重力可起抽滤作用，从而加快过滤速度。若不能形成水柱，可用手指堵住漏斗口，稍掀起滤纸的一边，用洗瓶向滤纸和漏斗的空隙处加水，使漏斗充满水，压紧滤纸边，松开手指，此时应形成水柱。如仍不能形成水柱，可能漏斗颈太大。

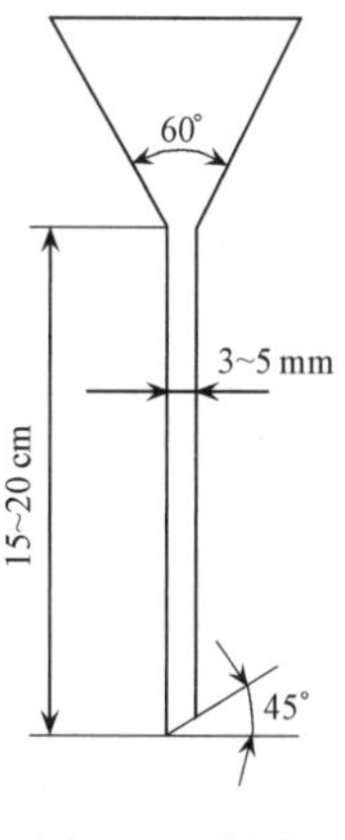

图 2.28　漏斗

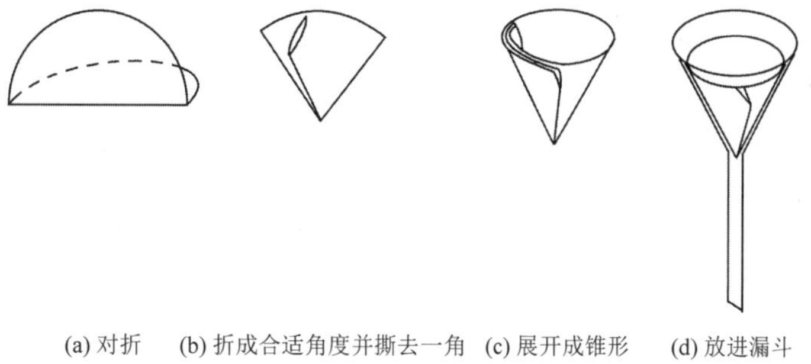

(a) 对折　(b) 折成合适角度并撕去一角　(c) 展开成锥形　(d) 放进漏斗

图 2.29　滤纸的折叠和安放

为了使漏斗与滤纸之间贴紧无气泡，可将三层厚滤纸的外层撕下一小块，避免过滤时气泡由此处缝隙通过而使漏斗颈内无水柱，影响过滤。但应注意，撕下来的滤纸角不要扔掉，放在干燥的表面皿上，以备擦拭烧杯中残留沉淀时使用。

(4) 倾泻过滤。在过滤前，应将盛接滤液的烧杯洗净，漏斗放在漏斗架上。漏斗颈口长的一边紧贴烧杯，使滤液沿杯壁流下，不致溅出。漏斗位置的高低应以过滤过程中漏斗颈的出口不接触滤液为准。

为了避免沉淀堵塞滤纸的空隙，影响过滤的速度，多采用倾泻法过滤，如图 2.30 所示，即烧杯中沉淀下降后，将清液倾入漏斗中。溶液应沿着玻璃棒流入漏斗中，尽量不搅起沉淀，而玻璃棒的下端应对着滤纸三层厚的一边，并尽可能接近滤纸，但不能接触滤纸。倾入的溶液一般只充满滤纸的 2/3，或离滤纸上缘约 5 mm，以免少量沉淀因毛细作用超过滤纸上缘，造成损失。暂停倾注时，应沿玻璃棒将烧杯嘴向上提起 1～2 cm，并使烧杯逐渐直立，绝不能使烧杯嘴上的溶液流到烧杯外壁造成损失。玻璃棒应放回烧杯中，不可放在桌上或其他任何地方，也不能靠在烧杯嘴处，以免沾有沉淀而造成损失。倾注溶液最好一次完成，如果中断，须待烧杯中沉淀沉降后继续倾注。

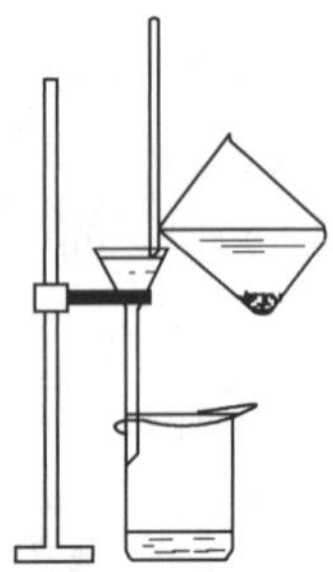

图 2.30　倾泻法过滤

图 2.31　转移沉淀的操作

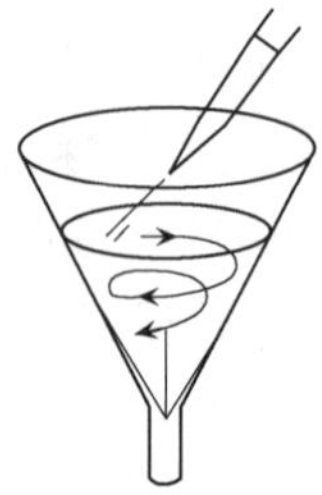

图 2.32　漏斗中沉淀的洗涤

倾注完成后，便进行初步洗涤。洗涤时，常采用聚乙烯塑料洗瓶，每次挤出约 10 mL 洗液洗烧杯四周，使沾附着的沉淀集中在烧杯底，放置澄清后，再倾泻过滤。如此重复过滤，一般晶形沉淀洗涤三四次，无定形沉淀洗涤五六次。

(5) 转移沉淀。加少量洗涤液于烧杯中，搅动混合后立即将沉淀和洗涤液倾入漏斗上，再加少量洗涤液搅拌混合后再按上述方法转移。如此重复几次，将大部分沉淀转移到滤纸上。如仍有沉淀未转移到滤纸上，则可按图 2.31 所示方法，将烧杯倾斜放在漏斗上方，烧杯嘴朝着漏斗，用食指将玻璃棒架在烧杯嘴上，玻璃棒下端对着三层厚滤纸处，用洗瓶冲洗烧杯内壁，使沉淀连同溶液流入漏斗中，注意不要让溶液溅出。最后用前面撕下的滤纸角擦烧杯及玻璃棒，将擦过的滤纸角也放在漏斗里的沉淀中。

(6) 洗涤沉淀。沉淀全部转移到滤纸上后，需洗涤沉淀。洗涤的目的是将沉淀表面所吸附的杂质和残留的母液除去，其方法如图 2.32 所示。从洗瓶中挤压出细的水流，从滤纸边缘朝下处开始往下螺旋形移动，这样可使沉淀集中到滤纸的底部，重复这一步骤至沉淀洗净为止。洗涤沉淀注意以下几点：

(i) 洗涤沉淀时，要遵循“少量多次”原则。这样既可将沉淀洗净，又尽可能降低沉淀的溶解损失。

(ii) 过滤和洗涤必须相继进行，不能间断，否则沉淀干涸了就无法洗涤。

(iii) 根据沉淀的性质选择洗涤剂。洗涤晶形沉淀可用冷的稀沉淀剂洗涤，因为这时存在同离子效应，故能减少沉淀溶解的量，但是若沉淀剂为不挥发的物质，就不能作洗涤液；若沉淀溶解度很小，又不易生成胶体沉淀，可改用去离子水洗涤；溶解度较大的沉淀或易水解的沉淀，采用沉淀剂加有机溶剂洗涤，可降低其溶解度。无定形沉淀用热的电解质溶液作洗涤剂，以防产生胶溶现象，大多采用易挥发的铵盐作洗涤液。

(iv) 检查沉淀是否洗净，可根据具体情况选择不同的方法。例如，若试液中含有 Cl^-或 Fe^{3+}时，可用干净小试管接 1～2 mL 溶液，酸化后，用 $AgNO_3$ 或 KSCN 溶液分别检查，若无 AgCl 白色浑浊或 $Fe(SCN)_n^{3-n}$ 淡红色配合物出现，说明沉淀已洗净，否则还需要洗涤，直至滤液中检查不出 Cl^-或 Fe^{3+}为止。如无明确的规定，通常洗涤 8～10 次就认为已洗净，对于无定形沉淀，洗涤的次数可稍多。

2) 减压过滤

(1) 装置。减压过滤又称吸滤法过滤或抽气过滤。用此法过滤速度快，还可以把沉淀抽得比较干燥，但不宜用于过滤颗粒太小的沉淀和胶体沉淀。因胶体沉淀易穿透滤纸，而颗粒太小的沉淀则易堵塞滤纸孔，使抽滤速度减慢。

减压过滤装置如图 2.33 所示，由吸滤瓶、布氏漏斗或玻璃砂芯漏斗、安全瓶和循环水泵(也可用真空泵代替)组成。循环水泵将空气带走，使吸滤瓶形成负压，在布氏漏斗的液面上与瓶内形成压差，从而大大提高过滤速度。

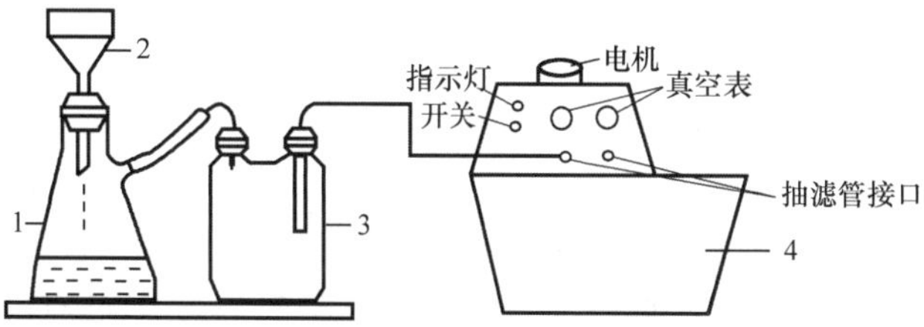

图 2.33　减压过滤装置

1. 吸滤瓶；2. 布氏漏斗或玻璃砂芯漏斗；3. 安全瓶；4. 循环水泵

用橡皮管连接吸滤瓶的支管和安全瓶的短管，安全瓶的长管则和循环水泵相连接。安全瓶的作用是防止循环水泵中的水产生溢流而倒灌入吸滤瓶中。若不要滤液，也可不用安全瓶。布氏漏斗是瓷质的，中间为具有许多小孔的瓷板，以便溶液通过滤纸从小孔流出。布氏漏斗必须装在橡皮塞上。橡皮塞塞进吸滤瓶的部分一般不超过整个橡皮塞高度的 1/2，否则在吸滤时整个橡皮塞将被吸滤瓶吸住而不易取出。

(2) 吸滤操作。在实验过程中按以下步骤进行：

(i) 做好吸滤前的准备工作，检查装置，使安全瓶的长管接循环水泵，短管接吸滤瓶；布氏漏斗下端的斜面应与吸滤瓶的支管相对，以便于吸滤。

(ii) 贴好滤纸，滤纸的大小应比布氏漏斗的内径略小，以能恰好盖住瓷板上的所有小孔为好。先用少量去离子水润湿滤纸，再开启循环水泵，使滤纸紧贴在漏斗的瓷板上，然后才能进行吸滤操作。

(iii) 吸滤时，应采用倾泻法，先将澄清的溶液沿玻璃棒倒入漏斗中，每次倒入量不要超过漏斗高度的 2/3。滤完后再将沉淀移入滤纸的中间部分。

(iv) 过滤时，吸滤瓶内的滤液面不能达到支管的水平位置，否则滤液将被循环水泵抽出。因此，当液面接近吸滤瓶的支管处时，应拔去吸滤瓶上的橡皮管，取下漏斗，从吸滤瓶的上口倒出滤液后，再继续吸滤。但需注意，从吸滤瓶的上口倒出滤液时，吸滤瓶的支管必须向上，否则将污染实验需要的滤液。

(v) 在吸滤过程中，不得突然关闭循环水泵。如欲取出滤液或需要停止吸滤，应先将吸滤瓶支管的橡皮管拆下，然后再关闭循环水泵，否则水将倒灌进入安全瓶。

(vi) 在布氏漏斗内洗涤沉淀时，应暂停吸滤，让少量洗涤剂缓慢通过沉淀，再进行吸滤。

(vii) 为了尽量抽干漏斗上的沉淀，最后可用一个平顶试剂瓶塞挤压沉淀。

(viii) 吸滤完毕后，应先将吸滤瓶支管的橡皮管拆开，关闭循环水泵，再取下漏斗。将漏斗的颈口朝上，轻轻敲打漏斗边缘，或用洗耳球在漏斗颈口用力一吹，即可使沉淀脱离漏斗，落入预先准备好的滤纸上或容器中。

(3) 玻璃砂芯漏斗(又称微孔玻璃漏斗)和微孔玻璃坩埚。如图 2.34 所示，一般与滤瓶配套使用，依据漏斗孔的大小将它们分为六级，其中 1 号孔径最大，6 号孔径最小。在定量分析中，对细晶形沉淀一般用 4～5 号(相当于慢速滤纸)；对非晶形或粗晶形沉淀，一般用 3 号(相当于中速滤纸)。使用前，先将微孔玻璃漏斗或微孔玻璃坩埚用稀 HCl(或稀 HNO_3)处理，再用水洗净，并在相当于烘干沉淀的温度下烘至恒量，以备使用。过滤时，将微孔漏斗安置在具有孔塞的吸滤瓶上，微孔玻璃坩埚则要放在装有橡皮垫圈的吸滤瓶上。

图 2.34 微孔玻璃漏斗或微孔玻璃坩埚

采用微孔玻璃坩埚过滤与洗涤的方法和用滤纸过滤相同，但应注意：

(i) 开始过滤前，先倒溶液于玻璃坩埚中，然后再打开水泵，每次倒入溶液不要等沉淀被吸干，以免沉淀被吸紧后影响过滤速度。用循环水泵进行减压过滤，应控制压力勿使过滤速度太快，以免降低洗涤效率。过滤完毕，先去掉吸滤瓶上的橡皮管，后关闭循环水泵 (防止水倒吸入吸滤瓶中)。

(ii) 擦净搅拌棒和烧杯内壁上的沉淀时，只能用沉淀帚，不能用滤纸。

(iii) 微孔玻璃坩埚耐酸力强，耐碱力弱，因此不能过滤碱性较强的溶液。

2.4.3 沉淀的干燥与灼烧

1. 干燥器的使用

干燥器是一种带有磨口盖子的厚质玻璃器皿，常用以保存某些干燥物质。干燥器的内壁及瓷板要擦干净，它的磨口边缘上涂有一层薄的凡士林，使之能与盖子密合。干燥器的底部盛有干燥剂，其上搁置干净的带孔瓷板，干燥剂放入底部的量要合适，不宜太多，以免沾污坩埚或称量瓶。

干燥剂种类有无水氯化钙、浓硫酸、高氯酸镁、变色硅胶等。通常用变色硅胶，干燥时为蓝色(无水 $CoCl_2$)，受潮后变为粉红色($CoCl_2 \cdot 6H_2O$)，可在 120℃左右烘干，循环使用。由于干燥剂吸收水分的能力是有一定限度的，因此干燥器中的空气并不是绝对干燥，只是湿度较低而已。

灼烧或干燥后的坩埚和沉淀从加热源取出后，都应稍冷却后再放入干燥器中，且先将干燥器盖留一条缝隙，稍等几分钟后再盖严。灼烧后的坩埚和沉淀也不宜在干燥器中放置过久，通常放置半小时或 45 min 后即可称量。

开启干燥器时，用一只手按住干燥器，另一只手将盖子向边缘推开，不能用力拔开或揭开。另外，挪动干燥器时不能只端下部，而应用手指按住盖子挪动，以防盖子滑落，如图 2.35 所示。

2. 坩埚的准备

灼烧沉淀常用瓷坩埚，使用前应洗净晾干或烘干，然后在坩埚和盖子上编号。字迹晾干后，将坩埚放入马弗炉中，在灼烧沉淀的温度下灼烧。第一次灼烧约半小时，取出稍冷却后，转入干燥器中冷至室温，称量。第二次再灼烧 15～20 min，稍冷后，再转入干燥器中，冷至室温，再称量。冷却应在天平室中进行，与天平温度相同时再进行称量，每次冷却的时间必须相同。若前后两次称量之差小于 0.2 mg，即认为达到恒量。

瓷坩埚放在煤气灯或电炉上灼烧时，应斜放在架有铁环的泥三角上，坩埚底放在泥三角的边上，坩埚口则对准泥三角的顶角，如图 2.36 所示。灼烧时逐渐升温，且要带坩埚盖，但不能盖严，需留一条小缝。灼烧时应不时转动坩埚，使之均匀受热，灼烧时间和操作与用马弗炉灼烧相同。

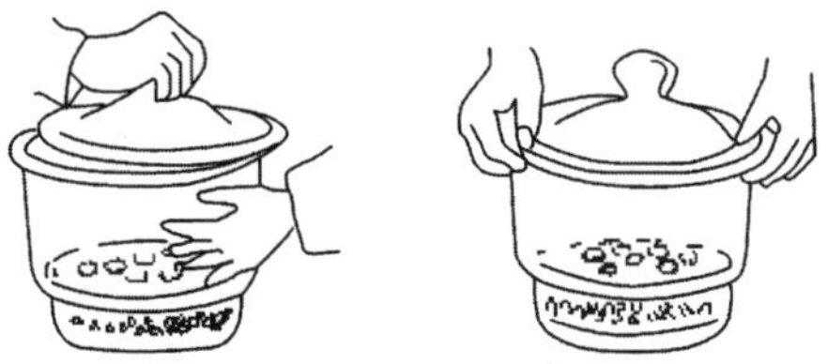

(a) 开盖　(b) 搬移

图 2.35　干燥器的使用

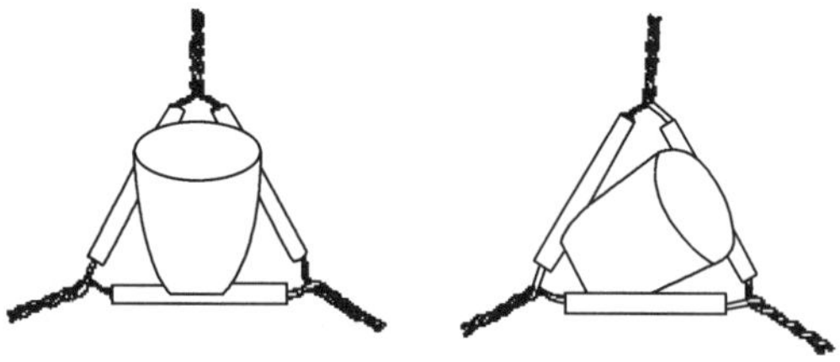

正确　不正确

图 2.36　瓷坩埚在泥三角上的放置法

3. 沉淀的包裹

包裹晶形沉淀时，用干净的玻璃棒从滤纸的三层部分将其挑起，再用洗净的手将滤纸和沉淀取出，然后包裹沉淀。步骤如下(图 2.37)：①滤纸对折成半圆形；②自右端约 1/3 半径处向左折起；③由上向下折，再自右向左折；④折成滤纸包，放在已恒量的瓷坩埚中，卷层数较多的一面向上，以便滤纸炭化和灰化。

如果沉淀为胶体，因沉淀体积较大，用上述方法不合适，此时可用扁头玻璃棒将滤纸边挑起，向中间折叠，将沉淀全部盖住，如图 2.38 所示。再用玻璃棒将滤纸转移到已恒量的瓷坩埚中。

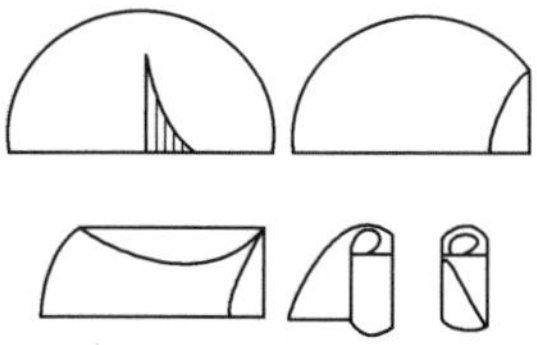

图 2.37　晶形沉淀的包法

图 2.38　胶状沉淀的包法

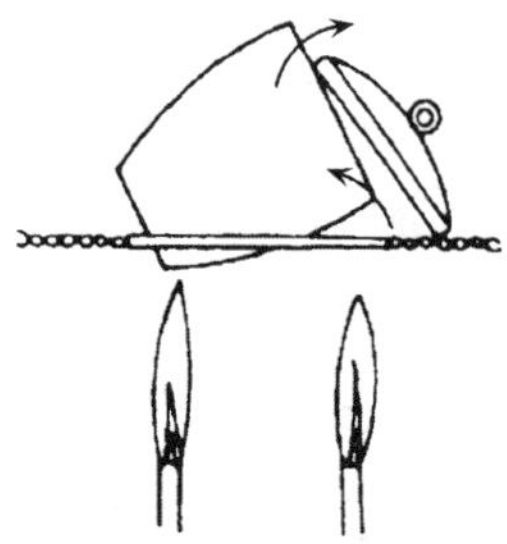

(b)　(a)

图 2.39　沉淀的烘干与滤纸的炭化

4. 沉淀的灼烧

沉淀要先烘干，如图 2.39(a)所示。将瓷坩埚斜放在泥三角上，把坩埚盖斜倚在坩埚口的中部，然后开始用小火加热，火焰对准坩埚盖的中心。热空气由于对流而通过坩埚内部，使水蒸气从坩埚上部逸出。慢慢干燥沉淀和滤纸，在干燥过程中，温度不能太高，干燥不能急，否则瓷坩埚与水滴接触易炸裂。沉淀干燥后，将煤气灯移至坩埚底部，仍以小火继续加热，使滤纸炭化，如图 2.39(b)所示，防止滤纸着火燃烧，以免沉淀微粒飞失。

如果滤纸着火，应立即移去灯火，盖好坩埚盖，让火焰自动熄灭，切勿用嘴吹熄。滤纸完全炭化后，逐渐升高温度，并不断转动坩埚，使滤纸灰化。将碳素燃烧成二氧化碳而除去的过程称为灰化。灰化后，将坩埚直立，盖好盖子，继续以氧化焰灼烧沉淀 10～20 min，取下坩埚稍冷，转入干燥器中 30～45 min 冷至室温，称量后再灼烧、冷却、称量，直至恒量。

若在马弗炉中灼烧沉淀，一般先在电炉上将沉淀和滤纸烤干使滤纸炭化，然后用特制的长坩埚钳置于马弗炉内，盖上坩埚盖，在实验指定的温度下灼烧 20～30 min。取出坩埚时，先将坩埚移到炉门旁边冷却片刻，然后放在泥三角架或石棉板上，稍冷却后才能放入干燥器中，冷却至室温，称量。再灼烧 15 min，冷却、称量，直至恒量。

某些沉淀只需烘干即可达到一定的组成，则不必在瓷坩埚中灼烧。有些沉淀因热稳定性差，不能在瓷坩埚中灼烧，此时可采用微孔玻璃坩埚烘干所需称量的沉淀。

微孔玻璃坩埚放入烘箱中烘干时，一般应将它放在表面皿上，烘干温度在 200℃以下(根据沉淀性质确定其干燥温度)。一般第一次烘干沉淀时间要长些，约 2 h，第二次烘干时间可短些，为 45 min～1 h，根据沉淀的性质具体处理。沉淀烘干后，取出坩埚，置干燥器中冷却至室温后称量。反复烘干、称量直至恒量为止。

2.5 纯水的规格、制备与检验

2.5.1 纯水的规格

纯水是化学实验中最常用的纯净溶剂和洗涤剂。天然水和自来水存在很多杂质，如 Ca^{2+}、Mg^{2+}、Fe^{3+}、Na^{+}、K^{+}等阳离子，SO_4^{2-}、CO_3^{2-}、Cl^{-}等阴离子和某些有机物质，以及泥砂、细菌、微生物等，不能直接用于实验，而应根据所做实验对水质的要求合理选用不同规格的纯水。我国实验室用水的国家标准(GB/T 6682—2008)规定，实验室用水共分三个级别(表 2.4)。

表 2.4 实验室用水的级别及主要指标

指标名称	一级	二级	三级
pH 范围(25℃)	—	—	5.0～7.5
电导率(25℃)/($\mu S \cdot cm^{-1}$)	≤0.01	≤0.1	≤0.5
可氧化物质含量(以 O 计)/($mg \cdot L^{-1}$)	—	0.08	≤0.40
吸光度(254 nm，1 cm 光程)	≤0.001	≤0.01	—
可溶性硅(以 SiO_2 计)/($mg \cdot L^{-1}$)	≤0.01	≤0.02	—

一级水：基本上不含有溶解或胶态离子杂质及有机物，用二级水经进一步处理制得。例如，可将二级水用石英蒸馏器进一步蒸馏或通过离子交换混合床处理后，再经 0.2 μm 微孔滤膜过滤来制备。

二级水：可含有微量的无机、有机或胶态杂质，采用蒸馏、反渗透或去离子后再经蒸馏等方法制备。

三级水：适用于一般实验室工作(包括化学分析)，可采用蒸馏、反渗透、离子交换及电渗析等方法制备。

实验室最常用的是三级水，过去多采用蒸馏(用钢质或玻璃蒸馏装置)的方法制备，故常称为蒸馏水。目前多改用离子交换法、电渗析法或反渗透法制备，一般称去离子水。

国家标准只规定了一般的技术指标，在实验工作中还会对水有一些特殊的要求，如铁、钙、氯等离子的含量及细菌指标等。

2.5.2　纯水的制备

1. 蒸馏法

将自来水(或天然水)在蒸馏装置中加热汽化，水蒸气冷凝即得蒸馏水。该法能除去水中的不挥发性杂质及微生物等，但不能除去易溶于水的气体。通常使用的蒸馏装置用玻璃、铜或石英等材料制成，由于蒸馏装置的腐蚀，蒸馏水仍含有微量杂质。该法制得的纯水在 25℃时电阻率为 0.1 MΩ · cm。蒸馏法制取纯水设备成本低，操作简单，但能源消耗大。

2. 离子交换法

将自来水通过内装有阳离子交换树脂和阴离子交换树脂的离子交换柱，利用交换树脂中的活性基团与水中的杂质离子的交换作用，以除去水中的杂质离子。此法制得的纯水通常称为去离子水，其纯度较高，但此法不能除去水中非离子型杂质。去离子水中常含有微量的有机物，制得的纯水在 25℃时电阻率一般在 5 MΩ · cm 以上。

3. 电渗析法

将自来水通过由阴、阳离子交换膜组成的电渗析器，在外电场的作用下，利用阴、阳离子交换膜对水中阴、阳离子选择性透过，而达到净化水的目的。该法不能除去非离子型杂质，电渗析水的电阻率一般为 0.01～0.1 MΩ · cm，比蒸馏水的纯度略低。

4. 反渗透法

在高于溶液渗透压的压力下，借助于只允许水分子透过的反渗透膜的选择截留作用，将溶液中的溶质与溶剂分离，从而达到净化水的目的。反渗透膜是由具有高度有序矩阵结构的聚合纤维素组成的，孔径为 0.1～1 nm。反渗透技术是当今最先进、最节能、最高效的分离技术，最初用于太空的生活用水回收处理，故所制得的水也称太空水。

2.5.3　纯水的检验

根据表 2.4 中纯水的主要指标，测定方法如下。

1. pH 的测定

用酸度计测定水的 pH 时，先用 pH=5.0～8.0 的标准缓冲溶液校正 pH 计，再将 100 mL 水注入烧杯中，插入玻璃电极和甘汞电极(或复合电极)，测定水的 pH。

2. 电导率的测定

纯水质量的主要指标是电导率(或换算成电阻率)，一般的化学分析实验都可参考这项指标选择适用的纯水。测定电导率应选用适于测定高纯水的电导率仪(最小量程为 0.02 μS · cm^{-1})。测定一级、二级水时，电导池常数为 0.01～0.1，进行在线测定。测定三级水时，电导池常数为 0.1～1，用烧杯接取约 300 mL 水样，立即测定。

3. 吸光度的测定

将水样分别注入 1 cm 和 2 cm 的比色皿中，用紫外-可见分光光度计，在波长 254 nm 处，以 1 cm 比色皿中纯水为参比，测定 2 cm 比色皿中待测水的吸光度。

4. SiO_2 的测定

SiO_2 的测定方法比较繁琐，一级、二级水中的 SiO_2 可按 GB/T 6682—2008 中规定的方法测定。通常使用的三级水可测定水中的硅酸盐。方法如下：取 30 mL 水注入小烧杯中，加入 5 mL 4 mol · L^{-1} HNO_3、5 mL 5% $(NH_4)_2MoO_4$ 溶液，室温下放置 5 min 后，加入 5 mL 10% Na_2SO_3 溶液，观察是否出现蓝色。如呈现蓝色，则不合格。

5. 可氧化物的限度实验

将 100 mL 需要进行氧化物限度实验的水注入烧杯中，然后加入 10.0 mL 1 mol · L^{-1} H_2SO_4 溶液和新配制的 1.0 mL 0.002 mol · L^{-1} $KMnO_4$ 溶液，盖上表面皿，将其煮沸并保持 5 min，与置于另一相同容器中不加试剂的等体积的水样做比较。此时溶液呈淡红色，且颜色应不完全褪尽。

以上是按照国家标准对纯水的检测。实验室进行简便测试时可采用物理方法，即用电导率仪测定水的电阻率(或电导率)，用电阻率衡量水的纯度。水的纯度越高，杂质离子的含量越少，水的电阻率也就越高。因此，测得水的电阻率的大小，就可确定水质的好坏。上述一、二、三级水 25℃时的电阻率应分别等于或大于 10 MΩ · cm、1 MΩ · cm、0.2 MΩ · cm，大于 10 MΩ · cm 的水为超纯水。

另外，在某些情况下，还应对水中的 Cl^-、Ca^{2+}、Mg^{2+}进行检验。

Cl^-：取 10 mL 待检查的水，用 4 mol · L^{-1} HNO_3 酸化，加 2 滴 1% $AgNO_3$ 溶液，摇匀后不得有混浊现象。

Ca^{2+}、Mg^{2+}：取 10 mL 待检查的水，加 $NH_3 \cdot H_2O$-NH_4Cl 缓冲溶液(pH≈10)，调节溶液 pH 至 10 左右，加入 1 滴铬黑 T 指示剂，不得显红色。

不同的化学实验对水质的要求也不同，应根据实验要求选用适当级别的纯水。在使用时还应注意节约，因为纯水来之不易。

2.6 气体的发生、净化、干燥与收集

2.6.1 气体的发生

1. 气体的制备方法

实验中需要少量气体时，可以用以下方法制备(表 2.5)。

表 2.5　常见气体的制备方法

制备方法	装置图	适用气体	注意事项
加热试管中的固体		O_2、NH_3、N_2 等	(1) 试管口略向下倾斜 (2) 检查气密性 (3) 先预热试管，再加热有固体的部分
块状固体与液体反应，不需要加热		H_2、CO_2、H_2S 等	(1) 检查气密性 (2) 球体下部垫玻璃棉或橡胶垫圈 (3) 加入固体和液体的量要适当
固体与液体反应，需要加热	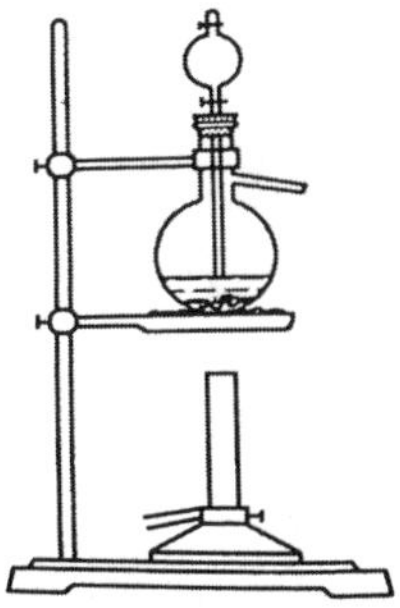	CO、SO_2、Cl_2、HCl 等	(1) 分液漏斗颈应插入溶液中，否则液体不易下流 (2) 必要时可微热，也可加回流装置

2. 气体钢瓶

实验室中也可以使用气体钢瓶直接获得气体。

1) 各种气体钢瓶的识别

为了确保安全，避免各种钢瓶相互混淆，按规定在钢瓶外面涂上特定颜色，写明瓶内气体的名称，如表 2.6 所示。

表 2.6　常用气体钢瓶的标记

气体类别	瓶身颜色	标字颜色
氮气	黑	黄
氧气	天蓝	黑
氢气	深绿	红
空气	黑	白
氨气	黄	黑
二氧化碳	黑	黄
氯气	黄绿	白

续表

气体类别	瓶身颜色	标字颜色
乙炔	白	红
其他可燃气体	红	白
其他不可燃气体	黑	黄

2) 钢瓶使用注意事项

(1) 钢瓶应放在阴凉、干燥、远离热源的地方。要放置平稳，防止倒下或受到撞击。

(2) 气瓶上不能沾有易燃有机物等，也不得用棉、麻等物堵漏。

(3) 除 CO_2、NH_3、Cl_2 外，一般要用减压阀。各种减压阀中，只有 N_2 和 O_2 的减压阀可以相互通用，其他的不能通用。可燃气体的钢瓶，其气门螺纹是反扣的；不燃或助燃性气体的钢瓶，其气门螺纹是正扣的。

(4) 钢瓶内的气体绝不能全部用完，应按规定留有剩余的压力。使用后的钢瓶应定期送有关部门检验，合格后才能充气。

2.6.2　气体的净化与干燥

实验室制备的气体常带有酸雾和水汽，为了得到较纯气体，酸雾可用水或玻璃棉除去；水汽可用浓硫酸、无水氯化钙或硅胶吸收。一般使用洗气瓶(图 2.40)、干燥塔(图 2.41)、U 形管(图 2.42)或干燥管(图 2.43)等仪器进行纯化或干燥。

图 2.40　洗气瓶

图 2.41　干燥塔

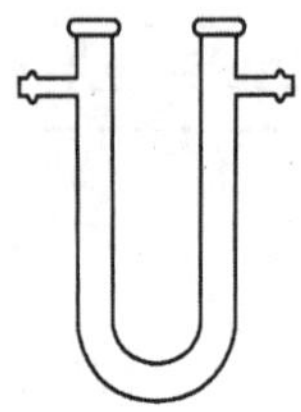
图 2.42　U 形管

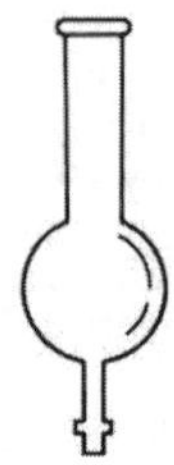
图 2.43　干燥管

2.6.3　气体的收集

实验室中常见气体的收集方法见表 2.7。

表 2.7　常见气体的收集方法

收集方法	实验装置	适用气体	注意事项
排水集气法	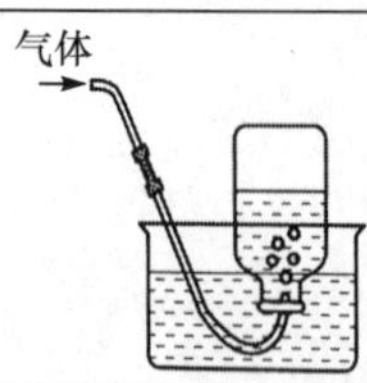	难溶于水的气体，如 H_2、O_2、N_2、CO、NO、CH_4、C_2H_4、C_2H_2 等	(1) 集气瓶装满水，不应有气泡 (2) 停止收集时，应先拔出导管(或移走水槽)后，才能移开热源

续表

收集方法		实验装置	适用气体	注意事项
排气集气法	瓶口向下	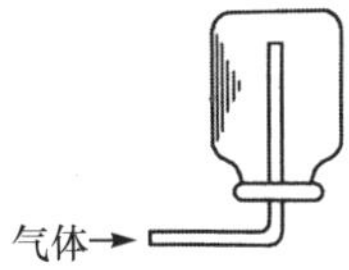	比空气轻的气体，如 NH_3 等	(1) 集气导管应尽量接近集气瓶底 (2) 密度与空气接近或空气中易氧化的气体不宜用排气法
	瓶口向上	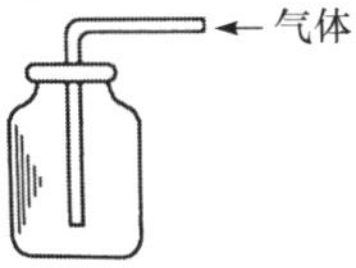	比空气重的气体，如 HCl、Cl_2、CO_2、SO_2 等	

2.7　常用分析仪器的原理及使用方法

2.7.1　分析天平

分析天平是分析化学实验中最重要、最常用的仪器之一。一般将灵敏度较高、载重不超过 200 g 的天平称为分析天平。

1. 分析天平简介

根据分析天平的结构特点，可分为等臂(双盘)分析天平、不等臂(单盘)分析天平和电子天平三类。它们的载荷一般为 100～200 g。目前实验室用的电子分析天平感量为 0.1 mg，也称为“万分之一”天平。下面主要介绍“万分之一”电子天平。

2. 电子天平的测量原理及使用方法

1) 电子天平的测量原理

电子天平(图 2.44)是基于电磁学原理制造的最新一代天平，可直接称量，不需砝码，具有自动调零、校准、扣皮重、显示读数等功能。操作简便，称量速度快。

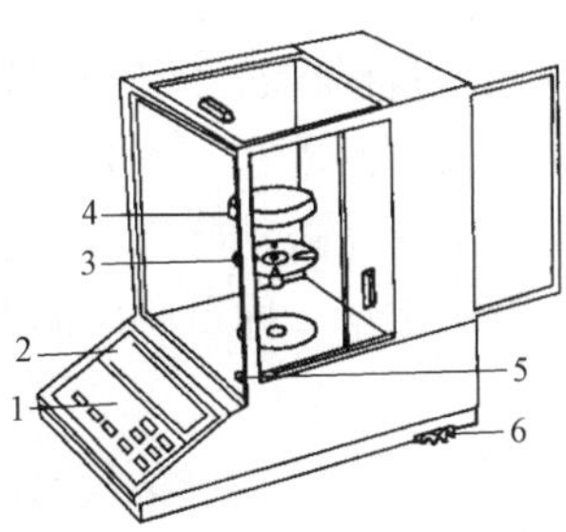

图 2.44　FA1004N 型电子天平

1. 键板；2. 显示器；3. 盘托；4. 秤盘；5. 水平仪；6. 水平调节

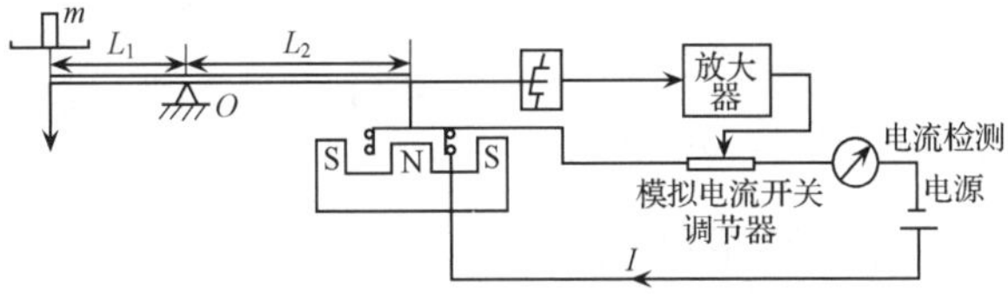

图 2.45　电子天平测量原理示意图

电子天平的测量原理如图 2.45 所示，将天平传感器的平衡结构简化为杠杆。杠杆以支点 O 支撑，左边是秤盘，右边连接线圈即零位指示器。零位指示器置于一固定位置，天平空载时，杠杆始终趋于某一位置，即天平的零点。当天平加载物体时，杠杆偏离零点，零点指示器产生偏差信号，通过放大和 PID(比例、积分、微分调节)来控制流入线圈的电流 I，使之增大，位于磁场中的通电线圈将产生电磁力 F，因为通电线圈位于恒定电场中，所以电磁力 F 也相应增大，指导电磁力 F 的大小与加载物体的质量相等，偏差消除，杠杆重新回到天平的零点。即恒定磁场中通过线圈的电流强度 I 与被测物的质量成正比，只要测定流入线圈的电流强度 I，就可知被测物体的质量。

2) 电子天平的使用方法

(1) 检查。称量前检查天平是否处于水平位置，框罩内外、秤盘是否清洁。

(2) 预热。接通电源，轻按 ON 键，开启显示器，预热 30 min 左右。

(3) 校准。轻按 CAL 键进入校准状态，用标准砝码(如 100 g)进行校准。

(4) 称量。取下标准砝码，零点显示稳定后即可进行称量。例如用小烧杯称取样品时，可先将洁净干燥的小烧杯放在秤盘中央，显示数字稳定后按 TAR 清零去皮键，显示恢复为零，再缓缓加样品，显示出所需样品的质量时停止加样，直接记录样品的质量。

称量完毕后，轻按 OFF 键，关闭显示器，清洁框罩内外，盖上天平罩，填写使用登记表。长期不用应关闭电源。

3. 称量方法

根据试样的不同性质和分析工作要求，可采用直接称量法、差减称量法和指定质量称量法进行称量。

1) 直接称量法

天平调零后，将称量物直接放在天平盘上，关上天平门，待数字稳定后即可读数。此称量方法适用于称量洁净干燥的器皿、金属和不易吸潮或升华的固体试样等。注意不可用手直接取放称量物，可采用戴手套、垫纸条、使用镊子等适宜的方法取放称量物。

2) 差减称量法

将试样放在称量瓶中，先称量试样和称量瓶的总质量，然后按需要量倒出一部分试样，再称试样和称量瓶质量，二次相减就是倒出试样的量。

图 2.46　从称量瓶中倒出试样

倒试样方法(图 2.46)：左手用纸带套住称量瓶中部(不能直接用手拿)，放在接收试样的容器上方，右手用一干净小纸片包住称量瓶盖的顶部，打开瓶盖，倾斜瓶身，用瓶盖轻轻敲打瓶口上方，使试样慢慢落在容器中。注意不要让试样洒落在容器外。当试样量接近要求时，将称量瓶缓缓竖起，用瓶盖敲动瓶口，使瓶口部分的试样落回称量瓶，盖好瓶盖，再次称量。称量瓶用后要放回干燥器中。

3) 指定质量称量法

指定质量称量法又称增量法，称量速度较慢，适于称量不易吸潮、在空气中稳定的粉末或颗粒样品(小于 0.1 mg)。称量时，将一块硫酸纸(称量纸)置于天平盘上，显示硫酸纸的质量后，按 TAR 键，此时显示零。手持盛试样的药匙，小心地伸向硫酸纸的近上方，以手指轻击匙柄，使药匙里的试样以尽可能少的量慢慢抖入硫酸纸为宜(图 2.47)。操作过程中既要注意试样抖入量，也要注意天平的读数，

图 2.47　指定质量称量法

当读数正好到所需要量时，立即停止抖入试样，随即进行数据记录。若不慎多加试样，可用药匙取出多余的试样(不要放回原试样瓶中)。称量结束后，将试样全部转移到接收容器内。

2.7.2　酸度计

1. 酸度计的组成及 pH 测定原理

酸度计(pH 计)是测定溶液 pH 的常用仪器。酸度计有多种型号，结构稍有差别，但原理相同。酸度计由测量电极、参比电极和精密电位计三部分组成。两个电极插入待测溶液组成电池，参比电极的电极电势在温度一定时在任何酸度的被测溶液中均保持恒定值，测量电极(指示电极)的电极电势随溶液 H^+的浓度而改变。因此，当溶液中的 H^+浓度变化时，电动势就会发生相应变化。

1) 参比电极

最常用的参比电极是甘汞电极，组成可表示为 $Hg|Hg_2Cl_2|Cl^-(c)$。

甘汞电极的结构如图 2.48 所示。在电极玻璃管内装有一定浓度的 KCl 溶液(如饱和甘汞电极中装有饱和 KCl 溶液)，还装有一个作为内部电极的玻璃管，此管内封接一根铂丝插入汞中，汞下面是汞与甘汞混合的糊状物，底端有多孔物质与外部 KCl 溶液相通。甘汞电极下端也是用多孔玻璃砂芯与被测溶液隔开，但能使离子传递。其电极反应为

$$Hg_2Cl_2 + 2e^- \rightleftharpoons 2Hg + 2Cl^-$$

甘汞电极的电极电势与电极中的 KCl 浓度有关，25℃时

$$\begin{aligned}\varphi_{Hg_2Cl_2/Hg} &= \varphi^\ominus_{Hg_2Cl_2/Hg} - \frac{RT}{F}\ln[Cl^-] \\ &= \varphi^\ominus_{Hg_2Cl_2/Hg} - 0.0592\lg[Cl^-]\end{aligned} \tag{2-1}$$

25℃时饱和甘汞电极的电极电势值为 0.2438 V。温度对电极电势略有影响，在温度为 t(℃)时，该电极的电极电势为

$$\varphi_{Hg_2Cl_2/Hg} = 0.2415 - 7.6\times10^{-4}\times(t-25) \tag{2-2}$$

由式(2-2)可知该值不受待测溶液 pH 的影响，在任何酸度的被测溶液中均保持恒定值。

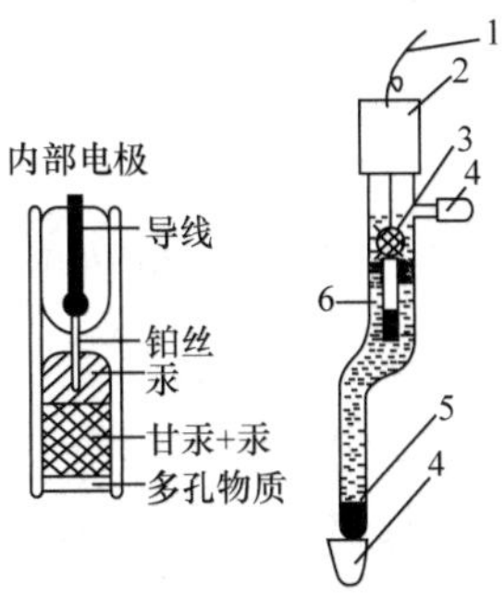

图 2.48　甘汞电极

1. 导线；2. 绝缘体；3. 内部电极；4. 乳胶帽；5. 多孔物质；6. 饱和 KCl 溶液

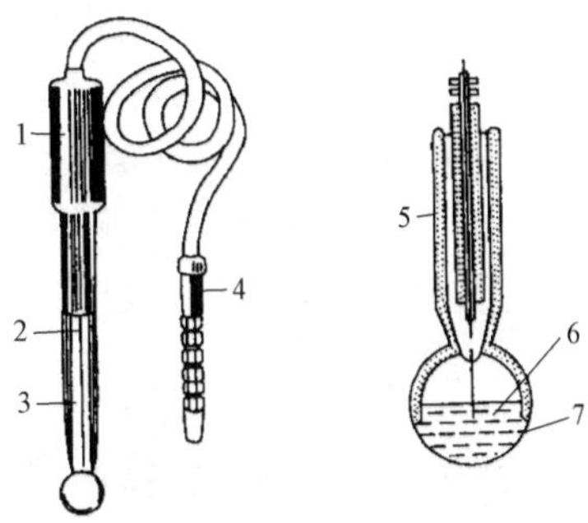

图 2.49　玻璃电极

1. 电极帽；2. 内参比电极；3. 缓冲溶液；4. 电极插头；5. 高阻玻璃；6. 内参比溶液；7. 玻璃膜

2) 测量电极

酸度计中的测量电极一般使用玻璃电极，其结构如图 2.49 所示。玻璃电极的外壳用高阻玻璃制成，其下端为由特殊玻璃薄膜制成的玻璃球泡(膜厚为 80～100 μm)，称为电极膜，它对氢离子敏感，是决定电极性能的最重要的组成部分。玻璃球内装有 0.1 mol · L^{-1} 的 HCl 内参比溶液，溶液中插有一支 Ag-AgCl 内参比电极。将玻璃电极插入溶液中，便组成半电池：

$$\mathrm{Ag}\,|\,\mathrm{AgCl(s)}\,|\,\mathrm{HCl}(0.1\ \mathrm{mol\cdot L^{-1}})\,|\,\text{玻璃膜}\,|\,\text{待测溶液}$$

玻璃膜把两个不同 H^+浓度的溶液隔开，在玻璃和待测溶液接触界面之间产生一定的电势差。由于玻璃电极中内参比电极的电势恒定，因此在玻璃和待测溶液接触面之间形成的电势差就只与待测溶液的 pH 有关，即 25℃时

$$\varphi_{\text{玻璃}} = \varphi^{\ominus}_{\text{玻璃}} - 0.0592\mathrm{pH} \tag{2-3}$$

玻璃电极在使用前必须在去离子水(或 3 mol · L^{-1} KCl 溶液)中浸泡 24 h 进行活化，测量完毕后仍需浸泡在去离子水或 KCl 溶液中。长期不用时应将玻璃电极放入盒内保存。

玻璃电极优点是使用方便，可测定有色、浑浊或胶体溶液的 pH，不受溶液中氧化剂或还原剂的影响，不破坏试液等。缺点是电极头部球泡非常薄，易破损。如果测强碱性溶液的 pH，测定时要快速操作，用完后立即用水洗涤玻璃球泡，以免玻璃薄膜被腐蚀。

3) 复合电极

由于玻璃电极易破损，因此近年来常采用复合电极，它是测量电极和参比电极的复合体，如图 2.50 所示。

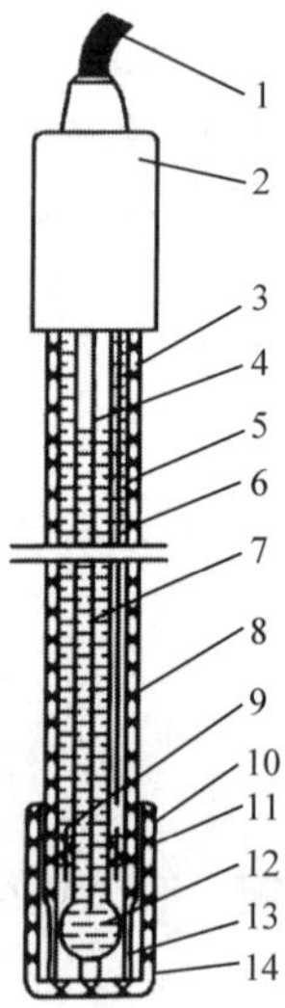

图 2.50 复合电极

1. 电极导线；2. 电极帽；3. 电极塑壳；4. 内参比电极；5. 外参比电极；6. 电极支持杆；7. 内参比溶液；8. 外参比溶液；9. 液接面；10. 密封圈；11. 硅胶圈；12. 电极球泡；13. 球泡护罩；14. 护套

复合电极是由玻璃电极和 Ag-AgCl 参比电极合并制成的，电极的球泡是由具有氢功能的锂玻璃熔融吹制而成，呈球形，膜厚 80 μm 左右。电极支持管是由电绝缘性优良的铅玻璃制成，其膨胀系数与电极球泡玻璃一致。内参比电极为 Ag-AgCl 电极。内参比溶液是 pH 一定且含有 Cl^-的缓冲溶液。外参比电极一般也用 Ag-AgCl 电极。外参比溶液为 3.3 mol · L^{-1} 的 KCl 溶液，经氯化银饱和，加适量琼脂使溶液呈凝胶状而固定之。液接面是沟通外参比溶液和被测溶液的连接部件。其电极导线为聚乙烯金属屏蔽线，内芯与内参比电极连接，屏蔽层与外参比电极连接。

4) pH 的测定原理

测定溶液的 pH 时，将玻璃电极和参比电极(饱和甘汞电极)同时浸入待测溶液中组成电池，其电动势为

$$E = \varphi_{\text{正}} - \varphi_{\text{负}} + \Delta\varphi_{\mathrm{L}} = \varphi_{\text{甘汞}} - \varphi_{\text{玻璃}} + \Delta\varphi_{\mathrm{L}} = \varphi_{\text{甘汞}} - (\varphi_{\text{膜}} + \varphi_{\text{内参比}}) + \Delta\varphi_{\mathrm{L}}$$

式中：$\Delta\varphi_{\mathrm{L}}$ 为液体接界电势。实际测定中，使用盐桥可将 $\Delta\varphi_{\mathrm{L}}$ 降至最小，可看作常数。

$$\begin{aligned} E &= \varphi_{\text{甘汞}} - \left[K + \frac{2.303RT}{F}\lg a(\mathrm{H}^+) \ + \varphi_{\text{内参比}}\right] \\ &= K' + \frac{2.303RT}{nF}\mathrm{pH} \end{aligned} \tag{2-4}$$

式中：R 为摩尔气体常量($8.314\ \mathrm{J \cdot K^{-1} \cdot mol^{-1}}$)；$F$ 为法拉第常量($96487\ \mathrm{C \cdot mol^{-1}}$)；$T$ 为热力学温度(298.2 K)。因此：

$$E = K' + 0.0592\mathrm{pH} \tag{2-5}$$

测定溶液的 pH 时一般采用比较法，通常是测定已知 pH 的标准缓冲溶液的电动势 E，由公式(2-5)求常数 K'，然后测定待测溶液的 E 值，即可计算溶液的 pH。但实际测定时，酸度计有定位功能，不需测定 E 值，即用已知 pH 的标准缓冲溶液定位，然后测定待测溶液的 pH 即可。

2. pHS-3C 型酸度计的使用方法

pHS-3C 型酸度计(图 2.51)是精密数显酸度计。不仅可测定水溶液的 pH，还可以配上离子选择电极测定电池的电动势。

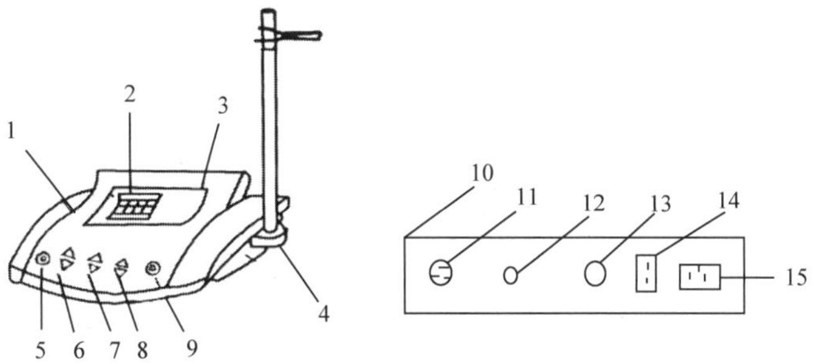

图 2.51　pHS-3C 型酸度计

1. 机箱盖；2. 显示屏；3. 面板；4. 电极梗插座；5. pH/mV 键；6. 温度键；7. 斜率键；8. 定位键；9. 确认键；10. 仪器后面板；11. 测量电极插座；12. 参比电极接口；13. 保险丝；14. 开关；15. 电源插座

1) 仪器准备

(1) 清洗电极(已活化)，夹在电极夹上并连接好，接通电源后开机预热 30 min。

(2) 按 pH/mV 键，切换为 pH 模式，使仪器进入 pH 测量状态。

2) 温度设定

用温度键上的“△/▽”调节显示温度为溶液实际温度，按确认键后，温度确定，仪器回到 pH 测量状态。

3) 定位(二点校准)

(1) 取下电极帽，用去离子水冲洗电极，用滤纸吸干后插入 pH 为 4.00 的标准缓冲溶液中，磁力搅拌 1～2 min，待读数稳定，按定位键后，再按确认键(此时显示屏“定位”快闪烁，表明仪器在定位状态)，调节定位键上的“△/▽”使读数为溶液在当时温度下的 pH，然后按确认键(显示屏停止闪烁)，仪器进入 pH 测量状态(完成第一点校准)。

(2) 取出电极，冲洗、吸干后插入 pH 为 9.18 的标准缓冲溶液中，磁力搅拌 1～2 min，待读数稳定，按斜率键后，再按确认键(此时显示屏“斜率”快闪烁，表明仪器在斜率定位状态)，调节斜率键上的“△/▽”使读数为溶液在当时温度下的 pH (25℃时为 9.18)，然后按确认键(显示屏停止闪烁)，定位完成(完成第二点校准)，仪器进入 pH 测量状态。

4) pH 的测量

将电极冲洗、吸干后，插入被测溶液中，磁力搅拌 1～2 min，待读数稳定，记录溶液的 pH。测量完毕，关机，将电极清洗后插入盛有 $3\ \mathrm{mol \cdot L^{-1}}$ KCl 溶液的电极帽中。

3. 酸度计使用注意事项

(1) 经定位后，定位键及斜率键不能再按，如果触动此键，此时仪器 pH 指示灯闪烁，不要按确认键，而是按 pH/mV 键，使仪器重新进入 pH 测量即可，无需再进行定位。

(2) 电极的插入端必须保持干燥整洁。不用时将短路插头插入插座，防止灰尘及水汽侵入。

(3) 测量时，电极的引入导线应保持静止，否则引起测量不稳定。

(4) 要保证缓冲溶液的可靠性，否则导致测量误差。

2.7.3　电导率仪

1. 电导率的测定原理

物质导电能力的大小通常以电阻(R)或电导(G)表示，电导是电阻的倒数 $G=\frac{1}{R}$。电阻的单位是欧姆(Ω)，电导的单位是西门子(S)。导体的电阻与截面积 A 成反比，与长度 l 成正比，即

$$R=\rho\frac{l}{A}$$

式中：ρ 为电阻率，表示长度为 1.0 cm、截面积为 1.0 cm^2 的导体的电阻，单位为 $\Omega\cdot cm$。

与金属导体一样，水溶液的电阻也符合欧姆定律。对于水溶液体系，其导电能力的大小常用电导和电导率来表示

$$G=\frac{1}{R}=\frac{1}{\rho}\frac{A}{l}=\kappa\frac{A}{l}$$

式中：κ 为电导率，表示在相距 1 cm、电极面积为 1 cm^2 的两极之间溶液的电导，单位为 $S\cdot cm^{-1}$。

溶液的电导大小和溶液中离子的种类、浓度、溶液温度等因素有关。

电导率仪是实验室测量溶液电导和电导率的仪器，由电导电极和电导仪组成。电导电极一般由铂片制成，电极面积和距离一定，因此 $\frac{l}{A}$ 对电极是一常数，称为电极常数，令 $\frac{l}{A}=J$，则 $G=\frac{\kappa}{J}$ (或 $\kappa=JG$)。对不同电极，其电极常数 J 不同，测出同一溶液的电导 G 也不同，而电导率 κ 的值与电极本身无关，因此用电导率反映溶液的导电能力更为恰当。

测量时将两个电极插入被测溶液中，测定两极间的电阻 R 即可知其电导，若电极常数 J 已知，则电导率 κ 即可求得。对于给定电极，电极常数 J 为一定值。市售的电极上都标有电极常数。

实际应用中，通过测定标准 KCl 溶液的电阻 R，得到电导 G，再由公式 $\kappa=JG$ 求得电极常数 J (在一定温度下，标准 KCl 溶液的电导率 κ 已有精确的测定文献值)。

电导率仪的电极铂片可分铂黑和光亮两种。测定电导较大的溶液时，用铂黑电极；测定电导较小的溶液时，用光亮电极。

2. 电导率仪的使用方法

下面介绍 DDS-307 型电导率仪(图 2.52)的使用方法，其他类型的仪器原理相同，只是操作方法不同。

1) 预热

打开电源开关，预热 30 min。

2) 校准

(1) 将量程选择旋钮指向“检查”挡，将常数补偿旋钮指向“1”位置，将温度补偿旋钮指向“25”度线，调节校准旋钮，使仪器显示 100.0 μS · cm^{-1}。

(2) 电极常数的设置。

(i) 测量电导率时，电导电极类型对测量数据精度具有非常重要的作用，因此选择要恰当。仪器可配用电极类型为 0.01、0.1、1.0、10 四种不同电极常数的电导电极，根据测量范围不同，参照表 2.8 选择相应的电极。

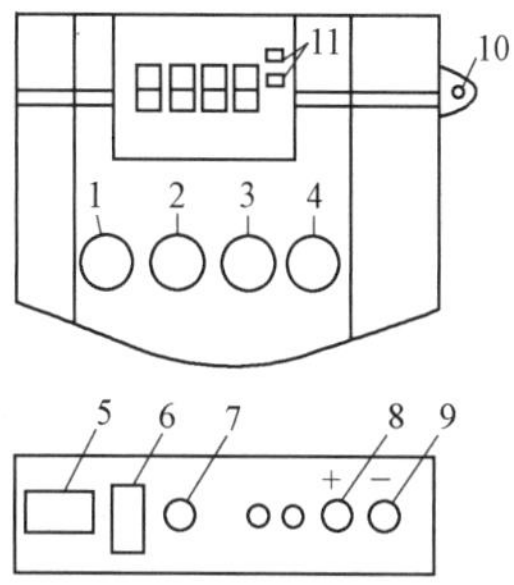

图 2.52　DDS-307 型电导率仪

1. 量程选择旋钮；2. 常数补偿旋钮；3. 校准旋钮；4. 温度补偿旋钮；5. 电源插座；6. 电源开关；7. 保险丝座(0.1 A)；8. 0～10 mV 输出；9. 电导池插座；10. 电极杆孔；11. 指示灯

表 2.8　电极选择参照表

测量范围/(μS · cm^{-1})	推荐使用电极类型(C)
0～2	0.01，0.1
0～200	0.1，1.0
200～2000	1.0
2000～20000	1.0，10
20000～100000	10

注：电极常数为 1.0、10 类型的电导电极有光亮和铂黑两种形式，对光亮电极其测量范围为 0～300 μS · cm^{-1} 为宜

(ii) 根据所用电极的电极常数(电极上已标明)，调节常数补偿旋钮到相应的位置。例如，电极常数为 0.01025(电极类型 C=0.01)，则调节常数补偿旋钮使仪器显示为 102.5；电极常数为 0.1025(电极类型 C=0.1)，则调节常数补偿旋钮使仪器显示为 102.5；电极常数为 1.025(电极类型 C=1.0)，则调节常数补偿旋钮使仪器显示为 102.5；电极常数为 10.25(电极类型 C=10)，则调节常数补偿旋钮使仪器显示为 102.5。

3) 测量

将电极洗净并用待测液冲洗电极两三次，然后浸入待测液中，按下列步骤进行电导率测量。

(1) 调节温度补偿旋钮指向待测溶液的实际温度值。如果温度补偿旋钮还指向“25”度线，则测量的是被测溶液在该温度下未经补偿的原始电导率值。

(2) 调节量程选择旋钮指向合适的挡位，测量溶液电导率，记录显示读数。若测量中显示值熄灭，说明溶液测量值超出量程范围，此时应切换至上一挡量程。

量程挡位取决于被测溶液的电导率，可参照表 2.9 进行选择。

表 2.9　量程范围选择参照表

量程挡位	量程范围/(μS · cm^{-1})	被测电导率/(μS · cm^{-1})
Ⅰ	0～20.0	显示读数×C
Ⅱ	20.0～200.0	显示读数×C

续表

量程挡位	量程范围/(μS · cm⁻¹)	被测电导率/(μS · cm⁻¹)
Ⅲ	200.0～2000	显示读数×C
Ⅳ	2000～20000	显示读数×C

(3) 根据显示读数与电极的类型，计算出溶液的电导率值。溶液的电导率=显示读数×C，此时溶液电导率值是经过温度补偿后折算为25℃下的电导率值。

测量完毕，将量程选择旋钮指向“检查”位置，关闭电源，拆下电极并用去离子水冲洗干净，正确保存。

3. 电导率仪的使用注意事项

(1) 防止电极插头受潮，否则测不准。

(2) 高纯水测量要迅速，因为空气中的CO_2溶入水中生成碳酸根，电导增加很快。

(3) 电极应定期进行常数标定。

(4) 光亮电极存放在干燥的地方；铂黑电极必须存放在去离子水中。

2.7.4 分光光度计

1. 可见分光光度法的基本原理

一束单色光通过有色溶液时，溶液中的有色物质吸收了一部分光，吸收程度越大，透过溶液的光越少。如果入射光的强度为I_0，吸收光的强度为I_a，透过光的强度为I_t，则

$$\text{透光率}\ T=\frac{I_t}{I_0} \tag{2-6}$$

$$\text{吸光度}\ A=-\lg T \tag{2-7}$$

实验证明，当一束单色光通过一定浓度范围的有色溶液时，溶液对光的吸收程度符合朗伯-比尔定律，即

$$A=\varepsilon bc \tag{2-8}$$

式中：c为溶液的浓度($mol \cdot L^{-1}$)；b为溶液的厚度(cm)；ε为摩尔吸光系数($L \cdot mol^{-1} \cdot cm^{-1}$)。

摩尔吸光系数的数值和入射光的波长以及溶液的性质、温度有关。由朗伯-比尔定律可知，当入射光的波长、测定温度和液层的厚度(比色皿厚度)一定时，吸光度A只与溶液的浓度成正比。这就是分光光度法测定物质含量的理论基础。

分光光度计的光源发出白光，经棱镜或光栅分光，可得不同波长的单色光，单色光在经过待测溶液后，透过光通过光电池或光电管转变为电讯号，在微安表上可直接读出吸光度值。

2. 可见分光光度计的构造及使用方法

1) 仪器构造

分光光度计型号繁多，但主要由光源、分光系统、吸收池、检测器、读数系统等几部分

组成。国产分光光度计有 72 型、721 型、722 型、751 型等，下面主要介绍 722N 型分光光度计的使用。

722N 型分光光度计是在可见光谱区域内使用的一种单光束型仪器，工作波长范围为 330～800 nm，以钨卤素灯为光源，采用光栅自准式色散系统和单光束结构光路，光电管为光电转换器，显示屏可直接显示测定结果。其主要结构部件及外观分别如图 2.53、图 2.54 所示。

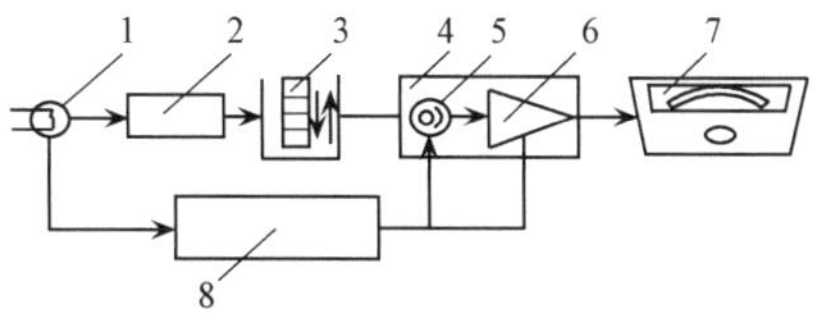

图 2.53　722N 型分光光度计的结构示意图

1. 光源；2. 单色器；3. 吸收池；4. 光电管暗盒；5. 光电管；6. 放大器；7. 显示器；8. 稳压器

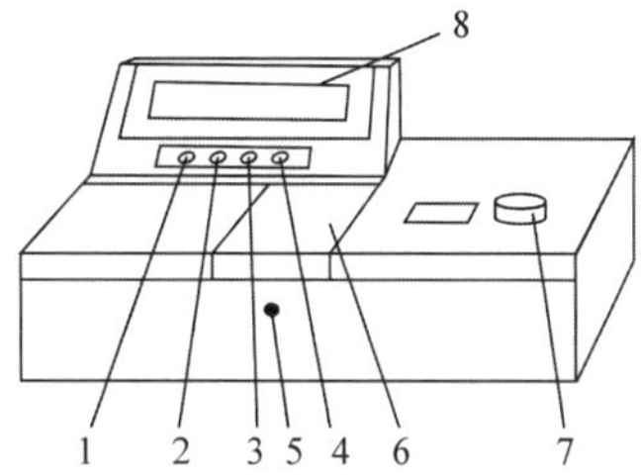

图 2.54　722N 型分光光度计

1. A/T/C/F；2. SD；3. 0%；4. OA/100%；5. 比色皿座架拉杆；6. 比色皿暗箱盖；7. 波长调节旋钮；8. 显示屏

2) 使用方法

722N 型分光光度计的使用方法如下：

(1) 仪器使用前需开机预热 30 min。

(2) 设定测定波长。

(3) 选择仪器键盘上 A/T/C/F 为 T(透光率)。

(4) 打开比色皿暗箱盖，用 0%键调节透光率为 000.0。

(5) 将盛有参比溶液和待测溶液的比色皿置于暗箱中的比色皿架上，盛放参比溶液的比色皿放在第一格内，待测溶液依次放在其他格内。盖上比色皿暗箱盖，将参比溶液比色皿推置光路中，用 OA/100%键调节透光率为 100.0。

(6) 选择仪器键盘上 A/T/C/F 为 A (吸光度)，将待测溶液的比色皿依次推置光路中，可由显示屏读出该溶液的吸光度值。

(7) 测定待测溶液的吸收曲线时，每改变一次波长都要重复上述步骤调节透光率为 000.0 和 100.0。

(8) 测量完毕，关闭电源，取出比色皿，洗净后倒置晾干。

3. 分光光度计的使用注意事项

(1) 为了避免光电管(或光电池)长时间受光照射引起疲劳现象，应尽可能减少光电管受光照射的时间，不测定时应打开暗室盖，特别应避免光电管(或光电池)受强光照射。

(2) 比色皿盛取溶液时只需装至比色皿的 2/3 即可，不要过满，避免在测定的拉动过程中溅出溶液，腐蚀仪器。

(3) 注意保护比色皿的光学面，不得用手拿光学面，在擦去光学面上的水分时，用绸布或擦镜纸按一个方向轻轻擦拭，不得用力来回摩擦。

2.7.5　原子吸收分光光度计

1. 原子吸收分光光度法的基本原理

原子吸收分光光度法是基于每种元素的气态基态原子对于同种原子发射出的特征光谱辐射具有强烈的吸收能力，吸收程度与此元素的浓度成正比，据此可定量测定该元素在待测试样中的含量。

2. 原子吸收分光光度计的构造

原子吸收分光光度计的主要部件如下所示：

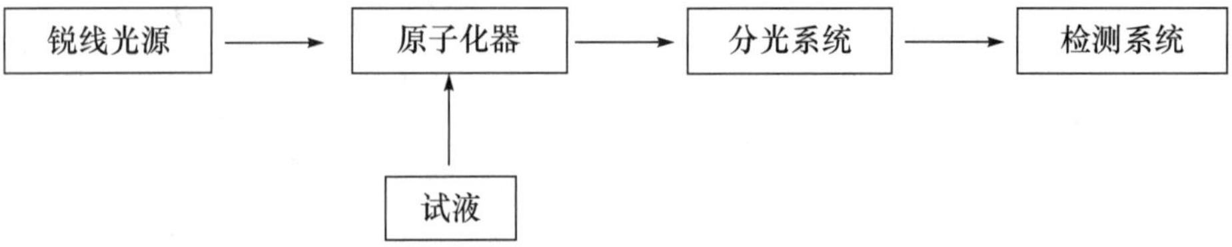

首先将试样溶液中的待测元素原子化，常用的装置是火焰原子化器；同时有一个发射待测元素共振辐射的锐线光源，常用的元件为空心阴极灯；当空心阴极灯发出的具有特征谱线的光通过待测元素原子区域(火焰原子化器)后，部分光被待测元素的基态原子吸收，通过分光系统可将特征谱线和光源发射的其他谱线分离开，常用的色散元件为光栅；检测器可将光信号转换为电信号并放大处理，测得待测元素特征谱线被吸收的程度，进而可求得试液中待测元素的含量，常用的光电转换元件为光电倍增管。

2.7.6　气相色谱仪

1. 气相色谱法的基本原理

实际工作中要进行混合物各组分或某组分的定性或定量测定，首先需将其分离，然后再进一步对目标组分进行分析，气相色谱法就是这种分离分析方法之一。

气相色谱法中，流动相为气体，固定相为液体或固体，二者分别称为气液色谱法和气固色谱法。气液色谱法利用有机混合物中各组分在流动相(气相)和固定相(液相)中具有不同的溶解和解析能力，即各组分在两相中的分配系数不同，当两相做相对运动时，各组分在两相中进行反复多次的分配，从而使混合物中性质(如沸点、溶解度、相对分子质量、分子结构及极性等)差异微小的各组分得以分离。

气相色谱法具有分离效能高、灵敏度高、分析速度快的特点。

2. 气相色谱仪的构造与流程

气相色谱仪以载气为流动相，待测样品由微量注射器注入进样口气化室气化后，被载气带入色谱柱内(内装有涂在惰性载体上的液体固定相)，进行反复多次(10^3～10^6 次)分配，最终得以分离，然后依次进入检测器，根据组分的物理化学性质不同，按顺序检测出来。

气相色谱仪型号众多但原理相同，其主要构造如图 2.55 所示。气相色谱仪包括气路、进样、分离、检测和数据记录与处理五个系统。气路系统由钢瓶、净化器、稳压恒流装置、压力表、流量计及供载气连续运行的密闭管路组成；进样系统由进样器和气化室组成；分离系统由色谱柱(填充柱、毛细管柱)、柱箱和温度控制装置组成；检测器是将各组分的质量或浓度转换成可测量的电信号的装置；数据记录与处理系统是记录、处理检测器输出的电信号，并将其转化为色谱图和定性、定量结果的装置。

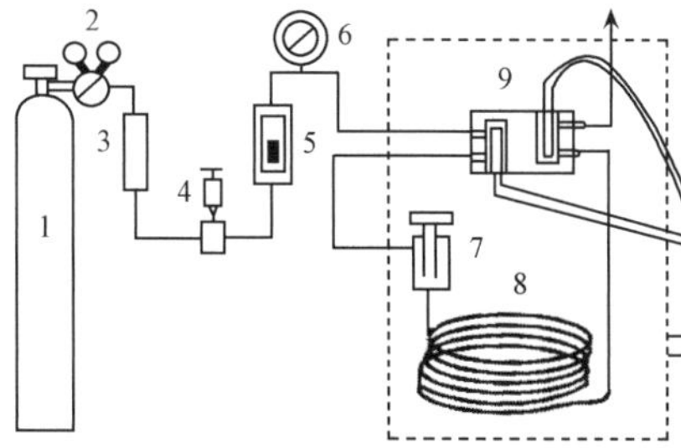

图 2.55　气相色谱构造图

1. 高压瓶；2. 减压阀；3. 载气净化干燥管；4. 针形阀；5. 流量计；6. 压力表；7. 进样器；8. 色谱柱；9. 检测器；10. 放大器；11. 温度控制器；12. 记录仪

3. 气相色谱检测器

气相色谱仪中最常用的是热导池检测器(TCD)和氢火焰离子化检测器(FID)，前者为浓度型、通用型检测器，后者为质量型、专用型检测器。

1) 热导池检测器

(1) 热导池检测器的构造。热导池检测器由池体和热敏元件组成，根据热敏元件的连接方式又分为双臂热导池[图 2.56(a)]和四臂热导池[图 2.56(b)]。热敏元件是电阻值随自身温度变化而变化的导电体，常用铼钨丝。不锈钢制成的池体上有与气路相通的孔道，其中装有两根(或四根)长度和阻值相等的热敏元件(铼钨丝)。当使用单柱时，双臂热导池一臂连接在色谱柱前，只有载气通过，称为参考臂。另一臂接在色谱柱后，通过载气和组分，称为测量臂。两臂铼钨丝电阻分别为 $R_{参}$ 和 $R_{测}$，将 $R_{参}$ 和 $R_{测}$与两个阻值相等的固定电阻 R_1 和 R_2 组成桥式电路，如图 2.57 所示。

(2) 工作原理。由电源为电桥提供恒定的电压以加热铼钨丝，所产生的热量被载气带走并传导给池体，当池体热量的产生和散失达到平衡时，铼钨丝的温度恒定，阻值不变。当无试样组分进入检测器时，双臂都只有载气通过，当两路载气流速恒定且相同时，两臂铼钨丝的

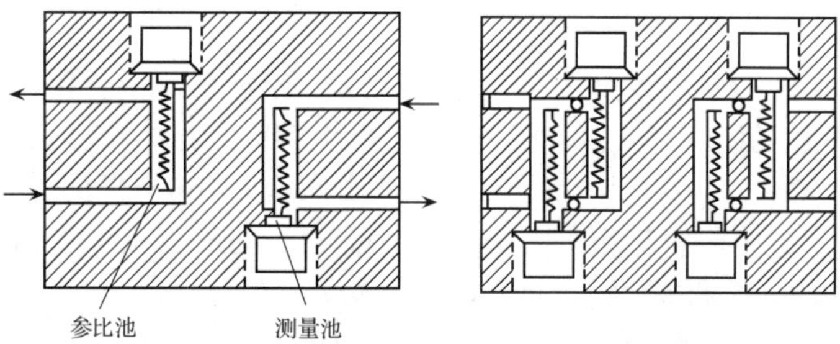

(a) 双臂热导池　　(b) 四臂热导池

图 2.56　热导池检测器结构示意图

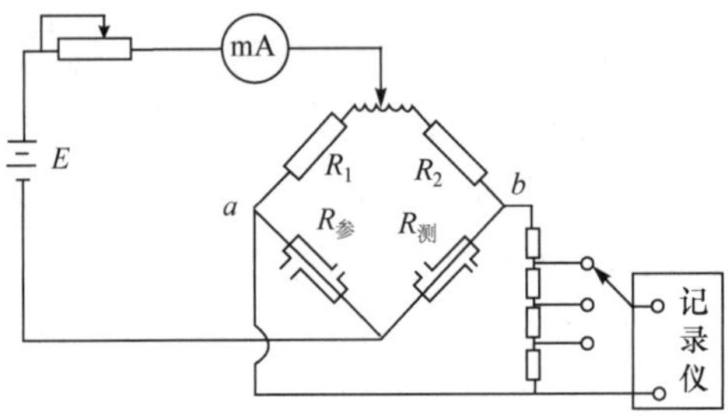

图 2.57 热导池检测器中的电桥

温度相同，阻值相同，此时电桥处于平衡状态，$R_{参}R_2=R_{测}R_1$，ab 两端电位相等，无电信号输出，记录仪为零电位直线(基线)。当经色谱柱分离的组分由载气依次带入热导池的测量臂时，因不同组分和载气的导热系数不同，当各组分的组成及浓度发生变化时，测量臂的铼钨丝温度发生变化，进而导致其阻值变化，电桥平衡被破坏，输出电压信号，此信号大小取决于被测组分的浓度及其导热系数和载气的差别，因此在实验条件不变时，峰高或峰面积可用于定量。因此，热导池检测器的检测原理主要基于以下三点：

(i) 不同的被测组分和载气之间有不同的导热系数。

(ii) 热敏元件的阻值随温度变化而变化。

(iii) 利用惠斯登电桥测量电信号。

2) 氢火焰离子化检测器

(1) 氢火焰离子化检测器的构造。氢火焰离子化检测器的核心部分是离子室。离子室用不锈钢制成，包括气体入口、火焰喷嘴、极化极和收集极等组成，其结构如图 2.58 所示。

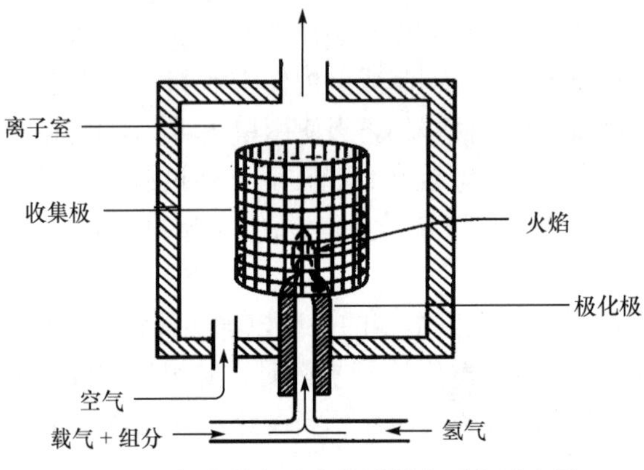

图 2.58 氢火焰离子化检测器离子室示意图

(2) 工作原理。载气(N_2)及色谱柱分离后的组分与氢气(燃气)混合在一起，进入离子室后由喷嘴喷出，当载气、氢气和空气(助燃气)混合并经引燃后燃烧，产生高温火焰。经色谱柱分离的各被测有机物由载气依次带入检测器时，各组分在氢火焰中离子化(化学电离)，产生正离子和电子。在火焰上方设有收集极(负极)，下方为极化极(正极)，在两极之间施于恒定电压(极化电压)，使离子在收集极和极化极之间定向流动形成电流。

当没有有机组分进入检测器时，氢火焰产生的离子极少，基流很低(10^{-11}～10^{-13} A)；当有有机组分进入检测器时，电流剧增，可达 10^{-7} A。电流大小与单位时间进入离子室的被测组分质量成正比，通过高阻取出信号，经放大后成为电压信号输出，再由记录仪或数据处理机处理得到色谱图。因此，氢火焰离子化检测器的检测原理主要基于以下三点：

(i) 氢气和氧气燃烧形成的火焰为有机物分子提供燃烧和电离的条件。

(ii) 有机物分子在氢火焰中进行化学电离。

(iii) 化学电离产生的离子在火焰附近的静电场中定向移动，形成可测定的离子流。

第二部分

基本实验

第3章　基本操作训练

实验1　常用仪器的认领、洗涤和使用

一、实验目的

(1) 熟悉实验室内的水、电、气等设施的布置情况。

(2) 观看实验教学录像，学习实验室规则、实验室安全知识及实验室事故的应急处理方法。

(3) 了解基础化学实验中常用仪器的用途及使用方法。

(4) 练习常用玻璃仪器的洗涤及基本操作方法。

二、仪器与试剂

(1) 仪器：台秤或电子秤(精度 0.1 g)，常用玻璃仪器，毛刷等。

(2) 试剂：去污粉，合成洗涤剂，洗液。

三、实验步骤

1. 观看实验录像

以班级为单位观看实验教学录像。

2. 仪器的洗涤

按照常用仪器的“仪器单”检查、认识常用仪器，并洗涤玻璃仪器。

(1) 用去污粉洗刷表面皿、烧杯、锥形瓶、量筒等，然后用自来水冲洗干净，检查是否符合要求。若符合要求，再用去离子水洗涤两三遍。

(2) 用合成洗涤剂洗涤移液管、吸量管、滴定管、容量瓶等具有精确刻度的仪器，然后用自来水冲洗，符合要求后，再用去离子水洗涤两三遍。若未洗干净，可用铬酸洗液洗涤(注意：洗液用后倒回原试剂瓶)。

3. 常用仪器的使用

(1) 练习台秤的称量操作，练习移液管、吸量管、容量瓶及量筒等仪器的使用。

(2) 了解酸式滴定管、碱式滴定管的使用方法，练习滴定操作。

四、思考题

(1) 如何判断玻璃仪器是否洗涤干净？

(2) 铬酸洗液的去污原理是什么？如何使用？如何判断其是否失效？

实验 2　分析天平的称量练习

一、实验目的

(1) 了解分析天平的基本构造和原理。

(2) 掌握分析天平的使用规则。

(3) 练习使用直接称量法、差减称量法称取试样。

二、实验原理

分析天平的载荷一般为 100～200 g。根据分度值的大小，分为常量分析天平(0.1 mg · 分度$^{-1}$)、微量分析天平(0.01 mg · 分度$^{-1}$)和超微量分析天平(0.001 mg · 分度$^{-1}$)。常量分析天平也称为万分之一天平，在学生实验中普遍使用。以前使用的电光分析天平的工作原理是杠杆原理，其目前已被电子天平取代。

电子天平是新一代天平，它根据电磁力平衡原理制造。电子天平以使用方便、性能稳定和维护简单而得以广泛应用。一般电子天平载荷量为 100～120 g，可准确至 0.1 mg。其构造和使用方法详见 2.7.1 节。

称量方法有直接称量法、差减称量法和指定质量称量法。平时实验用得最多的是直接称量法和差减称量法。直接称量法是直接将被称量物或容器放在天平上称量。差减称量法是将试样放在称量瓶中，先称出试样和称量瓶质量，然后按需要量倒出一部分试样，再称试样和称量瓶质量，两次质量之差即为倒出试样的质量。

三、仪器与试剂

(1) 仪器：分析天平，称量瓶，小坩埚，干燥器。

(2) 试剂：金属片(铜片或铝片)，无水碳酸钠(s)。

四、实验步骤

1. 直接称量法称量金属片的质量

领取两片标有记号的金属片，放在分析天平上直接称量，称出质量后与金属片的准确质量进行核对。

2. 差减称量法称取 Na_2CO_3

(1) 先称出两个空坩埚，质量记为 m_4、m_5。

(2) 用纸带从干燥器中取出已装好 Na_2CO_3 的称量瓶，准确称其质量，记为 m_1。

(3) 将称量瓶中的试样缓慢倾入第一个坩埚中，使试样的质量为 0.2～0.4 g，准确称出称量瓶的质量，记为 m_2，坩埚加试样的质量记为 m_6，则(m_1-m_2)为从称量瓶倒出试样的质量，(m_6-m_4)为第一个坩埚中试样的质量。

(4) 重复上述操作，将称量瓶中的试样倾入第二个坩埚中，准确称出称量瓶的质量，记为 m_3，坩埚加试样的质量记为 m_7，则(m_2-m_3)即为第二次从称量瓶中倒出试样的质量，(m_7-m_5)为第二个坩埚中试样的质量。

(5) 结果的检验。从理论上讲，从称量瓶倒出的试样质量等于进入坩埚中试样的质量，但通常允许二者称量差值小于 0.0005 g，即绝对差值

$$|(m_1-m_2)-(m_6-m_4)|<0.0005\ \mathrm{g}$$

$$|(m_2-m_3)-(m_7-m_5)|<0.0005\ \mathrm{g}$$

若不符合要求，分析原因后重新称量，直至满足要求。

五、实验数据记录与处理

将实验数据填入表 3.1，并处理数据。

表 3.1　天平称量实验数据

实验编号	Ⅰ	Ⅱ
称量瓶+试样质量(倒出前)/g	m_1	m_2
称量瓶+试样质量(倒出后)/g	m_2	m_3
倾出试样的质量/g		
坩埚+样品质量/g	m_6	m_7
空坩埚质量/g	m_4	m_5
坩埚中试样的质量/g		
绝对差值/g	$\|(m_1-m_2)-(m_6-m_4)\|$	$\|(m_2-m_3)-(m_7-m_5)\|$

六、思考题

(1) 什么情况下用直接称量法？什么情况下用差减称量法？

(2) 用差减法称取试样时，若称量瓶内的试样吸湿，将对称量结果造成什么误差？若试样倾倒入烧杯内以后再吸湿，对称量是否有影响？

(3) 称量时为什么不能用手直接接触被称物，而要用洁净的小纸条套住称量瓶或小坩埚？

(4) 读数时为什么要关好两边的侧门？

实验 3　酸碱标准溶液的配制与浓度的比较

一、实验目的

(1) 练习酸碱标准溶液的配制方法。

(2) 学习滴定管的准备、使用及滴定操作。

(3) 熟悉甲基橙和酚酞指示剂的使用及其确定终点的方法。

(4) 掌握有效数字、精密度和准确度的概念。

二、实验原理

在酸碱滴定中，常用盐酸和氢氧化钠溶液作为标准溶液。但由于浓盐酸容易挥发，NaOH 易吸收空气中的水分和 CO_2，均不符合直接法配制标准溶液的条件，只能先配制成近似浓度的溶液，然后用基准物质标定其准确浓度，即间接法配制。也可用已知准确浓度的标准溶液

来标定另一溶液的浓度。通过测得 $V(NaOH)/V(HCl)$比值，由已知酸(碱)浓度，计算出碱(酸)的浓度。

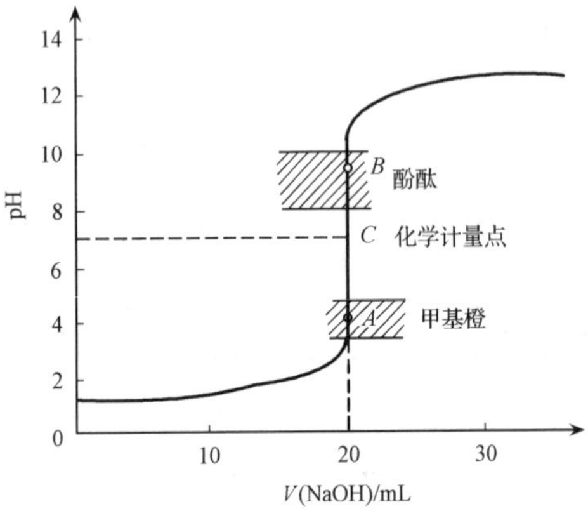

图 3.1　0.1 mol · L^{-1} NaOH 溶液滴定 20.00 mL 0.1 mol · L^{-1} HCl 溶液

在酸碱滴定中，一般利用指示剂确定终点。选择指示剂的原则是使指示剂的变色范围处于或部分处于滴定突跃范围之内，且变色易于观察。滴定突跃是化学计量点前后±0.1%滴定剂体积范围内 pH 的急剧变化。图 3.1 为 0.1 mol · L^{-1} NaOH 滴定 0.1 mol · L^{-1} HCl 的滴定曲线，pH 突跃为 4.3～9.7。由于酚酞的变色范围是 8.2～10.0，因此可以选择酚酞作指示剂，溶液的颜色由无色变为淡红色，且 30 s 不褪色即为终点。

若用 0.1 mol · L^{-1} HCl 滴定 0.1 mol · L^{-1} NaOH，则 pH 突跃为 9.7～4.3，而甲基橙的变色范围在 3.1～4.4，因此可以选择甲基橙为指示剂，溶液的颜色由黄色变为橙色，即为终点。

三、仪器与试剂

(1) 仪器：台秤，酸式滴定管，碱式滴定管，锥形瓶，小烧杯，细口试剂瓶，量筒。

(2) 试剂：NaOH(s)，浓盐酸，0.1%甲基橙，0.2%酚酞。

四、实验步骤

1. 0.1 mol · L^{-1} HCl 溶液和 0.1 mol · L^{-1} NaOH 溶液的配制

(1) 0.1 mol · L^{-1} HCl 溶液的配制。用量筒量取 4～4.5 mL 浓盐酸加入去离子水中并稀释至 500 mL，储存于细口试剂瓶中，摇匀，贴上标签备用。

(2) 0.1 mol · L^{-1} NaOH 溶液的配制。用台秤称取 2.0 g 固体 NaOH 于小烧杯中，加去离子水溶解，然后倾入玻璃细口试剂瓶中，并稀释至 500 mL，盖紧橡皮塞，摇匀，贴上标签备用。

2. 酸碱溶液浓度的比较

(1) 以酚酞为指示剂，用 NaOH 溶液滴定 HCl 溶液。从酸式滴定管中放出 20 mL 左右 HCl 溶液于 250 mL 锥形瓶中，加入 1～2 滴酚酞指示剂，然后用碱式滴定管中的 NaOH 溶液滴定锥形瓶中的 HCl 溶液，同时不断摇动锥形瓶，直至溶液由无色变为淡红色，且 30 s 内不褪色即为终点，记录所消耗 NaOH 和 HCl 溶液的体积。平行测定 3 次，要求结果的相对平均偏差小于 0.3%(操作熟练之后，相对平均偏差要小于 0.2%)，数据填入表格。

(2) 以甲基橙为指示剂，用 HCl 滴定 NaOH 溶液。由碱式滴定管放出 20 mL 左右 NaOH 溶液于锥形瓶中，加入 1～2 滴甲基橙指示剂，然后用酸式滴定管中的 HCl 溶液滴定锥形瓶中的 NaOH 溶液，并不断摇动锥形瓶，直至溶液由黄色突变为橙色即为终点，记录 NaOH 和 HCl 溶液的体积。平行测定 3 次，要求结果的相对平均偏差小于 0.3%(操作熟练之后，相对平均偏差要小于 0.2%)，数据填入表格。

五、实验数据记录与处理

将实验数据分别填入表 3.2 和表 3.3，并处理实验数据。

表 3.2　NaOH 滴定 HCl 溶液(酚酞为指示剂)

实验编号	Ⅰ	Ⅱ	Ⅲ
HCl 终读数/mL			
HCl 初读数/mL			
V(HCl)/mL			
NaOH 终读数/mL			
NaOH 初读数/mL			
V(NaOH)/mL			
V(HCl) / V(NaOH) (四位有效数字)			
V(HCl) / V(NaOH)平均值			
绝对偏差			
平均偏差			
相对平均偏差/%			

表 3.3　HCl 滴定 NaOH 溶液(甲基橙为指示剂)

实验编号	Ⅰ	Ⅱ	Ⅲ
HCl 终读数/mL			
HCl 初读数/mL			
V(HCl)/mL			
NaOH 终读数/mL			
NaOH 初读数/mL			
V(NaOH)/mL			
V(HCl)/V(NaOH) (四位有效数字)			
V(HCl)/V(NaOH)平均值			
绝对偏差			
平均偏差			
相对平均偏差/%			

六、思考题

(1) 装 NaOH 溶液的试剂瓶为什么要使用橡皮塞？

(2) 在接近终点时，溶液为什么加半滴？在本实验中，滴定时过了终点可不可以再回滴？

(3) 滴定时指示剂用量为什么不能太多？

(4) 对于 50 mL 的滴定管，当第一次实验用去 20 mL，第二次滴定为什么必须添加标准溶液至“0”刻度线附近，而不可继续使用余下的部分溶液进行滴定?

(5) 市售固体氢氧化钠常因吸收 CO_2 而含有少量的 Na_2CO_3，以致在分析结果中引入误差，在要求严格的情况下，如何配制不含 Na_2CO_3 的氢氧化钠溶液?

实验 4　粗食盐的提纯

一、实验目的

(1) 学习提纯无机化合物的基本方法。

(2) 练习溶解、加热、过滤、蒸发、结晶、干燥等无机制备中的基本操作。

(3) 了解沉淀溶解平衡原理的应用。

二、实验原理

可溶性晶体物质中的杂质可用重结晶法除去。重结晶的原理是基于晶体物质的溶解度一般随温度的降低而减小，当热的饱和溶液冷却时，待提纯的物质首先以结晶析出，而少量杂质由于尚未达到饱和，仍留在母液中，从而得到分离和去除。

粗食盐中除不溶性杂质(尘、砂)外，还会有可溶性杂质(Ca^{2+}、Mg^{2+}、K^+、SO_4^{2-})。不溶性杂质可用溶解后过滤的方法除去，可溶性杂质则需要用化学方法进行处理后才能除去。除去 SO_4^{2-} 可加入 $BaCl_2$ 溶液，生成 $BaSO_4$ 沉淀，反应式为

$$Ba^{2+} + SO_4^{2-} \xlongequal{\quad} BaSO_4\downarrow$$

除 Ca^{2+}、Mg^{2+}可加入 NaOH 与 Na_2CO_3 溶液，生成 $Mg(OH)_2$ 和 $CaCO_3$ 沉淀，反应式为

$$Mg^{2+} + 2OH^- \xlongequal{\quad} Mg(OH)_2\downarrow$$

$$Ca^{2+} + CO_3^{2-} \xlongequal{\quad} CaCO_3\downarrow$$

加入 Na_2CO_3 的同时可将过量的 Ba^{2+}除去，反应式为

$$Ba^{2+} + CO_3^{2-} \xlongequal{\quad} BaCO_3\downarrow$$

过量的 NaOH、Na_2CO_3 可加 HCl 中和。少量的可溶性杂质如 KCl，由于其含量少、溶解度又较大，因此在浓缩和结晶过程中仍留在母液中，不会与 NaCl 同时结晶出来，从而将 KCl 除去。

三、仪器与试剂

(1) 仪器：循环水泵，电炉，吸滤瓶，布氏漏斗，小烧杯，漏斗，试管，蒸发皿，量筒。

(2) 试剂：粗食盐(s)，1.0 $mol \cdot L^{-1}$ $BaCl_2$，2.0 $mol \cdot L^{-1}$ NaOH，1.0 $mol \cdot L^{-1}$ Na_2CO_3，2.0 $mol \cdot L^{-1}$ HCl，1.0 $mol \cdot L^{-1}$ $(NH_4)_2C_2O_4$，2.0 $mol \cdot L^{-1}$ H_2SO_4，镁试剂(0.01 g 镁试剂溶解于 1000 mL 1 $mol \cdot L^{-1}$ NaOH 溶液中)。

四、实验步骤

1. 粗食盐的提纯

称取粗食盐 8.0 g 于小烧杯中，加去离子水 30 mL 加热搅拌溶解，然后在搅拌下滴加 1.0 $mol \cdot L^{-1}$

$BaCl_2$(约 2 mL)，直至全部生成白色的 $BaSO_4$ 沉淀为止(除 SO_4^{2-})。待沉淀沉降后，检查沉淀是否完全(在上清液中滴加 1～2 滴 $BaCl_2$ 溶液，观察溶液是否有混浊现象，如有混浊，则要继续滴加 $BaCl_2$ 溶液)。沉淀完全后继续加热 5 min(使沉淀长大成大颗粒，易于沉降)，过滤，滤液盛于洁净的烧杯中。

在上述滤液中加入 1 mL 2.0 mol · L^{-1} NaOH 和 3 mL 1.0 mol · L^{-1} Na_2CO_3，并加热至沸(此时有大量沉淀生成，除 Ca^{2+}、Mg^{2+})。待沉淀沉降后，检查沉淀是否完全(在上清液中滴加 1～2 滴 Na_2CO_3 溶液，观察溶液是否有混浊现象)，过滤，滤液盛在洁净的蒸发皿中。

在上述滤液中滴加 2.0 mol · L^{-1} HCl，使 pH=5～6(玻璃棒蘸取检验)，用微火缓慢加热蒸发至稀粥状稠液为止，冷却后减压抽滤，烘干，称量，计算产率。

2. 产品纯度检验

分别称取 1.0 g 提纯后的 NaCl 和粗食盐，溶于 5 mL 去离子水中，用下列方法检验并比较它们的纯度。

(1) SO_4^{2-} 的检验。取上述溶液各 1 mL，分别加入 2 滴 1.0 mol · L^{-1} $BaCl_2$，观察有无白色的 $BaSO_4$ 沉淀生成。

(2) Ca^{2+}的检验。取上述溶液各 1 mL，分别加入 2 滴 1.0 mol · L^{-1} $(NH_4)_2C_2O_4$，观察有无白色的 CaC_2O_4 沉淀生成。

(3) Mg^{2+}的检验。取上述溶液各 1 mL，分别加入 2 滴 2.0 mol · L^{-1} NaOH，使溶液呈碱性，再分别加入 2～3 滴镁试剂，观察现象。

(4) Ba^{2+}的检验。取上述溶液各 1 mL，分别加入 2 滴 2.0 mol · L^{-1} H_2SO_4，观察有无白色的 $BaSO_4$ 沉淀生成。

若在提纯后的 NaCl 溶液中均无混浊现象，且镁试剂不显色，则表明纯度符合要求。

五、实验数据记录与处理

(1) 将实验现象填入表 3.4 中，并给出结论。

表 3.4　产品纯度检验结果

检验	加入试剂	粗盐	精盐	结论
SO_4^{2-}	$BaCl_2$			
Ca^{2+}	$(NH_4)_2C_2O_4$			
Mg^{2+}	OH^-+镁试剂			
Ba^{2+}	H_2SO_4			

(2) 计算产率：产率=$\frac{m_{精盐}}{m_{粗盐}}\times100\%$。

六、思考题

(1) 减压过滤操作中要特别注意什么?

(2) 为什么在蒸发结晶时不能蒸干?

(3) 在除 SO_4^{2-} 时，为什么加入的沉淀剂 $BaCl_2$ 是过量的?

实验 5　硝酸钾的制备与提纯

一、实验目的

(1) 学习用复分解反应制备硝酸钾晶体的原理与方法。
(2) 进一步熟悉溶解、过滤、蒸发、结晶等基本操作。
(3) 掌握重结晶法提纯物质的原理和方法。

二、实验原理

硝酸钾是一种常用化工产品，是最重要的硝酸盐之一，可用于火柴、烟花、火药、药物、陶瓷釉彩、金属处理等。本实验用 $NaNO_3$ 和 KCl 制备 KNO_3，其反应方程式为

$$NaNO_3 + KCl \Longrightarrow NaCl + KNO_3$$

在 $NaNO_3$ 和 KCl 的混合液中同时存在 Na^+、K^+、Cl^-、NO_3^- 四种离子，由这四种离子组成四种盐 KNO_3、KCl、$NaNO_3$、NaCl，它们同时存在于溶液中。利用四种盐在不同温度下溶解度的差异可制备 KNO_3 晶体。不同温度下四种盐在水中的溶解度见表 3.5。

表 3.5　不同温度下四种盐在水中的溶解度 *s* [单位：$g \cdot (100\ g\ H_2O)^{-1}$]

t/℃	0	10	20	30	40	60	80	100
$s(KNO_3)$	13.3	20.9	31.6	45.8	63.9	110.0	169	246
$s(KCl)$	27.6	31.0	34.0	37.0	40.0	45.5	51.1	56.7
$s(NaNO_3)$	73	80	88	96	104	124	148	180
$s(NaCl)$	35.7	35.8	36.0	36.3	36.6	37.3	38.4	39.8

由表 3.5 可以看出，随温度的升高，KNO_3 的溶解度增大很快。通过加热蒸发混合液，使 NaCl 在较高温度下由于溶解度较小而首先析出，然后趁热滤去，冷却滤液，KNO_3 因溶解度急剧下降而大量析出，仅有少量 NaCl 等杂质随 KNO_3 一起析出。经重结晶后即可得到较纯净的 KNO_3 晶体。

三、仪器与试剂

(1) 仪器：循环水泵，台秤，电炉，吸滤瓶，布氏漏斗，漏斗，小烧杯，量筒。
(2) 试剂：$NaNO_3$(s)，KCl(s)，0.1 $mol \cdot L^{-1}$ $AgNO_3$，2.0 $mol \cdot L^{-1}$ HNO_3。

四、实验步骤

1. KNO_3 的制备

称取 16.0 g $NaNO_3$ 和 15.0 g KCl 于小烧杯中，加 30 mL 去离子水，用小火加热，使其全部溶解，同时不断搅拌，蒸发至原液体积的 1/2，此时烧杯内有晶体析出(此晶体是什么？)，趁热快速过滤，滤液盛于另一洁净的小烧杯中，滤液中立即有晶体析出(此晶体又是什么？)。

再向滤液中加 15 mL 去离子水，蒸发至原体积的 1/3，静置，充分冷却，待结晶完全后减

压抽滤，将晶体尽量抽干，称量，计算产率。

保留少许晶体(约 0.2 g)供纯度检验，其余进行下面的重结晶。

2. KNO_3的提纯

按KNO_3与H_2O的质量比 2∶1 的比例将粗产品溶于去离子水中，加热，搅拌，待溶液刚开始沸腾后即停止加热(若此时晶体还未完全溶解，可以加适量水使其刚好溶解)。自然冷却至室温后减压抽滤，烘干，称量。

3. 产品纯度检验

取粗产品和重结晶后的KNO_3晶体各 0.2 g，分别置于两支试管中，各加 1 mL 去离子水配成溶液，各加 2 滴 2 $mol \cdot L^{-1}$ HNO_3和 2 滴 0.1 $mol \cdot L^{-1}$ $AgNO_3$，观察现象，进行对比。

五、实验数据记录与处理

(1) 将实验现象填入表 3.6 中，并给出结论。

表 3.6　产品纯度检验结果

KNO_3	加入试剂	现象	结论
粗KNO_3溶液	HNO_3+$AgNO_3$		
提纯后KNO_3溶液	HNO_3+$AgNO_3$		

(2) 根据反应式计算产品的理论产量，然后根据下式计算产品的产率。

$$产率=\frac{实际产量}{理论产量}\times100\%$$

六、思考题

(1) 产品的主要杂质是什么？

(2) 实验中为什么在第一次固、液分离中要采用热过滤？

(3) 将热过滤后的滤液冷却时，KCl 能否析出？为什么？

(4) 能否将除去 NaCl 后的滤液直接冷却制取KNO_3？

实验 6　硫酸亚铁铵的制备

一、实验目的

(1) 学习复盐的制备方法及性质。

(2) 掌握加热、过滤、蒸发、结晶等基本操作。

二、实验原理

硫酸亚铁铵$[(NH_4)_2SO_4 \cdot FeSO_4 \cdot 6H_2O]$是一种复盐，俗称莫尔盐，为浅蓝绿色透明晶体，易溶于水，难溶于乙醇。一般亚铁盐在空气中都不稳定，很容易被空气氧化，形成复盐后则比较稳定，因此可用作氧化还原滴定中的基准物。

在 0～60℃的温度范围内，像所有的复盐一样，硫酸亚铁铵在水中的溶解度比组成它的每一个组分 $FeSO_4$、$(NH_4)_2SO_4$ 的溶解度都小。因此，经冷却后复盐在水溶液中首先结晶，形成 $(NH_4)_2SO_4 \cdot FeSO_4 \cdot 6H_2O$ 复盐。

通常先用铁屑与稀硫酸反应：

$$Fe + H_2SO_4 = FeSO_4 + H_2\uparrow$$

再与硫酸铵混合：

$$FeSO_4 + (NH_4)_2SO_4 + 6H_2O = (NH_4)_2SO_4 \cdot FeSO_4 \cdot 6H_2O$$

经加热、浓缩、冷却、结晶制备出硫酸亚铁铵复盐。

三、仪器与试剂

(1) 仪器：循环水泵，台秤，吸滤瓶，布氏漏斗，蒸发皿，量筒，锥形瓶，比色管。

(2) 试剂：铁屑(s)，$(NH_4)_2SO_4$(s)，3.0 mol · L^{-1} H_2SO_4，10% Na_2CO_3，3.0 mol · L^{-1} HCl，0.10 mol · L^{-1} KSCN。

四、实验步骤

1. 铁屑的净化

用台秤称取 2.0 g 铁屑于锥形瓶中，加入 10 mL 10% Na_2CO_3，小火加热煮沸 5～10 min 除去油污，倾去碱液，用水洗至中性。

2. 硫酸亚铁溶液的制备

在上述锥形瓶内加入 15 mL 3.0 mol · L^{-1} H_2SO_4，加热至不冒气泡为止(约 30 min)。加热过程中可补充水分，防止晶体析出。然后趁热过滤，滤液盛于洁净的蒸发皿中，并分别用 2 mL 3.0 mol · L^{-1} H_2SO_4 和少量去离子水洗涤漏斗中的不溶物。

3. 硫酸亚铁铵的制备

在上述制备的 $FeSO_4$ 溶液中，加入一定量 $(NH_4)_2SO_4$(s)[根据 $FeSO_4$ 的理论产量，按照 $FeSO_4$ 与$(NH_4)_2SO_4$ 的质量比为 1∶0.75 的比例，计算所需$(NH_4)_2SO_4$ 的量]，小火加热搅拌至溶解，继续小火加热，浓缩至表面出现晶膜为止。冷却后，减压抽滤，弃去母液，所得莫尔盐晶体用滤纸吸干。

4. 产品检验

检查 Fe^{3+}的含量。称取约 1 g 产品置于比色管中，加入 15 mL 不含氧的去离子水使之溶解。加入 2 mL 3.0 mol · L^{-1} HCl 和 1 mL 0.10 mol · L^{-1} KSCN，最后用不含氧的去离子水稀释至刻度，摇匀，与标准溶液进行比较，确定产品级别。

五、实验数据记录与处理

(1) 根据反应式计算产品的理论产量，然后根据下式计算产品的产率。

$$产率=\frac{实际产量}{理论产量}\times 100\%$$

(2) 采用比色法确定产品级别。

六、思考题

(1) 如何计算实验中铁屑、硫酸、硫酸铵的用量?

(2) 在制备硫酸亚铁铵的过程中，为什么溶液始终呈酸性?

第 4 章　化学基本原理的应用及常数测定

实验 7　乙酸离解常数的测定——电位滴定法

一、实验目的

(1) 掌握电位滴定的基本操作和滴定终点的确定方法。

(2) 学习测定乙酸离解常数的原理和方法，巩固弱酸离解平衡的基本概念。

(3) 了解 pH 计的工作原理，学习使用 pH 计。

二、实验原理

1. pH 的测定

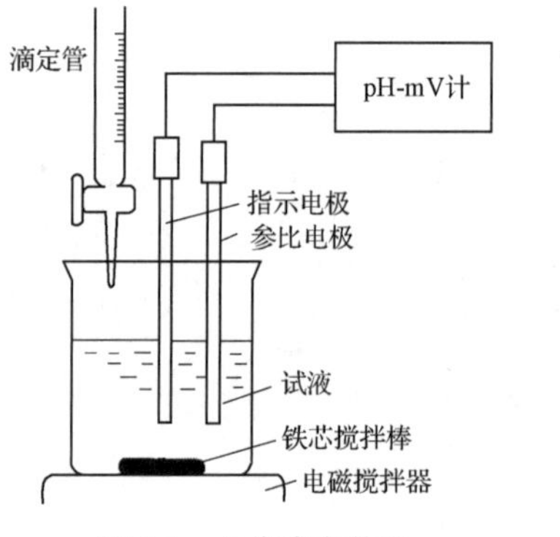

图 4.1　电位滴定装置

乙酸(HAc)是一种弱酸，在水溶液中存在下列平衡：

$$HAc + H_2O \rightleftharpoons H_3O^+ + Ac^-$$

电位滴定法是在滴定过程中根据指示电极和参比电极的电位差或溶液 pH 突跃来确定终点的一种方法。在乙酸电位滴定过程中(图 4.1)，随着滴定剂 NaOH 的不断加入，乙酸与 NaOH 发生反应，溶液 pH 逐渐增加，在化学计量点附近发生 pH 突跃，随后 pH 变化缓慢。每滴加一定体积的 NaOH 滴定剂，测一次 pH，这样就得到一系列滴定剂用量 V 和相应的 pH 数据，然后通过作图确定终点。

滴定溶液与电极构成的原电池如下：

(−) Ag，AgCl | 内参比溶液 | 玻璃膜 | 试液 ‖ KCl(饱和) | Hg_2Cl_2，Hg(+)

|←　玻璃电极　→| 待测溶液 |←　甘汞电极　→|

膜电位
$$\varphi_{膜} = K + 0.0592\lg a(H^+) = K - 0.0592pH \tag{4-1}$$

电极电势
$$\varphi_{玻璃} = \varphi_{膜} + \varphi_{内参比} = K - 0.0592pH + \varphi_{内参比} \tag{4-2}$$

电池电动势
$$\begin{aligned} E &= \varphi_{甘汞} - \varphi_{玻璃} + \Delta\varphi_L \\ &= \varphi_{甘汞} - (K - 0.0592pH + \varphi_{内参比}) + \Delta\varphi_L \\ &= K' + 0.0592pH \end{aligned} \tag{4-3}$$

2. 滴定终点的确定

确定终点的方法有以下三种：

(1) pH-V 曲线法：以滴定剂用量 V 为横坐标，以 pH 为纵坐标，绘制 pH-V 曲线。作两条与滴定曲线相切的 45° 倾斜的直线，等分线与曲线的交点为终点，见图 4.2(a)。

(2) $\Delta pH/\Delta V$-V 曲线法(一级微商法)，见图 4.2(b)。

(3) ($\Delta^2pH/\Delta V^2$)-V 曲线法(二级微商法)，见图 4.2(c)。

本实验采用 pH-V 曲线法。

3. 求 $pK_a^\ominus$

HAc 离解常数为 $K_a^\ominus = \dfrac{[H^+][Ac^-]}{[HAc]}$。当乙酸被 NaOH 中和一半时，溶液中 $[Ac^-]=[HAc]$，此时 $K_a^\ominus=[H^+]$，即 $pK_a^\ominus=pH$。确定滴定终点体积以后，从 pH-V 曲线上查出 HAc 被中和一半时($1/2\ V_e$)的 pH。此时，$pH=pK_a^\ominus$，从而计算出 $K_a^\ominus$，见图 4.2(a)。

三、仪器与试剂

(1) 仪器：酸度计，电磁搅拌器，玻璃电极和饱和甘汞电极(或复合玻璃电极)，碱式滴定管，烧杯，锥形瓶，移液管。

(2) 试剂：0.1 mol · L^{-1} HAc，1.0 mol · L^{-1} KCl，0.10 mol · L^{-1} NaOH，pH=4.00(25℃)和 pH=9.18(25℃)的标准缓冲溶液，0.5%酚酞。

四、实验步骤

(1) 用 pH=4.00(25℃)和 pH=9.18(25℃)的标准缓冲溶液将酸度计定位。

(2) 移取 25.00 mL 0.1 mol · L^{-1} HAc 溶液于 250 mL 锥形瓶中(一份)，滴入 2～3 滴酚酞指示剂，用 NaOH 溶液滴定至溶液呈淡红色，30 s 内不褪色即为终点。记录 NaOH 体积，以供下面测定 pH 参考。

(3) 移取 25.00 mL 0.1 mol · L^{-1} HAc 溶液于小烧杯中，加 1.0 mol · L^{-1} KCl 5.0 mL，放入搅拌磁子，浸入 pH 玻璃电极和饱和甘汞电极(或复合玻璃电极)。开启电磁搅拌器，用 0.10 mol · L^{-1} NaOH 溶液进行滴定，滴定开始时每间隔 2.00 mL 读数一次，待到化学计量点附近时每间隔 0.10～0.20 mL 读数一次，至 pH 大于 12.5 时停止滴定，数据填入表 4.1。

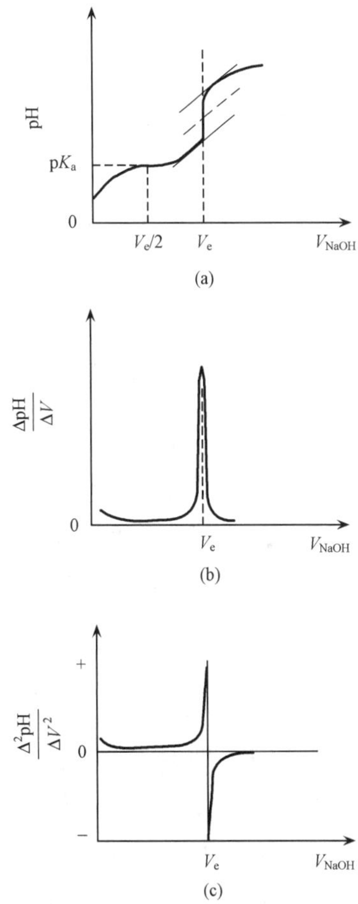

图 4.2　NaOH 滴定 HAc 的 3 种滴定曲线图

五、实验数据记录与处理

表 4.1　NaOH 滴定体积与溶液 pH

NaOH 体积/mL	pH	ΔV/mL	ΔpH	$\Delta pH/\Delta V$	$\Delta^2pH/\Delta V^2$
2.00		1.00			
4.00		2.00			
…	…	…	…	…	…

(1) 绘制 pH-V 曲线，确定滴定终点 V_e。

(2) 用一级、二级微商法分别确定终点 V_e(可选作)。

(3) 由 $1/2V_e$ 法计算 HAc 的电离常数 $K_a^\ominus$，并与文献值比较($K_{a文献}^\ominus$=1.76×10^{-5})，分析误差的来源。

六、思考题

(1) 用电位滴定法确定终点与指示剂法相比有什么优缺点？

(2) 在什么条件下才能从测得的 pH 计算乙酸离解常数？

(3) 实验中为什么要加入 5.0 mL 1 mol · L^{-1} KCl？

(4) 当乙酸完全被氢氧化钠中和时，反应终点的 pH 是否等于 7.0？为什么？

(5) 玻璃电极在使用前为什么要在去离子水中浸泡活化？

实验 8　$BaSO_4$溶度积常数的测定——电导率法

一、实验目的

(1) 学习用电导率法测定 $BaSO_4$ 溶度积的方法。

(2) 了解电导率仪的工作原理与使用。

二、实验原理

硫酸钡是一种难溶强电解质，在饱和溶液中存在如下平衡：

$$BaSO_4(s) \rightleftharpoons BaSO_4(aq) = Ba^{2+}(aq) + SO_4^{2-}(aq)$$

$$K_{sp,BaSO_4}^\ominus = [Ba^{2+}][SO_4^{2-}] = c^2(BaSO_4)$$

因此，只需测定$[Ba^{2+}]$、$[SO_4^{2-}]$、$c(BaSO_4)$其中任一值即可求出 $K_{sp,BaSO_4}^\ominus$。由于 $BaSO_4$ 的溶解度很小，因此可把饱和溶液看作无限稀释的溶液，离子的活度与浓度近似相等($a \approx c$)。由于饱和溶液的浓度很低，因此常采用电导法，通过测定 $BaSO_4$ 电解质溶液的电导率计算离子浓度。

物质导电能力的大小通常以电阻(R)或电导(G)表示，电阻 $R = \rho \dfrac{l}{A}$，电导是电阻的倒数：

$$G = \frac{1}{R} = \frac{1}{\rho} \times \frac{A}{l} = \kappa \frac{A}{l}$$

式中：G 为电导，单位是 S(西门子)；A 为截面积；l 为长度；κ 为电导率(S · cm^{-1})。当测定在两平行电极之间溶液的电导时，若电极面积 A=1 cm^2，电极相距 1 cm，溶液浓度为 1 mol · L^{-1}，则电解质溶液的电导为摩尔电导率，用 λ 表示。当溶液浓度无限稀时，正、负离子之间的影响趋于零，摩尔电导率 λ 趋于最大值，用 λ_0 表示，称为极限摩尔电导率。实验证明当溶液无限稀时，每种电解质的极限摩尔电导率是离解的两种离子的极限摩尔电导率的简单加和，对 $BaSO_4$ 饱和溶液有

$$\lambda_{0,BaSO_4} = \lambda_{0,Ba^{2+}} + \lambda_{0,SO_4^{2-}}$$

当以 1/2 $BaSO_4$ 为基本单元时，$\lambda_{0,BaSO_4}=2\lambda_{1/2BaSO_4}$，在 25℃时，无限稀的 1/2 Ba^{2+}和 1/2 SO_4^{2-} 的 λ_0 值分别为 63.6 S · cm^2 · mol^{-1} 和 80.0 S · cm^2 · mol^{-1}，因此

$$\begin{aligned}\lambda_{0,BaSO_4} &= 2\lambda_{1/2BaSO_4} = 2(\lambda_{0,1/2Ba^{2+}} + \lambda_{0,1/2SO_4^{2-}}) = 2\times(63.6+80.0) \\ &= 287.2(S\cdot cm^2\cdot mol^{-1})\end{aligned}$$

摩尔电导率 λ 是 1 mol · L^{-1} 溶液的电导率κ($\kappa=\lambda c$)，因此只要测得电导率κ值，即可求得溶液浓度。

$$c(BaSO_4)=\frac{1000\times\kappa_{BaSO_4}}{\lambda_{0,BaSO_4}} \tag{4-4}$$

由于测得 $BaSO_4$ 饱和溶液的电导率包括水的电导率，因此实际 $BaSO_4$ 电导率为

$$\kappa_{BaSO_4}=\kappa_{BaSO_4溶液}-\kappa_{H_2O}$$

$$G_{BaSO_4}=G_{BaSO_4溶液}-G_{H_2O}$$

$$K^{\ominus}_{sp,\ BaSO_4}=\left[1000\times\frac{\kappa_{BaSO_4溶液}-\kappa_{H_2O}}{\lambda_{0,\ BaSO_4}}\right]^2=\left[1000\times\frac{(G_{BaSO_4溶液}-G_{H_2O})\dfrac{l}{A}}{\lambda_{0,\ BaSO_4}}\right]^2 \tag{4-5}$$

式中：$\dfrac{l}{A}$为电极常数，在电极上标出。

三、仪器与试剂

(1) 仪器：电导率仪，烧杯，量筒，电炉。

(2) 试剂：$BaSO_4$(s)，去离子水。

四、实验步骤

1. $BaSO_4$ 饱和溶液的制备

将 0.2 g 分析纯 $BaSO_4$ 置于 100 mL 烧杯中，加去离子水 60～80 mL，加热煮沸 3～5 min，并不断搅拌，然后静置，用去离子水洗三次，再加去离子水 60～80 mL，并加热煮沸 1～2 min，静置、冷却至室温，得 $BaSO_4$ 饱和溶液。

2. 电导率测定

使用电导率仪测定溶液电导率，步骤如下：

(1) 取 50 mL 去离子水，测定其电导率 κ_{H_2O}，测定时操作要迅速。

(2) 将制得的 $BaSO_4$ 饱和溶液冷却至室温后测得溶液(取上层清液)电导率 $\kappa_{BaSO_4溶液}$(或电导 $G_{BaSO_4溶液}$)。

五、实验数据记录与处理

将测定的数据填入表 4.2 中。

表 4.2　电导率的测定

溶液温度 t/℃	κ_{H_2O} /(S · cm^{-1})	$\kappa_{BaSO_4,溶液}$ /(S · cm^{-1})	$K^{\ominus}_{sp,\,BaSO_4}$

六、思考题

(1) 为什么要测去离子水的电导率？

(2) 什么是极限摩尔电导率？什么情况下 $\lambda_0=\lambda_{0,正离子}+\lambda_{0,负离子}$？

(3) 在什么条件下可用电导率计算溶液浓度？

实验 9　离子选择性电极测定水中微量的氟

一、实验目的

(1) 了解氟离子选择性电极的结构、特性和使用。

(2) 掌握用氟离子选择性电极测定水中氟含量的原理和方法。

(3) 掌握标准曲线法测定微量氟的方法。

(4) 了解酸度计的使用。

二、实验原理

饮用水中微量氟含量的高低对人体的健康有很大影响，氟太低，易引起龋牙(也称蛀牙)与骨质疏松等症状。但过量摄入氟，有可能导致人体氟中毒，轻度中毒产生氟牙症，俗称黄斑牙，重度中毒会产生氟骨病(国际卫生组织推荐饮用水中氟含量为 1.0～1.5 mg · L^{-1})，因此需对饮用水中氟含量进行监测。其中比色法测定微量氟操作繁琐且费时，而氟离子选择电极测定简便快速，且干扰少，因此得到广泛应用。

氟离子选择性电极是一种电化学传感器，它将溶液中待测离子的活度转换成电位信号。氟离子选择性电极的敏感膜是 LaF_3 单晶膜，内装 0.1 mol · L^{-1} NaCl-0.1 mol · L^{-1} NaF 内参比溶液，Ag-AgCl 为内参比电极。测定 F^-浓度的方法与测定 pH 的方法相似。

当氟电极插入溶液时，其敏感膜对 F^-产生响应，在膜和溶液间产生一定的膜电位：

$$\varphi_{膜}=K-\frac{2.303RT}{F}\lg a(F^-) \tag{4-6}$$

在待测溶液中插入氟电极(指示电极)和饱和甘汞电极(参比电极)，组成工作电池：

(–) Hg, Hg_2Cl_2 | KCl(饱和) || F^- 溶液 | LaF_3 | NaF, NaCl | AgCl, Ag (+)

|←　甘汞电极　→|待测溶液|←　氟离子电极　→|

25℃时电池电动势为

$$
\begin{aligned}
E &= \varphi_{\text{氟电极}} - \varphi_{\text{甘汞}} + \Delta\varphi_{\text{L}} = \varphi_{\text{膜}} + \varphi_{\text{内参比}} - \varphi_{\text{甘汞}} + \Delta\varphi_{\text{L}} \\
&= K - \frac{2.303RT}{F}\lg a(\text{F}^-) + \varphi_{\text{内参比}} - \varphi_{\text{甘汞}} + \Delta\varphi_{\text{L}} \\
&= K' - \frac{2.303RT}{F}\lg a(\text{F}^-) \\
&= K' - 0.0592\lg a(\text{F}^-)
\end{aligned}
\tag{4-7}
$$

电池电动势 E 在一定条件下与 F^-活度的对数值成直线关系，即

$$E = K' - 0.0592\lg a(\text{F}^-) \tag{4-8}$$

式中：K' 为包括内、外参比电极的电位、液接电位等的常数。通过测量电池电动势可以测定 F^-的活度。实验中一般测定的是浓度，根据 $a(\text{F}^-)=\gamma c(\text{F}^-)$，当溶液的总离子强度不变时，离子的活度系数 γ 为一定值，即

$$E=K'' - 0.0592\lg c(\text{F}^-) \tag{4-9}$$

E 与 F^-的浓度的对数值成直线关系。测定氟离子时，能与氟离子生成配合物或沉淀的离子(Al^{3+}、Fe^{3+}、Ca^{2+}、Mg^{2+}和稀土金属离子等)干扰测定，必须加掩蔽剂(柠檬酸钠、磺基水杨酸、EDTA 等)。另外，溶液 pH 对测定有较大影响，酸性溶液中，H^+与部分 F^-形成 HF 或 HF_2^-，会降低氟离子的浓度；在碱性溶液中，LaF_3 薄膜与 OH^-发生交换作用而使溶液中 F^-浓度增加。因此，氟电极适宜测定的 pH 范围为 5～8，通常用 HAc-NaAc 缓冲溶液来控制溶液的 pH。

在测定氟离子的浓度时，常在标准溶液与试样溶液中同时加入相等的足够量的总离子强度调节缓冲溶液(TISAB)。本实验 TISAB 组成为 NaCl+(HAc-NaAc)+柠檬酸钠。

当 F^-浓度在 10^{-1}～10^{-6} mol · L^{-1} 时，E 与 pF(F^-浓度的负对数)成直线关系，可用标准曲线法或标准加入法进行测定。

三、仪器与试剂

(1) 仪器：酸度计，电磁搅拌器，氟离子选择性电极，饱和甘汞电极，塑料小烧杯，移液管，吸量管，容量瓶。

(2) 试剂：0.100 mol · L^{-1} F^-标准溶液，TISAB (58 g NaCl + 57 mL HAc + 12 g 柠檬酸钠溶入 800 mL 去离子水中，用 40% NaOH 调节 pH 为 5.0～5.5，然后稀释至 1000 mL)。

四、实验步骤

1. 氟电极的准备

氟电极在使用前应在去离子水中浸泡数小时或在 10^{-3} mol · L^{-1} NaF 溶液中浸泡 1～2 h(电极活化)。将活化的氟电极和甘汞电极浸入去离子水中，加入搅拌磁子，开动电磁搅拌器，将电极洗至空白值+300 mV(或−300 mV)左右。若洗不到空白值，更换去离子水，反复几次，直至达到要求。

2. 标准曲线法测定 F^-

(1) 标准系列溶液配制及标准曲线的绘制。准确移取 10.00 mL 0.100 mol · L^{-1} 氟标准溶液于 100 mL 容量瓶中，加入 10 mL TISAB，用去离子水稀释至刻度，摇匀。此溶液为 10^{-2} mol · L^{-1}

氟标准溶液。用逐级稀释法配成浓度为 10^{-3} mol · L^{-1}、10^{-4} mol · L^{-1}、10^{-5} mol · L^{-1} 及 10^{-6} mol · L^{-1} 氟离子的标准系列。逐级稀释时，只需加入 9.0 mL TISAB。

将标准系列溶液由低浓度到高浓度依次转入塑料烧杯中，插入氟电极和甘汞电极，用电磁搅拌器搅拌 1～2 min 后，停止搅拌 0.5 min，开始读取平衡电位 E，然后每隔 0.5 min 读一次数，直至 3 min 内读数不变为止，数据填入表 4.3。在坐标纸上作 E-pF 图。

(2) 水样的配制及 E 测定。准确移取自来水样 50 .00 mL 于 100 mL 容量瓶中，加入 10 mL TISAB，用去离子水稀释至刻度，摇匀。在与测量标准曲线相同的条件下测定水样的电动势(测定前应先将氟电极洗至空白值后，再测定试液)，数据填入表 4.3。从标准曲线上查出水样的 F^-浓度，再计算自来水中含氟量。

表 4.3　溶液电动势的测定

pF	2.00	3.00	4.00	5.00	6.00	水样
E/mV						

3. 标准加入法测定 F^-(选做)

(1) 准确吸取 50.00 mL 自来水样于 100 mL 容量瓶中(稀释倍数视水样中 F^-浓度而定)，加入 10 mL TISAB，用去离子水稀释至刻度，摇匀。吸取 50 mL(记为 V_0)于干燥塑料小烧杯中，测定电动势记为 E_1。

(2) 在上述试液中准确加入 0.5 mL(记为 V_s)浓度为 10^{-3} mol · L^{-1}(记为 c_s)的 F^-标准溶液(可视水样中 F^-浓度而定)，搅拌均匀，测定电动势记为 E_2。

根据测定数据，计算自来水中氟含量，并与标准曲线法测得结果比较。

五、实验数据记录与处理

1. 标准曲线法

(1) 绘制标准曲线。以 E 为纵坐标、pF 为横坐标绘制标准曲线。

(2) 在标准曲线上找出 E_x 值相应的 pF，换算出试样中氟离子的总含量，以 mg · L^{-1} 表示。

2. 标准加入法

E_1=________ (mV)，E_2=________(mV)，$c(F^-)$(单位：mg · L^{-1})计算公式为

$$c(F^-)=\frac{\Delta c}{10^{(E_2-E_1)/S}-1}\times 1000\times 19.0\times 2 \tag{4-10}$$

式中：$\Delta c=\dfrac{c_s V_s}{V_0}$；$S=\dfrac{2.303RT}{F}$。

六、思考题

(1) 本实验中加入总离子强度调节缓冲溶液的作用是什么？

(2) 为什么要把氟电极洗至空白值+300 mV(或–300 mV)左右？

实验 10 磺基水杨酸合铁(Ⅲ)配合物的组成及稳定常数的测定

一、实验目的

(1) 用等摩尔系列法测定磺基水杨酸合铁(Ⅲ)配合物的组成及稳定常数。

(2) 学习分光光度计的使用。

二、实验原理

磺基水杨酸(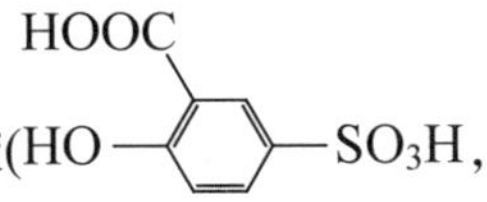，简式为 H_3R)为无色结晶，它与 Fe^{3+}可以形成稳定的有色配合物，但 pH 不同，形成的配合物不同。在 pH=1.5～3.0 时，形成 1∶1 的紫红色配合物(简记为 MR)；pH=4～9 时，形成 1∶2 的红色配合物(MR_2)；pH=9～11.5 时，形成 1∶3 的黄色配合物(MR_3)；当 pH＞12 时，将产生 $Fe(OH)_3$ 沉淀，而不能形成配合物。本实验测定 pH=2.0 条件下配合物的组成和稳定常数。

在所测溶液中，磺基水杨酸是无色的，Fe^{3+}溶液的浓度很小，也可认为是无色的，只有磺基水杨酸合铁(Ⅲ)配离子(MR_n)是有色的，因此溶液的吸光度只与 MR_n 的浓度成正比。通过对溶液吸光度的测定，可以求出该配离子的组成。用分光光度法测定配合物的组成及稳定常数的方法有几种，下面介绍其中的等摩尔系列法。

等摩尔系列法是在保持溶液中金属离子浓度 c_M 与配体浓度 c_R 之和不变(总摩尔数不变)的前提下，改变 c_M 与 c_R 的相对量，配制一系列溶液，使配体摩尔分数 x_R 从 0 逐渐增加到 1(如为 0、0.1、0.2、…、0.9、1)。显然，在这一系列溶液中，当配体摩尔分数 x_R 较小时，金属离子是过量的；而 x_R 较大时，配体是过量的。在这两部分溶液中，配合物 MR_n 的浓度都不可能达到最大值，只有当溶液中配体与金属离子摩尔数之比与配合物的组成一致时，配合物 MR_n 的浓度才能达到最大，因而其吸光度 A 也最大。以吸光度 A 为纵坐标，配体摩尔分数 x_R 为横坐标作图，得一曲线(当 n=1 时，见图 4.3)。延长曲线两边的直线部分，相交于 B 点，若 M 与 R 全部形成 MR_n，最大吸收处应在 B 处，即其最大吸光度应为 A_1。但由于 MR_n 有一部分离解，其浓度要稍小一些，故实际测得的最大吸光度在 E 处，即吸光度为 A_2，因此该配合物的离解度为

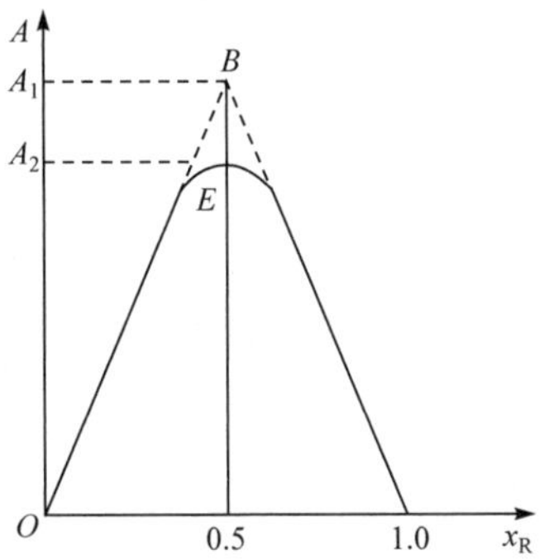

图 4.3 等摩尔系列法

$$\alpha = \frac{A_1 - A_2}{A_1} \times 100\% \tag{4-11}$$

配合物 MR_n 的组成：

$$n = \frac{x_R}{1 - x_R}$$

配合物的表观稳定常数计算如下：

$$\begin{array}{llll} & MR_n \rightleftharpoons & M & + \quad nR \\ \text{起始浓度} & c & 0 & 0 \\ \text{平衡浓度} & c-c\alpha & c\alpha & nc\alpha \end{array}$$

$$K'_{稳}=\frac{1-\alpha}{n^n \cdot c^n \cdot \alpha^{n+1}} \tag{4-12}$$

式中：x_R、$1-x_R$、c 分别为最大吸光度处的配体摩尔分数、金属离子摩尔分数及金属离子起始浓度。

$n=1$ 时，有

$$K'_{稳}=\frac{1-\alpha}{c\alpha^2} \tag{4-13}$$

值得注意的是，这样得到的为表观稳定常数，若考虑到 Fe^{3+}的水解平衡以及磺基水杨酸的电离平衡，则应对表观稳定常数 $K'_{稳}$ 加以校正，校正后即得 $K_{稳}$。校正公式为

$$\lg K_{稳}=\lg K'_{稳}+\lg\alpha \tag{4-14}$$

在 pH=2.0 时，$\lg\alpha=10.3$(α 为酸效应系数)。

三、仪器与试剂

(1) 仪器：分光光度计，小烧杯，容量瓶，移液管，吸量管。

(2) 试剂：0.01 mol · L^{-1} $HClO_4$，0.0100 mol · L^{-1} 磺基水杨酸(用分析纯磺基水杨酸溶于 0.01 mol · L^{-1} $HClO_4$ 中配成)，0.0100 mol · L^{-1} Fe^{3+}溶液[用分析纯 $NH_4Fe(SO_4)_2 \cdot 12H_2O$ 晶体溶于 0.01 mol · L^{-1} $HClO_4$ 中配制]。

四、实验步骤

1. 配制 0.00100 mol · L^{-1} Fe^{3+}溶液和 0.00100 mol · L^{-1} 磺基水杨酸溶液

准确移取 0.0100 mol · L^{-1} Fe^{3+}溶液 10.00 mL 于 100 mL 容量瓶中，用 0.01 mol · L^{-1} $HClO_4$ 溶液稀释至刻度，摇匀即为 0.00100 mol · L^{-1} Fe^{3+}溶液，用相同方法配制 0.00100 mol · L^{-1} 磺基水杨酸溶液。

2. 配制系列溶液

用 3 支 10 mL 的吸量管按照表 4.4 列出的用量分别移取 0.01 mol · L^{-1} $HClO_4$、0.00100 mol · L^{-1} Fe^{3+} 溶液和 0.00100 mol · L^{-1} 磺基水杨酸溶液，加入 11 个已编号的干燥的 100 mL 小烧杯中，混合均匀。

表 4.4　磺基水杨酸合铁(Ⅲ)配合物的组成及溶液的吸光度

实验编号	0.01 mol · L^{-1} $HClO_4$ 用量/mL	0.00100 mol · L^{-1} Fe^{3+}溶液用量/mL	0.00100 mol · L^{-1} H_3R 用量/mL	H_3R 摩尔分数 x_R	吸光度 A
1	10.00	10.00	0.00	0.000	
2	10.00	9.00	1.00	0.100	
3	10.00	8.00	2.00	0.200	
4	10.00	7.00	3.00	0.300	

续表

实验编号	0.01 mol · L^{-1} $HClO_4$ 用量/mL	0.00100 mol · L^{-1} Fe^{3+} 溶液用量/mL	0.00100 mol · L^{-1} H_3R 用量/mL	H_3R 摩尔分数 x_R	吸光度 A
5	10.00	6.00	4.00	0.400	
6	10.00	5.00	5.00	0.500	
7	10.00	4.00	6.00	0.600	
8	10.00	3.00	7.00	0.700	
9	10.00	2.00	8.00	0.800	
10	10.00	1.00	9.00	0.900	
11	10.00	0.00	10.00	1.00	

3. 测定溶液的吸光度

选择 500 nm 为测定波长，以 0.01 mol · L^{-1} $HClO_4$ 溶液为参比，用分光光度计测定溶液的吸光值，数据填入表 4.4。

五、实验数据记录与处理

以吸光度 A 为纵坐标、磺基水杨酸的摩尔分数 x_R 为横坐标作图，从图中找出 A 最大吸收处，求出配合物的离解度、组成及稳定常数。

六、思考题

(1) 用等摩尔系列法测定配合物组成时，为什么说溶液中配体的摩尔数与金属离子摩尔数之比正好与配合物组成相同时，配合物浓度为最大？

(2) 当配合物分别为 MR、MR_2、MR_3、MR_4 时，在最大吸收处配体摩尔分数 x_R 分别为多少？A-x_R 图分别是什么形状？据此说明为什么等摩尔系列法只适于测定 n 值较小的配合物的组成。

(3) 在测定吸光度时，如果温度变化较大，对测得的稳定常数有无影响？

(4) 本实验控制溶液 pH=2.0，为什么用 $HClO_4$？用 H_3PO_4 或 H_2SO_4 是否可以？为什么？

(5) 为使测量误差最小，吸光度 A 一般控制在什么范围？

实验 11　邻二氮杂菲分光光度法测定微量铁

一、实验目的

(1) 了解分光光度计的结构、性能，学会使用分光光度计。

(2) 掌握分光光度法的测定原理，并用邻二氮杂菲法测定微量铁。

(3) 学会绘图处理实验数据的方法。

二、实验原理

1. 分光光度法原理

分光光度法是根据物质对一定波长光的吸收程度来确定物质含量的光度分析法。分光光度法包括紫外分光光度法、可见分光光度法、红外分光光度法。本实验采用可见分光光度法。

被测组分在一定条件下加入显色剂，发生显色反应，生成具有颜色的物质，而一定颜色的物质对特定波长的单色光具有选择性的吸收，根据吸光物质对一定波长的光的吸收程度确定物质的含量。其定量依据为朗伯-比尔定律，即光吸收的基本定律，其数学表达式为

$$A = \varepsilon bc$$

式中：A 为吸光度；b 为液层厚度(cm)；c 为溶液中物质的浓度($mol \cdot L^{-1}$)；ε 为摩尔吸光系数($L \cdot mol^{-1} \cdot cm^{-1}$)。

根据朗伯-比尔定律可以得出：当入射光波长和吸收池光程一定时，吸光度 A 与浓度 c 呈线性关系，$A=kc$。显色物浓度与 A 成正比例关系，可通过标准曲线法测定未知试样的浓度。

2. 测定原理

由于 Fe^{3+} 与邻二氮杂菲也能发生配位反应(配合物呈蓝色)而干扰 Fe^{2+} 的测定，因此在显色反应之前必须将试样中的 Fe^{3+} 还原为 Fe^{2+}。

当 pH＜3 时：

$$2\ Fe^{3+} + 2\ NH_2OH \cdot HCl = 2\ Fe^{2+} + N_2\uparrow + 2\ H_2O + 4\ H^+ + 2\ Cl^-$$

当 pH=2～9 时(pH＜2 时，显色反应慢；酸度太低时，Fe^{2+} 水解)，Fe^{2+} 与邻二氮杂菲生成橘红色配合物，λ_{max}=508 nm(图 4.4)，$\varepsilon_{508}=1.1\times10^4$，$\lg K^{\ominus}_{稳}=21.3$。

Fe^{2+} 与邻二氮杂菲反应为

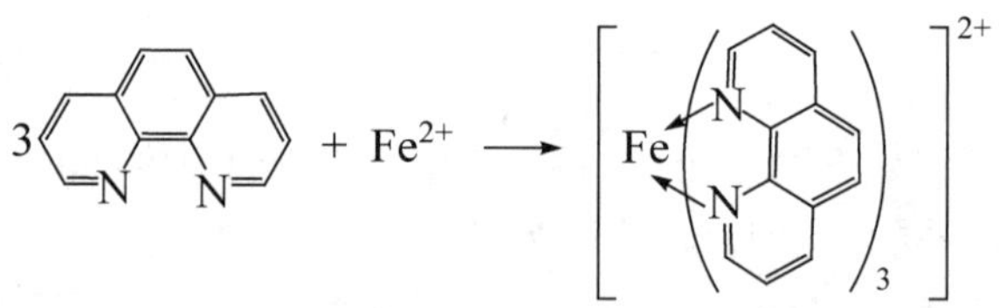

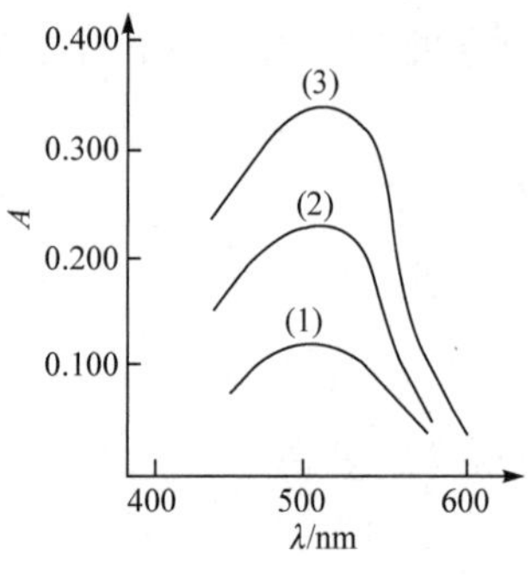

图 4.4　邻二氮杂菲亚铁溶液的吸收曲线

3. 条件

(1) 显色反应的条件包括：显色剂的用量、溶液的酸度、显色温度、显色时间、配合物的稳定性。这些条件需通过实验确定，本实验按实验步骤操作，不再选择。

(2) 测定条件包括：λ_{max}，A 为 0.2～0.8，参比溶液(本实验选空白溶液)。

三、仪器与试剂

(1) 仪器：分光光度计，移液管，吸量管，容量瓶，比色管。

(2) 试剂：100 $mg \cdot L^{-1}$ 铁标准溶液[准确称取 0.864 g 分析纯 $NH_4Fe(SO_4)_2 \cdot 12H_2O$ 于小烧杯中，先加入 10.0 mL 6.0 $mol \cdot L^{-1}$ HCl 溶液，再加去离子水溶解，然后定量转入 1000 mL 容量瓶中，稀释至刻度，摇匀]，10% $NH_2OH \cdot HCl$，0.1%邻二氮杂菲，1.0 $mol \cdot L^{-1}$ NaAc，6.0 $mol \cdot L^{-1}$ HCl，水样。

四、实验步骤

1. 铁标准溶液的配制

准确移取 10.00 mL 100 $mg \cdot L^{-1}$ 铁标准溶液，置于 100 mL 容量瓶中，加入 2.0 mL 6.0 $mol \cdot L^{-1}$

HCl 溶液，定容摇匀，此溶液含铁 10.0 mg · L^{-1}，供实验使用。

2. 标准系列及未知样溶液的配制

取 7 支 25 mL 比色管(依次编号为 0、1、2、3、4、5、6 号)，按表 4.5 所示用量，向 0～5 号比色管中，用吸量管分别依次加入铁标准溶液(10.0 mg · L^{-1})、$NH_2OH \cdot HCl$ 溶液、NaAc 溶液、邻二氮杂菲溶液，稀释至 25 mL，摇匀，放置 10 min，待测定。

取铁水样 5.00 mL 于 6 号比色管，按表 4.5 所示用量操作。

表 4.5　标准系列溶液和样品溶液的配制

溶液编号	0	1	2	3	4	5	6(样品)
V[铁标液(10.0 mg · L^{-1})]/mL	0.00	2.00	4.00	6.00	8.00	10.00	5.00
V($NH_2OH \cdot HCl$)/mL	1.00	1.00	1.00	1.00	1.00	1.00	1.00
V(NaAc)/mL	5.00	5.00	5.00	5.00	5.00	5.00	5.00
V(邻二氮杂菲)/mL	3.00	3.00	3.00	3.00	3.00	3.00	3.00

3. 吸光度的测定

(1) 绘制吸收曲线。用 1 cm 的比色皿，取 3 号溶液为测定液，0 号溶液为参比液，在波长 440～560 nm，每隔 5～10 nm 测定吸光度 *A*，数据填入表 4.6。

表 4.6　3 号溶液不同波长下的吸光度

λ/nm	440	460	480	500	505	508	510	512	515	520	540	560
A												

(2) 绘制标准曲线。选取 λ_{max} 为测定波长，用 1 cm 的比色皿，0 号溶液为参比，依次测定标准系列溶液的吸光度 *A*，数据填入表 4.7。

表 4.7　标准系列溶液和样品溶液的吸光度

溶液编号	1	2	3	4	5	6(样品)
A						

(3) 测定样品溶液吸光度 *A*。条件同标准系列溶液的测定，数据填入表 4.7。

五、实验数据记录与处理

(1) 绘制吸收曲线(A-λ)和标准曲线(A-c)。

(2) 求出未知试样铁的浓度(单位：mg · L^{-1})。

六、思考题

(1) 用邻二氮杂菲测定铁时，加入 $NH_2OH \cdot HCl$ 的作用是什么？

(2) 配制标准系列溶液和样品溶液时，能否任意改变加入试剂的顺序？为什么？

(3) 如果试液吸光度不在吸收曲线线性范围内，应如何处理？

实验 12　分光光度法测定水和废水中总磷

一、实验目的

(1) 学习用过硫酸钾消解水样的方法。

(2) 掌握分光光度计的使用。

(3) 掌握分光光度法测定水和废水中总磷的原理和方法。

二、实验原理

磷是生物生长的必需元素之一，但水体中磷含量过高(如超过 0.2 mg · L^{-1})，可造成藻类的过度繁殖，湖泊、河流透明度降低，水质变坏，产生富营养化。一般天然水中磷的含量不高，淡水和海水平均含量分别为 0.02 mg · L^{-1} 和 0.088 mg · L^{-1}。在一些化工行业，如化肥、冶炼、洗涤剂等企业的工业废水中常含有较大量磷。

在天然水和废水中，磷基本都以各种磷酸盐的形式存在，分别为正磷酸盐、缩合磷酸盐(焦磷酸盐、偏磷酸盐和多磷酸盐)和有机结合的磷酸盐。

总磷分析测定主要分两步进行：第一步水样的消化分解，目的是将水样中不同形态的磷转化成正磷酸盐；第二步测定正磷酸盐量，以求磷的总量。

消化处理水样可用的氧化剂有：过硫酸钾、硝酸-硫酸、硝酸-高氯酸等，本次实验采用过硫酸钾消解法。本方法具有操作简单、结果稳定的优点，适用于绝大多数的地表水和一部分工业废水的处理。对于污染严重的工业废水，则要采用氧化性更强的试剂，如 HNO_3-$HClO_4$ 或 HNO_3-H_2SO_4 等才能分解消解完全。

测定的方法有：钼锑抗钼蓝光度法、氯化亚锡钼蓝光度法以及离子色谱法等。

本实验采用过硫酸钾氧化-钼锑抗钼蓝光度法测定总磷。在微沸(最好在高压釜内经 120℃加热)条件下，过硫酸钾将试样中不同形态的磷氧化为磷酸根。磷酸根在硫酸介质中同钼酸铵生成磷钼杂多酸。反应式如下：

$$K_2S_2O_8 + H_2O \longrightarrow KHSO_4 + O_2$$

$$P(\text{各种形态的磷}) + O_2 \longrightarrow PO_4^{3-}$$

$$PO_4^{3-} + 12\,MoO_4^{2-} + 24\,H^+ + 3\,NH_4^+ = (NH_4)_3PO_4 \cdot 12MoO_3 + 12\,H_2O$$

生成的磷钼杂多酸可用抗坏血酸还原，生成蓝色的低价钼的氧化物即钼蓝，生成钼蓝量与磷含量成正相关，以此测定水样中总磷。

钼锑抗钼蓝光度法采用中等强度还原剂抗坏血酸，可避免还原游离的钼酸铵，因而显色稳定，重现性好，灵敏度高。酒石酸锑钾可催化钼蓝反应，在室温下显色可较快完成。砷浓度大于 2.0 mg · L^{-1} 干扰测定，可用硫代硫酸钠除去。硫化物浓度大于 2.0 mg · L^{-1} 干扰测定，通氮气可以除去。铬浓度大于 50.0 mg · L^{-1} 干扰测定，用亚硫酸钠除去。

本方法最低检出浓度为 0.01 mg · L^{-1}。

三、仪器与试剂

(1) 仪器：分光光度计，比色管，锥形瓶。

(2) 试剂：5%过硫酸钾溶液，1∶1 H_2SO_4，3∶7 H_2SO_4，1.0 mol · L^{-1} H_2SO_4，1.0 mol · L^{-1}

NaOH，6.0 mol · L^{-1} NaOH，1%酚酞溶液(95%乙醇溶液)，10%抗坏血酸溶液，钼酸盐溶液(13.0 g 钼酸铵溶于 100 mL 去离子水中，另称取 0.35 g 酒石酸锑钾溶于 100 mL 去离子水中，在不断搅拌下，将钼酸铵溶液加入 300 mL 1 : 1 H_2SO_4 中，再加入酒石酸锑钾溶液，搅匀，储存于棕色瓶中，放置于暗处保存)，50.0 mg · L^{-1} 磷标准储备溶液[准确称取 0.2197 g 分析纯磷酸二氢钾(KH_2PO_4)于小烧杯中，加入 5.0 mL 1 : 1 H_2SO_4 及适量去离子水溶解，然后定量转入 1000 mL 容量瓶中定容，摇匀，此溶液含磷 50 mg · L^{-1}]，2.00 mg · L^{-1} 磷标准溶液(使用时配制)。

四、实验步骤

1. 样品预处理

移取适量水样(含磷不超过 30 μg)于 150～250 mL 锥形瓶中，加去离子水至 50 mL 左右，加几个玻璃珠，5.0 mL 5%过硫酸钾溶液，1.0 mL 3 : 7 H_2SO_4 溶液。加热微沸 30～40 min，至溶液体积 10 mL 为止，冷却，加 1～2 滴酚酞指示剂，边摇边滴加 NaOH 溶液至刚好变淡红色，再滴加 1.0 mol · L^{-1} H_2SO_4 使红色刚好褪去。然后转入 50 mL 比色管(若水样浑浊可过滤)，定容，摇匀。

2. 标准曲线的制作及水样的测定

在 7 支 50 mL 比色管中，用吸量管分别加入 0.00 mL、1.00 mL、2.00 mL、4.00 mL、6.00 mL 和 10.00 mL 的 2.00 mg · L^{-1} 磷标准溶液及适量水样溶液，各加入 1.0 mL 10%抗坏血酸溶液，摇匀，30 s 后再加 2.0 mL 抗坏血酸溶液，摇匀。然后加入 2.00 mL 钼酸盐溶液显色，立即摇匀。静置 15 min，用 3 cm 比色皿，以试剂空白为参比溶液，在 700 nm 下测量吸光度。绘制吸光度 A 对磷含量的标准曲线。

五、实验数据记录与处理

(1) 将实验数据填入自己设计的表格中，并绘制标准曲线。

(2) 求出试样溶液中磷的浓度(单位：mg · L^{-1})。

六、思考题

(1) 含磷量较少的水样，可否用塑料瓶盛装？

(2) 测定水样中可溶性正磷酸盐或可溶性总磷酸盐，如何处理水样？

实验 13　化学反应焓变的测定

一、实验目的

(1) 掌握简易热量计测定化学反应焓变的原理和方法。

(2) 学习数字温度计、秒表的使用。

二、实验原理

化学反应通常是在恒压条件下进行的，此时反应的热效应称为等压热效应。在化学热力学中则用反应体系焓 H 的变化 ΔH(简称焓变)来表示。对于放热反应，ΔH 为负值；对于吸热反应，ΔH 为正值。例如，在 298.2 K 温度下，1.0 mol 锌置换硫酸铜溶液 1.0 mol 铜离子时，放出 217 kJ 的热量，即反应 $Zn + Cu^{2+} \xlongequal{\quad} Zn^{2+} + Cu$ 的焓变 $\Delta H_{298.2} = -217\ kJ \cdot mol^{-1}$。

测定化学反应焓变的实验方法很多，本实验采用普通保温杯和精密温度计组成的简易热量计测量上述反应的焓变(图 4.5)。

上述反应在热量计中进行，所放出的热量除了使反应溶液的温度升高外，还使热量计的温度升高，因此反应产生的总热量 Q 可表示为

$$Q=(C_p+C'_p)\Delta T \tag{4-15}$$

式中：C_p 为热量计热容($J \cdot K^{-1}$)；C'_p 为溶液热容($J \cdot K^{-1}$)；ΔT 为反应前后的温度变化(K)。

热量计热容测定方法为：在热量计中先放入质量为 m(g)、温度为 T_1(一般为室温)的冷水，再放入相同质量、温度为 T_2 的热水，混合后水温为 T_3。已知水的比热容为 C，则热水放热量 $Q_1=Cm(T_2-T_3)$，冷水吸热量 $Q_2=Cm(T_3-T_1)$，热量计得到热量为 Q_1-Q_2，则热量计的热容 C_p 为

$$C_p=\frac{Cm(T_2-T_3)-Cm(T_3-T_1)}{T_3-T_1} \tag{4-16}$$

由于冷、热水混合后温度计不可能瞬时到达最高温度，需要一定时间才能升到最高温度，实验过程中可采用 5～15 s 内的基本稳定温度作为混合后的温度(T_3)。考虑热量与外界交换的损失，可使用外推法(图 4.6)得到混合后的温度(T_3)。利用式(4-16)可计算出热量计的热容 C_p。

锌与铜离子反应需几分钟的时间才能完成，热量计并非是绝热体系，热量计不可避免地会与环境发生少量的热交换，实际测量到的最高温度与应该达到的最高温度有一定的误差，可采用外推法(见图 4.6)适当地消除此误差。

外推法：在锌与铜离子反应(或冷热水混合)过程中，每隔一段时间记录一次温度，然后以温度为纵坐标，时间为横坐标，绘制温度与时间的变化曲线。将曲线上的 CB 线段延长，外推到与纵轴相交为 D 点，D 点表示的温度理应是热量计完全绝热时应该上升到的最高温度，A 点是初始温度。

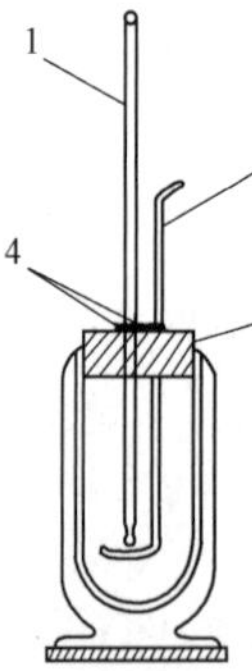

图 4.5　保温杯式简易热量计

1. 温度计；2. 搅拌棒；3. 塑料盖；4. 橡皮圈

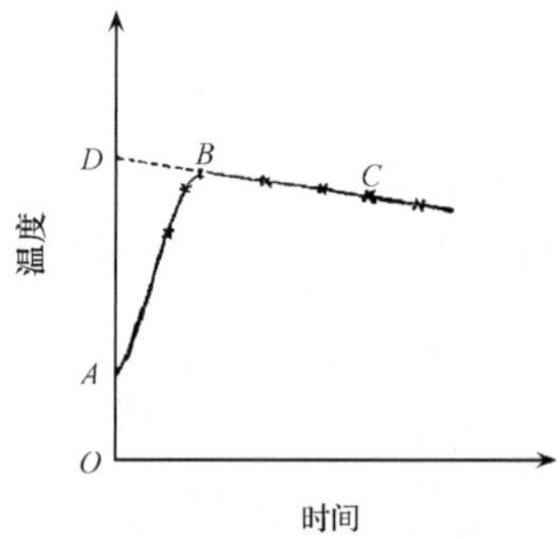

图 4.6　温度-时间曲线

溶液热容可用式(4-17)计算：

$$C'_p=CVd \tag{4-17}$$

式中：C 为溶液的比热容，在此实验中用纯水比热容($4.18\ J \cdot g^{-1} \cdot K^{-1}$)代替作近似计算；$V$ 为溶液的体积(mL)；d 为溶液的密度，在此实验中用水的密度($1.00\ g \cdot mL^{-1}$)代替作近似计算。

式(4-15)中的 ΔT 是通过外推法求得的，由式(4-15)可以求得反应中放出的总热量 Q。

在 $Zn + Cu^{2+} = Zn^{2+} + Cu$ 反应中，Zn 粉是过量的，根据反应中用的硫酸铜溶液的体积和浓度以及反应中放出的总热效应，可用式(4-18)求出上述反应的焓变 $\Delta_r H_m^{\ominus}$：

$$\Delta_r H_m^{\ominus} = \frac{Q}{cV \times 10^{-3}} \tag{4-18}$$

式中：V 为硫酸铜溶液体积(mL)；c 为硫酸铜溶液的浓度($mol \cdot L^{-1}$)；Q 为反应放出的总热量(kJ)。

三、仪器与试剂

(1) 仪器：分析天平，台秤，热量计，容量瓶，移液管，量筒，烧杯，磁力搅拌器。

(2) 试剂：$CuSO_4 \cdot 5H_2O$(s)，锌粉(s)。

四、实验步骤

实验前要对使用的两支温度计进行校对。将两支温度计插入同一盛水的烧杯中，几分钟后观察温度，记下两支温度计的差值。在以下的实验中均要考虑这个差值，从而消除温度计之间的差值引起的实验误差。

1. 测定热量计热容 C_p

用量筒量取 100.0 mL 自来水放入干燥的热量计中，盖好盖子并搅动(或磁力搅拌)，几分钟后观察温度，若连续 2 min 温度无变化，可认为已处于热平衡状态，记下此时温度 T_1。

用量筒量取 100.0 mL 水注入一烧杯中并加热，当温度高于冷水温度 20℃时停止加热，静置半分钟，观察此热水温度 T_2，当读出准确温度 T_2 后，迅速将热水倒入热量计中，盖好盖子并搅动(或磁力搅拌)，在倒热水的同时按动秒表，每 5 s 记录一次温度，连续记录 2～3 min，数据填入表 4.8。

表 4.8　冷、热水混合后温度随时间的变化

时间 t/s									
温度 T/K									

2. 测定锌粉与硫酸铜溶液的反应焓变

(1) 用台秤称取 3 g 锌粉。

(2) 0.2 $mol \cdot L^{-1}$ 硫酸铜溶液的配制。用分析天平准确称取 12～13 g $CuSO_4 \cdot 5H_2O$(小数点后只要求 3 位有效数字)于烧杯中，加入 20～40 mL 去离子水，用玻璃棒搅拌，使硫酸铜完全溶解，定量转入 250 mL 容量瓶中，稀释至刻度，摇匀。

(3) 将热量计中的水倒出，用吸水纸擦干热量计。用移液管准确移取 100 mL 硫酸铜溶液于热量计中，盖好盖子，缓慢搅动(或磁力搅拌)，至溶液与热量计达热平衡，温度保持恒定后记录该温度 T_4。

(4) 将 3 g 锌粉迅速倒入热量计中，立即盖好盖子并用热量计上的搅拌棒搅动(或磁力搅拌)，在倒入锌粉的同时按动秒表，每隔 15 s 记录一次温度，温度上升到最高点后每 30 s 记录一次温度，继续测定 3 min，数据填入表 4.9。

表 4.9　锌与硫酸铜溶液反应时温度随时间的变化

时间 t/s								
温度 T/K								

五、实验数据记录与处理

1. 热量计热容测定

根据表 4.8 数据，按式(4-16)计算热量计热容 C_p(可采用外推法求出 T_3)。

表 4.10　热量计热容的测定

冷水温度 T_1/K	
热水温度 T_2/K	
冷热水混合后温度 T_3/K	
$m_{冷水}$ /g	
$m_{热水}$ /g	
水的比热容 C/(J · g^{-1} · K^{-1})	
热量计热容 C_p/(J · K^{-1})	

2. 锌粉与硫酸铜溶液的反应焓变

(1) 绘制反应时间与温度变化的关系曲线，采用外推法求出 T_5。

(2) 反应焓变的测定数据填入表 4.11，根据表 4.11 数据，按式(4-15)、式(4-16)、式(4-18)计算反应放出的热量 Q 及反应焓变。

表 4.11　反应焓变的测定

反应前溶液的温度 T_4/K	
反应后溶液的温度 T_5/K	
$\Delta T=(T_5-T_4)$/K	
$m(CuSO_4 \cdot 5H_2O)$/g	
$c(CuSO_4)$/(mol · L^{-1})	
V($CuSO_4$ 溶液)/mL	
溶液的密度 d/(g · mL^{-1})	
溶液的比热容 C/(J · g^{-1} · K^{-1})	
溶液的热容 C'_p/(J · K^{-1})	
反应放出的总热量 Q/J	
反应焓变 $\Delta_r H_m^\ominus$ /(kJ · mol^{-1})	

六、思考题

(1) $CuSO_4 \cdot 5H_2O$ 晶体要用分析天平称量，而锌粉为何用台秤称取？

(2) 配制 0.2 mol · L^{-1} 硫酸铜溶液时，称取 $CuSO_4 \cdot 5H_2O$ 晶体到几位有数字即可？是否有

必要称准到 0.0001 g?

(3) ΔT 为什么不取反应后溶液升高到的最高温度作为温度的上限值，而采用温度对时间的外推法求得？

实验 14　化学反应速率与活化能的测定

一、实验目的

(1) 了解浓度、温度和催化剂对反应速率的影响。

(2) 测定过二硫酸铵与碘化钾反应的平均反应速率，并计算反应速率常数及反应级数。

(3) 测定不同温度下的反应速率常数并计算反应的活化能。

(4) 学习数据处理的一般方法及作图方法。

二、实验原理

1. 基本原理

化学反应速率是以单位时间内反应物浓度或生成物浓度的改变量来计算的。例如，在水溶液中过二硫酸铵与碘化钾反应的离子方程式为

$$S_2O_8^{2-} + 3\,I^- = 2\,SO_4^{2-} + I_3^-$$

对于 $S_2O_8^{2-}$ 反应速率为

$$v = -\Delta[S_2O_8^{2-}]/\Delta t \tag{4-19}$$

为了测定过二硫酸根浓度的改变量 $\Delta[S_2O_8^{2-}]$，在混合 $(NH_4)_2S_2O_8$ 与 KI 溶液时，以淀粉为指示剂，同时加入一定体积已知浓度的 $Na_2S_2O_3$ 溶液，则在 $S_2O_8^{2-}$ 和 I^- 进行反应的同时，也进行如下反应：

$$2\,S_2O_3^{2-} + I_3^- = S_4O_6^{2-} + 3\,I^-$$

$S_2O_3^{2-}$ 和 I_3^- 的反应进行得很快，几乎瞬间完成，于是 $S_2O_8^{2-}$ 和 I^- 生成的 I_3^- 立即与 $S_2O_3^{2-}$ 反应生成 $S_4O_6^{2-}$ 和 I^-，而不会使淀粉变蓝。但当 $Na_2S_2O_3$ 反应完后，生成的 I_3^- 就与淀粉作用而呈蓝色。

从上述反应式可以看出，$S_2O_8^{2-}$ 浓度减少的量总是等于 $S_2O_3^{2-}$ 减少量的一半，即 $\Delta[S_2O_8^{2-}]=\frac{1}{2}\Delta[S_2O_3^{2-}]$。因此，$S_2O_8^{2-}$ 在 Δt 时间内的变化量可由 $S_2O_3^{2-}$ 的变化量求出，进而求出平均反应速率 $\bar{v}$ 。

另外，对 $S_2O_8^{2-}$ 和 I^- 的反应而言，其反应速率方程式可表示为

$$v = k[S_2O_8^{2-}]^m[I^-]^n$$

$$v = -\frac{\Delta[S_2O_8^{2-}]}{\Delta t} = k[S_2O_8^{2-}]^m[I^-]^n \tag{4-20}$$

式中：v 为反应速率(实际为平均速率)；k 为某温度下的速率常数；m、n 分别为对 $S_2O_8^{2-}$ 和 I^- 的反应级数。式(4-20)两边取对数得

$$\lg v = m\lg[S_2O_8^{2-}] + n\lg[I^-] + \lg k \tag{4-21}$$

当$[I^-]$不变时，以 $\lg v$ 为纵坐标、$\lg[S_2O_8^{2-}]$为横坐标作图，可得一直线，斜率为 m。当$[S_2O_8^{2-}]$不变时，以 $\lg v$ 为纵坐标、$\lg[I^-]$为横坐标作图，也可得一直线，斜率为 n。此反应的反应级数则为 $m+n$。将求得的 m 和 n 代入式(4-20)，即可求得反应速率常数 k。

2. 温度对反应速率有显著影响

温度对化学反应速率有显著影响。反应速率常数 k 与反应温度 T 有以下关系：

$$\lg k = \lg A - \frac{E_a}{2.303RT} \tag{4-22}$$

式中：E_a为反应的活化能；R 为摩尔气体常量；T 为反应温度(K)。

在不同的温度下测定反应速率 v，按式(4-20)求得不同温度下的 k 值。以 $\lg k$ 为纵坐标、$1/T$ 为横坐标作图，可得一直线。由直线的斜率$\left(-\dfrac{E_a}{2.303R}\right)$便可求出反应的活化能 E_a。

另外，催化剂的存在可以显著地改变反应速率。

三、仪器与试剂

(1) 仪器：烧杯，吸量管，量筒，秒表，温度计，电磁搅拌器。

(2) 试剂：0.20 mol · L^{-1} $(NH_4)_2S_2O_8$，0.20 mol · L^{-1} KI，0.010 mol · L^{-1} $Na_2S_2O_3$，0.20 mol · L^{-1} KNO_3，0.20 mol · L^{-1} $(NH_4)_2SO_4$，0.020 mol · L^{-1} $Cu(NO_3)_2$，0.2%淀粉溶液。

四、实验步骤

1. 浓度对化学反应速率的影响

在室温下用 3 个量筒(每种试剂所用量筒都贴上标签，以免混乱)，分别量取 20.0 mL 0.20 mol · L^{-1} KI 溶液、8.0 mL 0.010 mol · L^{-1} $Na_2S_2O_3$ 溶液和 2.0 mL 0.2%淀粉溶液，倒入 100 mL 烧杯中(烧杯尽可能干燥)。将烧杯放在电磁搅拌器上，加入磁子，打开电磁搅拌器，调节搅拌速度。再用另一量筒量取 20.0 mL 0.20 mol · L^{-1} $(NH_4)_2S_2O_8$ 溶液，迅速倒入烧杯中，同时按动秒表。当溶液刚出现蓝色时，立即停表，记录反应时间和室温。

用同样方法按表 4.12 用量进行另外六次实验。为了使每次实验中的溶液离子强度及总体积保持不变，所减少的 KI 或$(NH_4)_2S_2O_8$的用量可以分别用 0.20 mol · L^{-1} KNO_3 和 0.20 mol · L^{-1} $(NH_4)_2SO_4$ 溶液补充。将实验数据填入表 4.12。

表 4.12　浓度对化学反应速率的影响

实验编号		Ⅰ	Ⅱ	Ⅲ	Ⅳ	Ⅴ	Ⅵ	Ⅶ
试剂用量/mL	0.20 mol · L^{-1} $(NH_4)_2S_2O_8$	5.0	10.0	15.0	20.0	20.0	20.0	20.0
	0.20 mol · L^{-1} KI	20.0	20.0	20.0	20.0	15.0	10.0	5.0
	0.010 mol · L^{-1} $Na_2S_2O_3$	8.0	8.0	8.0	8.0	8.0	8.0	8.0
	0.2%淀粉溶液	2.0	2.0	2.0	2.0	2.0	2.0	2.0
	0.20 mol · L^{-1} KNO_3	0.0	0.0	0.0	0.0	5.0	10.0	15.0
	0.20 mol · L^{-1} $(NH_4)_2SO_4$	15.0	10.0	5.0	0.0	0.0	0.0	0.0

续表

实验编号		Ⅰ	Ⅱ	Ⅲ	Ⅳ	Ⅴ	Ⅵ	Ⅶ
混合液中反应物起始浓度/(mol · L^{-1})	$c[(NH_4)_2S_2O_8]$/(mol · L^{-1})							
	c(KI)/(mol · L^{-1})							
	$c(Na_2S_2O_3)$/(mol · L^{-1})							
反应时间 Δt/s								
$\Delta[S_2O_8^{2-}]$/(mol · L^{-1})								
反应速率 v/(mol · L^{-1} · s^{-1})								

2. 温度对化学反应速率的影响

按表 4.12 中实验Ⅵ的用量，把 KI、$Na_2S_2O_3$、KNO_3 和淀粉溶液倒入 100 mL 烧杯中，把 $(NH_4)_2S_2O_8$ 溶液倒入另一个小烧杯中，然后将它们同时放入热水浴中加热。待试液的温度高于室温 10 K 时，将 $(NH_4)_2S_2O_8$ 溶液迅速倒入盛有 $Na_2S_2O_3$ 等温溶液的烧杯中，同时计时并不断搅拌，当溶液刚出现蓝色时，记录反应时间。

利用热水浴在高于室温 20 K 的条件下，重复上述实验，记录反应时间。将此两次数据和实验Ⅵ的实验数据填入表 4.13 中进行比较。

表 4.13　温度对化学反应速率的影响

实验编号	Ⅵ	Ⅷ	Ⅸ
反应温度 T/K			
反应时间 Δt/s			
反应速率 v/(mol · L^{-1} · s^{-1})			

3. 催化剂对化学反应速率的影响

按表 4.12 实验Ⅵ用量，把 KI、$Na_2S_2O_3$、KNO_3 和淀粉溶液倒入 100 mL 烧杯中，再加入 2 滴 0.020 mol · L^{-1} $Cu(NO_3)_2$ 溶液，搅拌。然后迅速加入 $(NH_4)_2S_2O_8$ 溶液，同时开始计时。将数据填入表 4.14，与不加 $Cu(NO_3)_2$ 试剂的反应Ⅵ的反应速率进行比较，做出结论。

表 4.14　催化剂对化学反应速率的影响

实验编号	Ⅵ	Ⅹ
有无催化剂	无	有
反应时间 Δt/s		
反应速率 v/(mol · L^{-1} · s^{-1})		

五、实验数据记录与处理

(1) $S_2O_8^{2-}$ 初始浓度对反应速率的影响。

由实验Ⅰ、Ⅱ、Ⅲ、Ⅳ(表 4.12)，以 $-\lg[S_2O_8^{2-}]$ 为横坐标，以 $-\lg v$ 为纵坐标作图，得一直线，其斜率为 $m =$ ____，即该反应对 $S_2O_8^{2-}$ 为_____级反应。

(2) I^- 初始浓度对反应速率的影响。

由实验Ⅳ、Ⅴ、Ⅵ、Ⅶ(表 4.12)，以$-\lg[I^-]$为横坐标，以$-\lg v$为纵坐标作图，同样得一直线，其斜率为 $n=$____，即该反应对 I^-为_____级反应。

(3) 该反应为 $m+n=$_____级反应。

(4) 由实验Ⅰ～Ⅶ的数据，将求得的 m、n 代入式(4-20)，可分别求得反应速率常数 k，其平均值$\bar{k}=$_____。具体数据填入表 4.15。

表 4.15　速率常数的计算

实验编号	Ⅰ	Ⅱ	Ⅲ	Ⅳ	Ⅴ	Ⅵ	Ⅶ
$-\lg[S_2O_8^{2-}]$							
$-\lg[I^-]$							
$-\lg v$							
k							
$\bar{k}$							

注：k 的单位由学生自己写出

(5) 温度对反应速率的影响。

由实验Ⅵ、Ⅷ、Ⅸ(表 4.13)，将 m 和 n 值代入式(4-20)，可分别求得在各温度下的反应速率常数 k。数据填入表 4.16。以 $1/T\times10^{-3}$ 为横坐标、$-\lg k$ 为纵坐标作图，得到直线的斜率为 $S=$____。由 $S=\dfrac{E_a}{2.303R}$，求得活化能 $E_a=$____$\text{kJ}\cdot\text{mol}^{-1}$。

表 4.16　活化能的计算

实验编号	Ⅵ	Ⅷ	Ⅸ
T/K			
$\dfrac{1}{T}/\text{K}^{-1}$			
k			
$\lg k$			

(6) 由实验Ⅵ、Ⅹ(表 4.14)可见，在加入催化剂后反应速率明显变_____。

六、思考题

(1) 若不用$S_2O_8^{2-}$而用 I^-或 I_3^- 的浓度来表示反应速率，则反应速率常数 k 是否一样？k 的单位是什么？

(2) 为什么可以由反应液出现蓝色的时间长短来计算反应速率？反应液出现蓝色后，反应是否就终止了？

(3) $Na_2S_2O_3$溶液的浓度是否是任意的？如不是则其最大浓度应为多少？

实验 15　排放水中微量铜的测定

一、实验目的

(1) 掌握原子吸收光谱分析法的基本原理。

(2) 了解原子吸收分光光度计的构造及使用。

(3) 学习电镀排放水中微量铜的测定方法。

二、实验原理

原子通常处于稳定状态(基态)，当原子受到外界能量(光能、电能、热能)作用时，核外电子吸收能量从基态跃迁到不同的激发态，且满足 $\Delta E = h\nu = h\frac{c}{\lambda}$，激发态原子不稳定，极短时间内(约 10^{-8} s)又跃回到基态，放出一定能量的光，仍满足 $\Delta E = h\nu = h\frac{c}{\lambda}$。

基态与第一激发态之间跃迁产生的谱线称共振线。共振线又分为共振发射线和共振吸收线，因基态与第一激发态之间跃迁最易进行，因此共振线是元素最灵敏的谱线。各种元素的原子结构和外层电子排布不同，不同元素共振线波长也不同，因此共振线又是元素的特征谱线，如铜为 324.8 nm，镁为 285.2 nm，锌为 213.9 nm，镍为 232.0 nm。

原子吸收光谱法是将待测的试样溶液变成原子蒸气，当特征谱线的光通过原子蒸气时，待测元素的基态原子要吸收一定能量的光，光的强度减弱，由此可测定待测元素的含量。

每种元素的原子蒸气对光源辐射出的特征谱线的吸收程度与试液中待测元素的浓度成正比，符合朗伯-比尔定律。用 A-c 标准曲线法或标准加入法，可以求待测元素的含量。

原子吸收光谱仪一般由五部分组成：光源、原子化系统、分光系统、检测系统和读数系统。

三、仪器与试剂

(1) 仪器：原子吸收分光光度计(备有铜的空心阴极灯 1 个)，无油空气压缩机，乙炔供气装置，容量瓶，吸量管。

(2) 试剂：100.0 mg · L^{-1} 铜标准溶液(0.2000 g 光谱纯铜溶于 15 mL 6.0 mol · L^{-1} HNO_3 中，然后定量转入 2000 mL 容量瓶，用去离子水稀释至刻度，摇匀，此溶液含铜 100.0 mg · L^{-1})，6.0 mol · L^{-1} HNO_3，2.0 mol · L^{-1} HNO_3，6.0 mol · L^{-1} HCl，1.0 mol · L^{-1} HCl，二次去离子水。

四、实验步骤

1. 工作条件的设置

吸收线波长 324.8 nm，灯电流 4 mA，狭缝宽度 0.1 mm，原子化器高度 6 mm，空气、乙炔流量适当。

2. 标准曲线的绘制

吸取 100.0 mg · L^{-1} 铜标准溶液 0.00 mL、1.00 mL、2.00 mL、3.00 mL、4.00 mL 分别置于 5 个 100.00 mL 容量瓶中(编号为 0、1、2、3、4 号)，各加入 5.0 mL 6.0 mol · L^{-1} HCl，用去离子水稀释至刻度，摇匀。用 0 编号溶液调节 A 为零，测定各溶液中铜的吸光度 A。数据填入表 4.17 中。

表 4.17　溶液吸光度 A 的测定

溶液编号	1	2	3	4	水样
Cu 标液(100 mg · L^{-1})体积/mL	1.00	2.00	3.00	4.00	
Cu 标液浓度/(mg · L^{-1})	1.00	2.00	3.00	4.00	
吸光度 A					

3. 排放水中铜的测定

(1) 取样。用硬质玻璃瓶或聚乙烯瓶取样。取样瓶先用 2.0 mol · L^{-1} HNO_3 浸泡一昼夜，再用去离子水洗净。取样时，先用水样将瓶润洗两三次，然后装入水样。

(2) 试液的制备。移取适量水样于 100 mL 容量瓶中，加 5.0 mL 6.0 mol · L^{-1} HCl，用去离子水稀释至刻度，摇匀。如水样有浑浊，应用快速定量干滤纸过滤(滤纸应事先用 1.0 mol · L^{-1} HCl 洗过，并用去离子水洗净，晾干)。

(3) 测定。取制备试液，按仪器操作条件，用空白(0 号溶液)调零，测定铜的吸光度 A。

五、实验数据记录与处理

绘制标准曲线 A-c，根据水样吸光度，查出 Cu 元素的含量 c_x，再根据水样体积 $V_{水样}$ 计算 Cu 元素在原水样中的浓度(mg · L^{-1})。

六、思考题

(1) 用原子吸收光谱分析法测定不同的元素时，对光源有什么要求？

(2) 从这个实验了解到原子吸收光谱分析法的优点在哪里？如果用分光光度法测定水样中的铜含量，与本方法比较，有何优缺点？

实验 16　气相色谱法分析苯系物

一、实验目的

(1) 掌握色谱分析法的基本原理及操作。

(2) 掌握保留值的测定及用保留值进行定性的方法。

(3) 了解应用色谱图计算分离度 R，学习用归一化法计算各组分的含量。

二、实验原理

苯系物是指苯、甲苯、乙苯、二甲苯(包括对位、间位和邻位异构体)乃至异丙苯、三甲苯等。苯系物是重要的化工原料和工业溶剂，也是环境污染物质。过量吸入苯系物蒸气将引起中毒，诱发白血病和再生障碍性贫血。一般用气相色谱方法进行苯系物检测分析。

在固定色谱条件(色谱柱、柱温、载气流速)下，某一组分的流出时间不受其他组分的影响。

有纯样品时，直接对照保留时间(记录纸速固定时，对照峰的位置)即可确定试样的化学组成。由于在同一柱上不同的组分可能有相同的保留时间，因此在鉴定时往往要用到两种以上不同极性固定液配成的柱子。

有关保留值测定的计算公式如下：

调整保留时间　$$t'_R = t_R - t_M \tag{4-23a}$$

保留体积　$$V_R = t_R F_0 \tag{4-23b}$$

调整保留体积　$$V'_R = V_R - V_M \text{ 或 } V'_R = t'_R F_0 \tag{4-24}$$

相对保留值　$$r_{21} = \frac{t'_{R(2)}}{t'_{R(1)}} = \frac{V'_{R(2)}}{V'_{R(1)}} \quad (\text{以苯为基准}) \tag{4-25}$$

分离度是从色谱峰判断相邻两组分在色谱柱中总分离效能的指标，用 R 表示，其定义为相邻两峰保留时间之差与两峰峰底宽度之和的一半的比值，即

$$R = \frac{t_{R(2)} - t_{R(1)}}{\frac{1}{2}[W_{b(2)} + W_{b(1)}]} \tag{4-26}$$

检测器产生信号 E(一般以 mV 计)的大小与进入检测器的某组分的量(单位为 mg 或 mL)或浓度 c(单位为 $mg \cdot mL^{-1}$ 或 $mol \cdot mL^{-1}$)成正比，即 $E = sc$ 或 $s = E/c$，s 称为检测器对此组分的响应值(也称灵敏度)。

在一定操作条件下，物质的量(m_i)与响应讯号(峰面积 A_i)成正比，即

$$m_i = f_i A_i$$

式中：f_i 为绝对质量校正因子，是响应值 s 的倒数，即 $f = 1/s$，其物理意义是相当于单位峰面积的某组分的质量。在定量分析中都是用相对校正因子(f'_i)，其测定方法为称取一定量的纯待测物 m_i 和纯标准物 m_s，混匀后取适量进样，得到的峰面积分别为 A_i 和 A_s，于是待测物相对于纯标准物的相对质量校正因子可按下式求得

$$f'_i = \frac{f_i}{f_s} = \frac{A_s m_i}{A_i m_s} \tag{4-27}$$

热导池检测器常用的标准物质是苯，而氢火焰离子化检测器常用的是正庚烷。各物质的校正因子可从文献中查得，查不到时需要自己测定，本实验也学习相对质量校正因子的测量。

三、仪器与试剂

(1) 仪器：气相色谱仪，色谱工作站，1 μL 微量注射器，载气钢瓶(用热导池检测器时只需 H_2，用氢火焰离子化检测器时需 N_2、H_2 和空气)。

(2) 试剂：苯，甲苯，乙苯，苯的混合物，混合标样等。

四、实验步骤

1. 气相色谱仪的准备

参考热导池或氢火焰离子化检测器操作方法及仪器工作条件(表 4.18)启动仪器，待基线平

稳后即可进行分析。

表 4.18　仪器操作条件

检测器	热导池检测器	氢火焰离子化检测器
柱温/℃	90	90
检测器温度/℃	120	150
气化室温度/℃	150	150
载气流速/($mL \cdot min^{-1}$)	H_2，30	N_2，25；燃气 H_2，40
桥电流/mA	110	
纸速/($mm \cdot h^{-1}$)	600	600
进样量/μL	1.0	0.5～1.0

2. 苯系物分析

(1) 用 1 μL 微量注射器分别取纯苯、甲苯和乙苯各 1.0 μL 进样，记录各色谱峰保留时间，数据填入表 4.19，进行定性分析。

表 4.19　各组分的保留值

组分	空气	苯	甲苯	乙苯
保留时间 t_R/s				
调整保留时间 t'_R /s				
保留体积 V_R/mL				
调整保留体积 V'_R /mL				
相对保留值 r_{21}(以苯为基准)				

(2) 用另一支 1 μL 微量注射器取混合标样 1.0 μL 进样，记录各峰的峰面积和保留时间，数据填入表 4.20，以苯为标准物，计算各组分的相对质量校正因子。

表 4.20　各组分峰面积、相对质量校正因子和含量

组分	苯	甲苯	乙苯
标样峰面积/cm^2			
相对质量校正因子 f'	1.0		
试样峰面积/cm^2			
分离度 R			
百分含量/%			

(3) 用另一支 1 μL 微量注射器取未知试样 1.0 μL 进样，记录各峰的峰面积和保留时间，数据填入表 4.20，然后计算未知样品中各组分的含量。

(4) 重复测定两三次，取其平均值。实验结束后按顺序关机。

五、实验数据记录与处理

(1) 计算各组分的保留值并填入表 4.19。

(2) 计算各组分的相对质量校正因子 f' 、分离度 R 和百分含量并填入表 4.20。

六、思考题

(1) 保留值在色谱定性、定量分析中有什么意义?

(2) 分离度的意义是什么?如何从测得的相邻两组分的分离度判断其分离情况?

第5章　定 量 分 析

实验17　盐酸标准溶液的配制和标定

一、实验目的

(1) 掌握盐酸溶液标定原理和方法。

(2) 掌握酸碱指示剂的变色原理、指示剂选择的原则，了解混合指示剂的作用。

(3) 巩固差减法称量操作，进一步掌握滴定操作。

二、实验原理

由于浓盐酸容易挥发，不能直接配制准确浓度的标准溶液，只能先配制成近似浓度的溶液，然后用基准物质标定其准确浓度；或者用另一已知准确浓度的 NaOH 标准溶液滴定该盐酸溶液(这种方法误差偏大)。标定盐酸溶液的基准物质有无水碳酸钠(Na_2CO_3)和硼砂($Na_2B_4O_7 \cdot 10H_2O$)。无水碳酸钠易吸收空气中的水分，先将其置于 270～300℃烘箱中烘干至恒量，然后保存于干燥器中备用。无水碳酸钠标定盐酸标准溶液的反应式为

$$Na_2CO_3 + 2\,HCl \xlongequal{\quad} 2\,NaCl + CO_2\uparrow + H_2O$$

化学计量点的 pH=3.89，选甲基橙(变色 pH 范围 3.1～4.4)为指示剂，终点颜色为黄色变为橙色；也可选用溴甲酚绿-二甲基黄混合指示剂(变色点 pH=3.9，呈黄色，酸色是橙色，碱色是绿色)指示终点，其终点的颜色变化为由绿色(或亮绿色)变为亮黄色，根据 Na_2CO_3 的质量和消耗的 HCl 体积，可以计算出盐酸的浓度 c(HCl)。

硼砂易于制得纯品，吸湿性小，摩尔质量大，但由于含有结晶水，当空气中相对湿度小于 39% 时，有明显的风化而失水的现象，常保存在相对湿度为 60%(蔗糖和食盐的饱和溶液)的恒温器中。硼砂标定盐酸溶液的反应式为

$$Na_2B_4O_7 \cdot 10H_2O + 2\,HCl \xlongequal{\quad} 4\,H_3BO_3 + 2\,NaCl + 5\,H_2O$$

化学计量点的 pH 约为 5.1，可选用甲基红作指示剂。

由于硼砂保存困难，本实验采用无水碳酸钠为基准物质标定盐酸溶液浓度。

三、仪器与试剂

(1) 仪器：酸式滴定管，分析天平，锥形瓶，烧杯，量筒。

(2) 试剂：浓 HCl，基准 Na_2CO_3(s)，0.1%甲基橙，溴甲酚绿-二甲基黄混合指示剂(四份 0.2%溴甲酚绿乙醇水溶液与一份 0.2%二甲基黄乙醇水溶液混合)。

四、实验步骤

1. 0.1 $mol \cdot L^{-1}$ HCl 溶液的配制

根据配制 HCl 溶液的体积，在通风橱中用量筒量取一定量浓 HCl，倒入预先装有适量去

离子水的试剂瓶中，并加去离子水稀释至一定体积，摇匀。

2. 0.1 mol · L^{-1} HCl 溶液的标定

用差减法准确称取 3 份基准 Na_2CO_3，每份 0.12～0.20 g，分别置于 250 mL 锥形瓶中，各加 20～30 mL 去离子水，使之溶解(可微热)，然后加 1～2 滴甲基橙指示剂(或 4～6 滴溴甲酚绿-二甲基黄混合指示剂)，用 HCl 溶液滴定至橙色，即为终点。实验数据填入表格中，求得 HCl 溶液的浓度，要求其相对平均偏差≤0.2%，否则需重新标定。

五、实验数据记录与处理

将 0.1 mol · L^{-1} HCl 溶液标定的数据填入表 5.1 中，计算 HCl 溶液的浓度。

表 5.1 0.1 mol · L^{-1} HCl 溶液的标定

实验编号	Ⅰ	Ⅱ	Ⅲ
$m(Na_2CO_3)$/g			
HCl 溶液终读数/mL			
HCl 溶液初读数/mL			
V(HCl)/mL			
c(HCl)/(mol · L^{-1})			
$\bar{c}$ (HCl)/(mol · L^{-1})			
绝对偏差/(mol · L^{-1})			
平均偏差/(mol · L^{-1})			
相对平均偏差/%			

六、思考题

(1) 浓盐酸和去离子水用何种量器取？配盐酸溶液时，用容量瓶还是试剂瓶配溶液？

(2) 配制 0.1 mol · L^{-1} HCl 溶液 800 mL，需浓 HCl 多少毫升？

(3) 标定盐酸溶液时，为什么一般选用基准碳酸钠，而不用硼砂？若基准 Na_2CO_3 保存不当，吸收少量水分，标定 HCl 浓度时，对结果有何影响？

(4) 选溴甲酚绿-二甲基黄混合指示剂有什么优点？

(5) 酸的标准溶液是否可用浓硫酸配制？

实验 18 混合碱中各组分含量的测定

一、实验目的

(1) 掌握用双指示剂法测定混合碱中各组分含量的原理和方法。

(2) 学习滴定管、移液管的使用。

二、实验原理

混合碱主要含有 NaOH、Na_2CO_3、$NaHCO_3$ 等，混合物组成有 NaOH 和 Na_2CO_3、$NaHCO_3$

和 Na_2CO_3 两种存在形式。测定混合碱中各组分含量主要有“双指示剂法”和 $BaCl_2$ 法，本实验主要介绍“双指示剂法”，此法方便、快速，在生产中应用普遍。

NaOH 是强碱，Na_2CO_3 是二元弱碱，已知 CO_3^{2-} 的 $K_{b_1}^{\ominus}=1.8\times10^{-4}$，$K_{b_2}^{\ominus}=2.4\times10^{-8}$，$K_{b_1}^{\ominus}/K_{b_2}^{\ominus}\approx10^4$，故可用 HCl 分步滴定 Na_2CO_3。第一化学计量点终点产物为 $NaHCO_3$，pH=8.31；第二化学计量点产物为 CO_2 和 H_2O，pH=3.89。在测定混合碱中各组分的含量时，可以在同一份试液中用两种不同的指示剂来进行测定，这种测定方法即“双指示剂法”。

常用的两种指示剂是酚酞和甲基橙。在试液中先加酚酞，用 HCl 标准溶液滴定至红色刚刚褪去。由于酚酞的变色范围为 pH=8～10，此时若有 NaOH，则完全被中和成 NaCl，若有 Na_2CO_3 也被滴定成 $NaHCO_3$，记下此时 HCl 标准溶液的耗用量 V_1，反应式如下：

$$NaOH + HCl \xlongequal{\quad} NaCl + H_2O$$

$$Na_2CO_3 + HCl \xlongequal{\quad} NaHCO_3 + NaCl$$

再加入甲基橙指示剂，此时溶液呈黄色，用 HCl 标准溶液继续滴定至溶液呈橙色，此时 $NaHCO_3$ 被滴定成 CO_2 和 H_2O，此时又消耗 HCl 标准溶液体积为 V_2(也可用溴甲酚绿-二甲基黄混合指示剂，加 4～6 滴，终点颜色由绿色变为亮黄色)，反应式如下：

$$NaHCO_3 + HCl \xlongequal{\quad} NaCl + H_2O + CO_2\uparrow$$

根据 V_1、V_2 消耗体积的关系，首先可以判断混合碱的组成，并进一步可以计算各组分的含量。

三、仪器与试剂

(1) 仪器：分析天平，称量瓶，酸式滴定管，锥形瓶，移液管。

(2) 试剂：基准 $Na_2CO_3(s)$，浓 HCl，0.2%酚酞指示剂(乙醇溶液)，0.1%甲基橙，混合碱样品。

四、实验步骤

1. 0.1 mol · L^{-1} HCl 溶液的配制和标定

配制 500 mL HCl 溶液并标定，方法见实验 17，数据填入自行设计的表格中。

2. 混合碱的分析

(1) 固体混合碱分析。用差减法准确称取 0.8～1.0 g 混合碱试样(经 150℃下烘干 1 h 并在干燥器中冷却至室温)于小烧杯中，加 40～50 mL 水溶解，可微热使其完全溶解，冷却后，将溶液定量转入 250 mL 容量瓶中，用水稀释至刻度定容，摇匀。用移液管移取 25.00 mL 试液于 250 mL 锥形瓶中，加水 20～30 mL，加酚酞指示剂 1～2 滴，用 HCl 标准溶液滴定至溶液恰好由红色褪至无色，记下消耗 HCl 标准溶液的体积 V_1。再加入甲基橙指示剂 1～2 滴，继续用 HCl 标准溶液滴定至溶液由黄色变为橙色，又消耗的 HCl 溶液的体积记为 V_2。平行实验 3 次。

(2) 液体混合碱样品分析。用移液管移取 10.00 mL 试液于 250 mL 锥形瓶中(根据样品浓度量取体积)，加水 20～30 mL，酚酞指示剂 2～3 滴，用 HCl 标准溶液滴定至溶液恰好由红色褪至无色，记下消耗 HCl 标准溶液的体积 V_1。再加入甲基橙指示剂 1～2 滴，继续用 HCl 标准溶液滴定至溶液由黄色变为橙色，又消耗的 HCl 溶液的体积记为 V_2。平行实验 3 次。

按实验数据判断试样的组成并计算各组分的含量(固体样品用%表示，液体样品用 $mg \cdot L^{-1}$ 表示)。

五、实验数据记录与处理

(1) $0.1\ mol \cdot L^{-1}$ 盐酸溶液标定的数据填入自行设计表格中，并计算其浓度。

(2) 混合碱的测定数据填入自行设计的表格中，并计算各组分的含量。

六、思考题

(1) 用酚酞指示剂观察终点时，若 HCl 滴定过量，会对混合碱含量测定产生什么影响?

(2) 采用双指示剂法测定混合碱，用同一份溶液测定，试判断下列五种情况下混合碱的成分。

$$V_1=V_2;\ V_1>0,\ V_2=0;\ V_1=0,\ V_2>0;\ V_1<V_2;\ V_1>V_2$$

实验 19　有机酸摩尔质量的测定

一、实验目的

(1) 进一步巩固滴定操作及差减法称量操作。

(2) 掌握用邻苯二甲酸氢钾标定氢氧化钠溶液的原理和方法。

(3) 掌握用酸碱滴定法测定有机酸摩尔质量的方法。

二、实验原理

有机酸(乙二酸、酒石酸、柠檬酸、苯甲酸等)一般为弱酸，若有机酸易溶于水，且其离解常数 $K_a^{\ominus} \geqslant 10^{-7}$ 时，该有机酸符合准确滴定的要求，可用酸碱滴定法测定，滴定突跃范围在弱碱性内，可选用酚酞为指示剂，摩尔质量可以根据滴定反应进行计算。本实验要求准确测定乙二酸的摩尔质量。

1. NaOH 溶液标定原理

固体 NaOH 易吸收空气中的水分和 CO_2，因此 NaOH 标准溶液不能用直接法配制，只能用间接法(又称标定法)配制。标定基准物有邻苯二甲酸氢钾(分子式为 $KHC_8H_4O_4$，M_r=204.2，$K_{a_1}^{\ominus}=1.1\times10^{-3}$，$K_{a_2}^{\ominus}=3.9\times10^{-6}$)和乙二酸(分子式为 $H_2C_2O_4 \cdot 2H_2O$)等。一般选邻苯二甲酸氢钾(以 KHP 表示)，它与氢氧化钠的反应为

$$HC_8H_4O_4^- + OH^- = C_8H_4O_4^{2-} + H_2O$$

计量点 pH≈9.1，指示剂为酚酞。

2. 测定原理

乙二酸是二元弱酸，$K_{a_1}^{\ominus}=5.9\times10^{-2}$，$K_{a_2}^{\ominus}=6.4\times10^{-5}$，滴定时两个氢都被滴定，反应为

$$H_2C_2O_4 + 2\,OH^- = C_2O_4^{2-} + 2\,H_2O$$

计量点 pH≈8.2，指示剂为酚酞。

三、仪器与试剂

(1) 仪器：碱式滴定管，分析天平，容量瓶，移液管，锥形瓶，烧杯，台秤。

(2) 试剂：NaOH(s)，乙二酸(s)，0.2%酚酞，基准邻苯二甲酸氢钾(在 105～110℃干燥 1 h 后，放入干燥器中备用)。

四、实验步骤

1. 0.1 mol · L^{-1} NaOH 溶液配制

称取 3.2 g NaOH 于小烧杯中，加去离子水溶解(加新鲜或煮沸冷却除去 CO_2 的去离子水)，然后转入试剂瓶中，稀释至 800 mL，盖上橡胶塞，摇匀。

2. 0.1 mol · L^{-1} NaOH 溶液的标定

用差减法准确称取基准邻苯二甲酸氢钾 0.4～0.6 g 于 250 mL 锥形瓶中，用 30～40 mL 去离子水溶解，再滴入 2～3 滴酚酞，用氢氧化钠溶液滴定至溶液呈淡红色，在 30 s 内不褪色即为终点。平行测定 3 次。数据填入表 5.2，计算氢氧化钠溶液的准确浓度。

3. 乙二酸摩尔质量的测定

准确称取乙二酸 1.3～1.6 g 于小烧杯中，加去离子水溶解，然后定量转入 250 mL 容量瓶中，定容摇匀。再移取 25.00 mL 此溶液两份，分别置于 250 mL 锥形瓶中，滴入 2～3 滴酚酞，用氢氧化钠溶液滴定至溶液呈淡红色，30 s 内不褪色即为终点。记录读数，填入表 5.3，计算乙二酸摩尔质量。

五、实验数据记录与处理

(1) 将标定氢氧化钠溶液的数据填入表 5.2 中，计算氢氧化钠溶液的浓度。

表 5.2 0.1 mol · L^{-1} 氢氧化钠溶液的标定

实验编号	Ⅰ	Ⅱ	Ⅲ
m(KHP)/g			
NaOH 溶液终读数/mL			
NaOH 溶液初读数/mL			
V(NaOH)/mL			
c(NaOH)/(mol · L^{-1})			
$\bar{c}$ (NaOH)/(mol · L^{-1})			
绝对偏差/(mol · L^{-1})			
平均偏差/(mol · L^{-1})			
相对平均偏差/%			

(2) 将测定乙二酸的数据填入表 5.3，计算乙二酸摩尔质量。

表 5.3　乙二酸摩尔质量的测定

实验编号	Ⅰ	Ⅱ
m(乙二酸)/g		
V(乙二酸溶液)/mL		
c(NaOH)/(mol · L^{-1})		
NaOH 溶液终读数/mL		
NaOH 溶液初读数/mL		
V(NaOH)/mL		
M_r(乙二酸)		
$\bar{M}_r$ (乙二酸)		

六、思考题

(1) 用邻苯二甲酸氢钾标定氢氧化钠溶液时，为什么用酚酞作指示剂而不用甲基红或甲基橙作指示剂？

(2) 标定氢氧化钠溶液时，用基准邻苯二甲酸氢钾比用基准乙二酸有什么好处？

(3) 如何配制不含 Na_2CO_3 的氢氧化钠溶液？若 NaOH 标准溶液在保存过程中吸收了空气中的 CO_2，用该标准溶液测定乙二酸，对结果有无影响？为什么？

(4) 称取 $KHC_8H_4O_4$ 要在 0.4～0.6 g，其范围是如何确定的？

(5) 若本实验选用的乙二酸试样($H_2C_2O_4 \cdot 2H_2O$)失去一部分水，所测结果会产生何种误差？

(6) 多元(有机)酸分步滴定的条件是什么？

实验 20　铵盐中氨的测定——甲醛法

一、实验目的

(1) 掌握甲醛法测定铵盐中氨含量的原理和方法。

(2) 掌握容量瓶、移液管的使用方法。

二、实验原理

NH_4Cl 和$(NH_4)_2SO_4$是常用无机铵盐，由于 NH_4^+ 的离解常数太小($K_a^{\ominus}$ =5.6×10^{-10})，不能用标准碱溶液直接滴定，一般可用两种间接方法测定其含量。

1. 蒸馏法

在试样中加入过量的碱，加热，把 NH_3 蒸馏出来，用酸标准溶液吸收，然后用碱标准溶液回滴过量的酸，以求出试样中含氨量。或把蒸出的 NH_3 用硼酸溶液吸收，然后用酸标准溶液直接滴定生成的 $H_2BO_3^-$ 。蒸馏法虽较准确，但操作麻烦费时。

2. 甲醛法

铵盐与甲醛作用生成质子化六亚甲基四胺($K_a^{\ominus}$ =7.1×10^{-6})和定量的强酸，反应如下：

$$4\,NH_4^+ + 6\,HCHO = (CH_2)_6N_4H^+ + 3\,H^+ + 6\,H_2O$$

六亚甲基四胺酸离子

由上述反应可知，4 mol NH_4^+ 与甲醛作用，生成 3 mol H^+(强酸)和 1 mol $(CH_2)_6N_4H^+$，即 1 mol NH_4^+ 相当于 1 mol 酸。以酚酞为指示剂，用 NaOH 标准溶液滴定反应中生成的酸，NH_4^+ 的含量以 NH_3 来表示，则测定结果可按下式计算：

$$w(NH_3)=\frac{c(NaOH)V(NaOH)M(NH_3)}{m(样品)}\times 100\%$$

因为试样不够均匀，应多称取些试样，溶解于容量瓶中，然后吸取部分溶液进行滴定。

甲醛法准确度略差，但测定快速，故在生产化验上应用较多。试样如果含有 Fe^{3+}等干扰离子，将影响终点观察，可改用蒸馏法。

若测定有机物中的氮，需先将试样硝化使之转化为铵盐，然后进行测定。

三、仪器与试剂

(1) 仪器：碱式滴定管，分析天平，容量瓶，移液管，锥形瓶，烧杯，台秤。

(2) 试剂：NaOH(s)，硫酸铵样品(s)，20%甲醛，0.2%酚酞，基准邻苯二甲酸氢钾 $KHC_8H_4O_4$(s)(在 105～110℃干燥 1 h 后，放入干燥器中备用)。

四、实验步骤

1. 0.1 mol · L^{-1} NaOH 溶液的配制及标定

配制 500 mL NaOH 溶液并标定，方法见实验 19，数据填入自行设计的表格中。

2. 硫酸铵中氨的测定

准确称取硫酸铵试样 1.5～2.0 g 于 100 mL 小烧杯中，加入 30～40 mL 去离子水使之溶解，然后定量转入 250 mL 容量瓶中，定容摇匀。

用移液管移出上述试液 25.00 mL 于 250 mL 锥形瓶中，加入 5.0 mL 预先用 0.1 mol · L^{-1} NaOH 溶液中和(以酚酞为指示剂)的 20%甲醛溶液和 20～30 mL 去离子水，放置 5 min，再加 2～3 滴酚酞，然后用 0.1 mol · L^{-1} NaOH 标准溶液滴定至呈淡红色，30 s 不褪色即为终点。平行测定 3 次。

五、实验数据记录与处理

(1) 将 0.1 mol · L^{-1} NaOH 溶液标定的数据填入自行设计的表格中，并计算其浓度。

(2) 将实验数据填入表 5.4，计算 NH_3 的含量。

表 5.4 硫酸铵中 NH_3 的测定

实验编号	Ⅰ	Ⅱ	Ⅲ
m(硫酸铵)/g			
V(硫酸铵溶液)/mL			
c(NaOH)/(mol · L^{-1})			

续表

实验编号	Ⅰ	Ⅱ	Ⅲ
NaOH 溶液终读数/mL			
NaOH 溶液初读数/mL			
V(NaOH)/mL			
$w(NH_3)$/%			
$\bar{w}(NH_3)$/%			

六、思考题

(1) 测定硫酸铵时为什么不能用碱标准溶液直接测定其中的氮?

(2) 加入的甲醛溶液为什么要预先用 NaOH 溶液中和，并以酚酞为指示剂? 如未达中和，或者 NaOH 溶液过量，对结果各有什么影响?

(3) 若试样为 NH_4Cl 或 NH_4HCO_3，是否都可用本法测定? 为什么?

(4) 若铵盐中含有 NO_3^- ,用此法测定的结果以含氮量表示时,此含氮量中是否包括 NO_3^- 中的氮? 如何测定铵盐试样中的总氮量?

实验 21 EDTA 标准溶液的配制和标定

一、实验目的

(1) 学习 EDTA 标准溶液的配制和标定方法。

(2) 掌握配位滴定的原理，了解配位滴定的特点。

(3) 熟悉钙指示剂和二甲酚橙指示剂的使用。

二、实验原理

乙二胺四乙酸(简称 EDTA，常用 H_4Y 表示)是一种氨羧配位剂，其分子中含有氨氮和羧氧配位原子，能与大多数金属离子形成稳定的 1∶1 配合物，是目前配位滴定中最重要、应用最广的配位滴定剂。乙二胺四乙酸微溶于水，常温下其溶解度为 0.2 $g \cdot L^{-1}$(约 0.0007 $mol \cdot L^{-1}$)，在分析中通常使用其二钠盐($Na_2H_2Y \cdot 2H_2O$)配制标准溶液。乙二胺四乙酸二钠盐的溶解度为 120 $g \cdot L^{-1}$，饱和溶液浓度约为 0.3 $mol \cdot L^{-1}$，其水溶液的 pH=4.8，通常采用间接法配制标准溶液。

标定 EDTA 溶液的基准物有 Zn、ZnO、$CaCO_3$、Bi、Cu、Ni、Pb 等。通常选用其中与被测物组分相同的物质作基准物，这样滴定条件较一致，可减小误差。

EDTA 溶液若用于测定石灰石或白云石中 CaO、MgO 的含量，则宜用 $CaCO_3$ 为基准物。用 $CaCO_3$ 为基准物标定 EDTA 溶液时，通常选钙指示剂(NN)指示终点(钙指示剂在 pH 12～13 时为蓝色，其他 pH 时为紫色)，用 NaOH 控制 pH 为 12～13，其变色原理为

滴定前 $$\text{Ca} + \text{NN(蓝色)} \rightleftharpoons \text{Ca–NN(酒红色)}$$

滴定中 $$\text{Ca} + \text{Y} \rightleftharpoons \text{CaY}$$

终点时　　　　$Ca-NN(酒红色) + Y \rightleftharpoons CaY + NN(蓝色)$

EDTA 溶液若用于测定 Pb^{2+}、Bi^{3+}，则宜用 ZnO 或金属锌为基准物，以二甲酚橙(XO)为指示剂(pH＜6.3 呈黄色，pH＞6.3 红色)，控制溶液 pH=5～6，其终点反应为

$$Zn-XO(紫红色) + Y \rightleftharpoons ZnY + XO(黄色)$$

配位滴定中所用的去离子水应不含 Fe^{3+}、Al^{3+}、Cu^{2+}、Ca^{2+}、Mg^{2+}等杂质离子。

三、仪器与试剂

(1) 仪器：酸式滴定管，分析天平，锥形瓶，烧杯，移液管，台秤，容量瓶，表面皿，量筒。

(2) 试剂：乙二胺四乙酸二钠(s)，基准 $CaCO_3$(s)，钙指示剂(s)，10% NaOH 溶液，0.3 $mol \cdot L^{-1}$ 镁溶液(溶解 7.2 g $MgSO_4$ 于去离子水中，稀释至 200 mL)，1∶3 $NH_3 \cdot H_2O$，基准 ZnO(s)，6.0 $mol \cdot L^{-1}$ HCl，20%六亚甲基四胺溶液，0.2%二甲酚橙指示剂。

四、实验步骤

1. 0.02 $mol \cdot L^{-1}$ EDTA 溶液的配制

称取 6.0 g 乙二胺四乙酸二钠盐(M_r=372.2)于大烧杯中，加入 200～300 mL 去离子水，微热使其溶解，冷却后转入试剂瓶中，再加入 2 mL 0.3 $mol \cdot L^{-1}$ 镁溶液，然后稀释至 800 mL，摇匀(注意：加入镁溶液只适用 $CaCO_3$ 为基准物标定 EDTA 的情况，若用 ZnO 为基准物标定 EDTA 溶液浓度，则不能加镁溶液)。

2. 以 $CaCO_3$ 为基准物标定 EDTA 溶液

(1) 0.02 $mol \cdot L^{-1}$ 钙标准溶液的配制。准确称取 0.5～0.6 g 基准物 $CaCO_3$(110℃干燥 2 h)于小烧杯中，盖上表面皿，加几滴去离子水润湿，再从杯嘴处逐滴加入 3～4 mL 6.0 $mol \cdot L^{-1}$ HCl，至碳酸钙完全溶解，用去离子水洗涤表面皿和烧杯内壁，盖上表面皿，加热近沸，待冷却后转入 250 mL 容量瓶中，稀释至刻度，摇匀。

(2) EDTA 溶液的标定。用移液管移取 25.00 mL 钙标准溶液于锥形瓶中，加入约 25 mL 去离子水、2.0 mL 10% NaOH 溶液及约 10 mg(绿豆大小)钙指示剂，摇匀后，用 EDTA 溶液滴定至由酒红色变至蓝色即为终点。平行测定 3 次。

3. 以 ZnO 为基准物标定 EDTA 溶液

(1) 锌标准溶液的配制。准确称取在 800～1000℃灼烧过(需 20 min 以上)的 ZnO 基准物 0.4～0.6 g 于 100 mL 烧杯中，用少量去离子水润湿，然后逐滴加入 2～4 mL 6.0 $mol \cdot L^{-1}$ HCl，待完全溶解为止。用去离子水洗涤烧杯内壁，加热近沸，待冷却后定量转入 250 mL 容量瓶中，稀释至刻度，摇匀。

(2) EDTA 溶液的标定。移取 25.00 mL 锌标准溶液于 250 mL 锥形瓶中，加入约 20 mL 去离子水，2～3 滴二甲酚橙指示剂，先加 1∶3 氨水至溶液由黄色刚变橙色(不能多加)，然后滴加 20%六亚甲基四胺至溶液呈稳定的紫红色，再多加 3.0 mL，用 EDTA 溶液滴定至溶液由紫红色变为亮黄色即为终点。平行测定 3 次，数据填入自行设计的表格中，并计算 EDTA 的浓度。

五、实验数据记录与处理

将 $CaCO_3$ 为基准物标定 EDTA 的实验数据填入表 5.5，计算 EDTA 溶液的浓度。

表 5.5　0.02 mol · L^{-1} EDTA 溶液的标定

实验编号	Ⅰ	Ⅱ	Ⅲ
$m(CaCO_3)$/g			
$V(CaCO_3$ 溶液)/mL			
EDTA 溶液终读数/mL			
EDTA 溶液初读数/mL			
V(EDTA)/mL			
c(EDTA)/(mol · L^{-1})			
$\bar{c}$ (EDTA)/(mol · L^{-1})			
绝对偏差/(mol · L^{-1})			
平均偏差/(mol · L^{-1})			
相对平均偏差/%			

六、思考题

(1) 以 $CaCO_3$ 为基准物标定 EDTA 溶液时，加入镁溶液的目的是什么？

(2) 以 $CaCO_3$ 为基准物，用钙指示剂作指示剂标定 EDTA 溶液时，应控制溶液的酸度为多少？为什么？怎样控制？

(3) 以 ZnO 为基准物，以二甲酚橙为指示剂标定 EDTA 溶液浓度的原理是什么？溶液的 pH 应控制在什么范围？若溶液为强酸性，应怎样调节？

(4) 配位滴定法与酸碱滴定法相比，有哪些不同点？操作中应注意哪些问题？

实验 22　水的硬度测定——配位滴定法

一、实验目的

(1) 了解水的硬度的测定意义和常用硬度表示方法。

(2) 掌握 EDTA 配位滴定法测定水的硬度的原理和方法。

(3) 掌握铬黑 T 和钙指示剂的应用，了解金属指示剂的特点。

二、实验原理

水的硬度是衡量水质的一项重要指标，尤其对工业用水的影响很大，水的硬度是形成锅炉中的水垢和影响产品质量的主要因素之一。

Ca^{2+}、Mg^{2+}是自来水中的主要金属离子(一般还含有微量 Fe^{3+}、Al^{3+}、Cu^{2+}等)，通常以钙、镁含量表示水的硬度。水分为硬水和软水(硬水和软水尚无明确的界限，一般硬度小于 5°的称软水)。硬度又有暂时硬度和永久硬度之分。

暂时硬度：由钙、镁的酸式碳酸盐引起的硬度。遇热即成碳酸盐沉淀而失去其硬度性质，反应如下：

$$Ca(HCO_3)_2 \xlongequal{\triangle} CaCO_3\downarrow(\text{完全沉淀}) + H_2O + CO_2\uparrow$$

$$Mg(HCO_3)_2 \xlongequal{\triangle} MgCO_3\downarrow(\text{不完全沉淀}) + H_2O + CO_2\uparrow$$

$$MgCO_3 + H_2O \xlongequal{} Mg(OH)_2\downarrow + CO_2\uparrow$$

永久硬度：由钙、镁的硫酸盐、氯化物、硝酸盐引起的硬度。这些盐加热时不沉淀，水的硬度亦不变(但在锅炉运行温度下，溶解度低的可析出而成为锅垢)。

由钙、镁离子形成的硬度称为总硬。由钙离子形成的硬度称为钙硬，由镁离子形成的硬度称为镁硬。

水中钙、镁含量可用 EDTA 配位滴定法测定。钙硬测定时 pH 控制在 12～13，用 EDTA 标准溶液滴定，钙指示剂指示终点；总硬则以铬黑 T(pH＜6 红色，pH＞12 橙色，pH 8～11 蓝色)为指示剂，控制溶液的 pH≈10，以 EDTA 标准溶液滴定。由 EDTA 溶液的浓度和用量，可算出水的钙硬和总硬，由总硬减去钙硬即为镁硬。

水的硬度表示方法有多种，各国表示方法不尽相同。有将水中的盐类都折算成 $CaCO_3$，而以 $CaCO_3$ 的量作为硬度来表示的，也有将盐类折算成 CaO 的量来表示的。本书采用我国目前常用的 CaO 表示方法，单位以度(°)计，1 硬度单位表示十万份水中含 1 份 CaO，1°=10 ppm CaO(1 ppm 为百万分之一)。

$$\text{硬度}(°) = \frac{c(\text{EDTA})V(\text{EDTA})M(\text{CaO}) \times 10^{-3}}{V(H_2O)} \times 10^5$$

式中：c(EDTA)为 EDTA 标准溶液的浓度($mol \cdot L^{-1}$)；V(EDTA)为滴定时用去的 EDTA 标准溶液的体积(mL)；$V(H_2O)$为水样体积(mL)；M(CaO)为 CaO 的摩尔质量($g \cdot mol^{-1}$)。

三、仪器与试剂

(1) 仪器：酸式滴定管，分析天平，锥形瓶，烧杯，移液管，台秤，量筒，容量瓶。

(2) 试剂：乙二胺四乙酸二钠(s)，基准 $CaCO_3$(s)，钙指示剂(s)，0.5%铬黑 T(用三乙醇胺配制)，10% NaOH 溶液，0.3 $mol \cdot L^{-1}$ 镁溶液，$NH_3 \cdot H_2O$-NH_4Cl 缓冲溶液(pH≈10)。

四、实验步骤

1. 0.02 $mol \cdot L^{-1}$ EDTA 溶液的配制与标定

配制 500 mL 0.02 $mol \cdot L^{-1}$ EDTA 溶液，选 $CaCO_3$ 为基准物标定，方法见实验 21。实验数据填入自行设计的表格中。

2. 总硬的测定

准确移取 10.00 mL 水样(根据 Ca^{2+}、Mg^{2+}含量来确定水样体积)于 250 mL 锥形瓶中，加入 5.0 mL $NH_3 \cdot H_2O$-NH_4Cl 缓冲液，再滴加 3～4 滴铬黑 T，摇匀。此时溶液呈酒红色，以 0.02 $mol \cdot L^{-1}$ EDTA 标准溶液滴定至纯蓝色，即为终点。平行测定 2 次。

3. 钙硬的测定

准确移取 10.00 mL 水样(根据 Ca^{2+}含量来确定水样体积)于 250 mL 锥形瓶内，加入 4.0 mL 10% NaOH 溶液，摇匀，再加入约 10 mg 钙指示剂，再摇匀。此时溶液呈酒红色，用 0.02 mol · L^{-1} EDTA 标准溶液滴定至呈纯蓝色，即为终点。平行测定 2 次，实验数据填入自行设计的表格中，计算水的钙硬。

4. 镁硬的确定

由总硬减去钙硬即得镁硬。

五、实验数据记录与处理

(1) 将标定 EDTA 溶液的数据填入自行设计的表格中，并计算 EDTA 溶液浓度。

(2) 将测定水的总硬实验数据填入表 5.6，计算水的总硬。

表 5.6　水的总硬测定

实验编号	Ⅰ	Ⅱ
V(水样)/ mL		
c(EDTA)/(mol · L^{-1})		
EDTA 溶液终读数/mL		
EDTA 溶液初读数/mL		
V(EDTA)/mL		
总硬/(°)		
总硬平均值/(°)		

(3) 将测定钙硬实验数据填入自行设计的表格中，并计算水的钙硬。

六、思考题

(1) 用 EDTA 测水的总硬时 pH 应控制在什么范围？如何控制？

(2) 如何得到镁硬的结果？

(3) 用 EDTA 测定水的硬度时，哪些离子的存在有干扰？如何消除？

(4) 当水样中 Mg^{2+}含量低时，以铬黑 T 作指示剂测定水中 Ca^{2+}、Mg^{2+}总量，终点不明晰，因此常在水样中先加少量 MgY^{2-}配合物，再用 EDTA 滴定，终点就敏锐。这样做对测定结果有无影响？说明其原理。

实验 23　铅、铋混合液中铅、铋含量的连续测定

一、实验目的

(1) 学习通过控制酸度实现混合离子选择性测定的原理和方法。

(2) 掌握用 EDTA 连续滴定金属离子的原理和方法。

(3) 熟悉二甲酚橙(XO)指示剂的使用。

二、实验原理

混合离子的滴定常用控制酸度法、掩蔽法、解蔽法等，可根据有关副反应系数论证对它们分别滴定的可能性。

Bi^{3+}和Pb^{2+}均能与 EDTA 形成稳定的 1∶1 配合物，其$\lg K^{\ominus}_{稳}$值分别为 27.94 和 18.04，两者稳定性相差很大，$\Delta \lg K^{\ominus}_{稳}=9.90>6$，故可利用控制酸度的方法连续滴定$Bi^{3+}$和$Pb^{2+}$。在测定中，均以二甲酚橙作指示剂，二甲酚橙在 pH＜6.3 时呈黄色，在 pH＞6.3 时呈红色，而它与Bi^{3+}和Pb^{2+}所形成的配合物呈紫红色($K^{\ominus}_{Bi\text{-}XO} > K^{\ominus}_{Pb\text{-}XO}$)，它们的稳定性与$Bi^{3+}$、$Pb^{2+}$和 EDTA 所形成的配合物相比要低，在滴定时应控制 pH＜6.3。

测定时，用HNO_3先调节Bi^{3+}、Pb^{2+}混合溶液 pH≈1.0，以二甲酚橙作指示剂，此时Bi^{3+}与二甲酚橙形成紫红色配合物，而Pb^{2+}与二甲酚橙不形成配合物，用 EDTA 标准溶液滴定，溶液由紫红色突变为亮黄色，即为滴定Bi^{3+}的终点。在滴定Bi^{3+}溶液中，加入六亚甲基四胺，调节溶液 pH 为 5～6，此时Pb^{2+}与二甲酚橙形成紫红色配合物，继续用 EDTA 标准溶液滴定至溶液由紫红色突变为亮黄色，即为滴定Pb^{2+}的终点。

三、仪器与试剂

(1) 仪器：酸式滴定管，分析天平，锥形瓶，烧杯，移液管，容量瓶，台秤。

(2) 试剂：乙二胺四乙酸二钠(s)，基准 ZnO(s)，6.0 $mol \cdot L^{-1}$ HCl，6.0 $mol \cdot L^{-1}$氨水，0.1 $mol \cdot L^{-1}$ HNO_3，20%六亚甲基四胺溶液，0.2%二甲酚橙指示剂，含量均约为 0.01 $mol \cdot L^{-1}$ Pb^{2+}、Bi^{3+}混合液[称取 33.0 g $Pb(NO_3)_2$，48.0 g $Bi(NO_3)_3$，加到含 315 mL 浓HNO_3的烧杯中，在电炉上微热溶解，稀释至 10.0 L]。

四、实验步骤

1. 0.01 $mol \cdot L^{-1}$ EDTA 溶液的配制与标定

配制 500 mL 0.01 $mol \cdot L^{-1}$ EDTA 溶液，选 ZnO 为基准物标定，方法见实验 21。实验数据填入自行设计的表格中。

2. Pb^{2+}、Bi^{3+}混合液的分别测定

用移液管移取 pH≈1.0 的Pb^{2+}、Bi^{3+}混合液 25.00 mL 于 250 mL 锥形瓶中，加 10 mL 0.1 $mol \cdot L^{-1}$ HNO_3和 1～2 滴二甲酚橙指示剂，用 EDTA 标准溶液滴定，当溶液由紫红色恰好变为亮黄色时，即为滴定Bi^{3+}的终点，体积记为V_1。计算出混合液中Bi^{3+}的浓度(单位：$g \cdot L^{-1}$)。

在滴定Bi^{3+}后的溶液中，补加 2 滴二甲酚橙指示剂，逐滴加入六亚甲基四胺溶液，至溶液由黄色呈现稳定的紫红色后，再过量 5 mL(此时溶液的 pH 为 5～6)，用 EDTA 标准溶液滴定，溶液又由紫红色变为亮黄色时，即为Pb^{2+}滴定终点，体积记为V_2。计算混合液中Pb^{2+}的浓度(单

位：g · L^{-1})。平行测定 2 次。

五、实验数据记录与处理

(1) 将标定 EDTA 溶液的数据填入自行设计的表格中，并计算 EDTA 溶液浓度。

(2) 将测定 Pb^{2+}、Bi^{3+}的实验数据填入表 5.7，计算 Pb^{2+}、Bi^{3+}含量。

表 5.7　Pb^{2+}、Bi^{3+}混合液中 Pb^{2+}、Bi^{3+}含量的测定

实验编号	Ⅰ	Ⅱ
V(Pb^{2+}、Bi^{3+}混合液)/mL		
c(EDTA)/(mol · L^{-1})		
V_1(EDTA)/mL		
V_2(EDTA)/mL		
c(Bi^{3+})/(g · L^{-1})		
$\overline{c}$ (Bi^{3+})/(g · L^{-1})		
c(Pb^{2+})/(g · L^{-1})		
$\overline{c}$ (Pb^{2+})/(g · L^{-1})		

六、思考题

(1) 按本实验操作，滴定 Bi^{3+}的起始酸度是否超过滴定 Pb^{2+}的最高酸度？滴定至 Bi^{3+}的终点时，溶液中酸度为多少？此时再加入六亚甲基四胺滴定 Pb^{2+}，溶液 pH 约为多少？

(2) 能否先滴定 Pb^{2+}，再滴定 Bi^{3+}？为什么？

(3) 为什么不用 NaOH、NaAc 或 $NH_3 \cdot H_2O$，而用六亚甲基四胺调节 pH=5～6？

实验 24　高锰酸钾标准溶液的配制和标定

一、实验目的

(1) 了解高锰酸钾标准溶液的配制方法和保存条件。

(2) 掌握用 $Na_2C_2O_4$ 作基准物标定高锰酸钾溶液的原理、方法及滴定条件。

二、实验原理

高锰酸钾是氧化还原滴定中最常用氧化剂之一。市售的高锰酸钾常含有少量杂质，如硫酸盐、氯化物、硝酸盐及 MnO_2 等，另外 $KMnO_4$ 氧化力强，还易和水中的有机物、空气中的尘埃及氨等还原性物质作用。$KMnO_4$ 能自行分解，其分解反应如下：

$$4\ KMnO_4 + 2\ H_2O = 4\ MnO_2\downarrow + 4\ KOH + 3\ O_2\uparrow$$

因此不能直接配制准确浓度的高锰酸钾溶液。$KMnO_4$ 分解速度随溶液的 pH 而改变，在中性溶液中分解很慢，但 Mn^{2+}和 MnO_2 能加速 $KMnO_4$ 的分解，见光则分解得更快。因此，$KMnO_4$ 溶液的浓度容易改变，必须正确地配制和保存。$KMnO_4$ 溶液应呈中性，不含 MnO_2，这样浓度就比较稳定，放置数月后浓度大约只降低 0.5%。但如果长期使用，仍应定期标定。

标定 $KMnO_4$ 溶液的基准物有 $Na_2C_2O_4$、$H_2C_2O_4 \cdot 2H_2O$、$(NH_4)_2SO_4 \cdot FeSO_4 \cdot 6H_2O$、纯铁丝及 As_2O_3 等。其中 $Na_2C_2O_4$ 不含结晶水，性质稳定，容易提纯，是最常用的基准物质。用 $Na_2C_2O_4$ 标定 $KMnO_4$ 溶液的反应为

$$2\,MnO_4^- + 5\,C_2O_4^{2-} + 16\,H^+ \xlongequal{\quad} 2\,Mn^{2+} + 10\,CO_2\uparrow + 8\,H_2O$$

为了使此反应能定量、迅速地进行，应注意下述滴定条件：

(1) 温度。在室温下此反应的速度缓慢，因此应将溶液加热至 75～85℃，但温度不宜过高，否则在酸性溶液中会使部分 $H_2C_2O_4$ 发生分解：

$$H_2C_2O_4 \xlongequal{\quad} CO_2\uparrow + CO\uparrow + H_2O$$

(2) 酸度。溶液应保持足够的酸度，一般在开始滴定时，H_2SO_4 的浓度为 $0.5\sim1\ mol \cdot L^{-1}$。酸度低时往往容易生成 MnO_2 沉淀，酸度过高又会促使 $H_2C_2O_4$ 分解。

(3) 滴定速度。由于 MnO_4^- 与 $C_2O_4^{2-}$ 的反应是自动催化反应，滴定开始时，加入的第一滴 $KMnO_4$ 溶液褪色很慢，因此开始滴定时滴定速度要慢些，待第一滴 $KMnO_4$ 红色褪去后，再滴入第二滴。如此几滴 $KMnO_4$ 溶液完全作用，生成一定量的 Mn^{2+} 后，滴定速度就可以稍快些。但也不能太快，否则加入的 $KMnO_4$ 溶液来不及与 $C_2O_4^{2-}$ 反应，在热的酸性溶液中发生分解(也可能与溶液中的 Mn^{2+} 反应生成 MnO_2)。反应式如下：

$$4\,MnO_4^- + 12\,H^+ \xlongequal{\quad} 4\,Mn^{2+} + 5\,O_2\uparrow + 6\,H_2O$$

(4) 滴定终点。$KMnO_4$ 作为自身指示剂，滴定终点颜色不太稳定，这是由于空气中的还原性气体及尘埃等杂质落入溶液中能使 $KMnO_4$ 缓慢分解，而使粉红色消失，因此经过 30 s 不褪色即为终点。

三、仪器与试剂

(1) 仪器：棕色酸式滴定管，分析天平，锥形瓶，棕色试剂瓶，玻璃砂芯漏斗，电炉。

(2) 试剂：$KMnO_4(s)$，基准 $Na_2C_2O_4(s)$，$3.0\ mol \cdot L^{-1}\ H_2SO_4$。

四、实验步骤

1. $0.02\ mol \cdot L^{-1}\ KMnO_4$ 溶液的配制

称取 1.6 g 左右 $KMnO_4$(M_r = 158.0)溶于 500 mL 去离子水中，加热煮沸 20～30 min(随时加水以补充因蒸发而损失的水)。冷却后在暗处放置 2～3 天，然后用玻璃砂芯漏斗过滤除去 MnO_2 等杂质。滤液储存于洁净的带玻璃塞棕色瓶中，放置暗处保存。如果溶液经煮沸并在水浴上保温 1 h，则不必长期放置，冷却后过滤，就可以标定其浓度。

2. $KMnO_4$ 溶液浓度的标定

准确称取 0.13～0.20 g 基准 $Na_2C_2O_4$(M_r = 134.0)于 250 mL 锥形瓶中，加入 30～40 mL 去离子水使之溶解，再加 10 mL $3.0\ mol \cdot L^{-1}\ H_2SO_4$ 溶液，并加热至 75～85℃，立即用 $KMnO_4$ 溶液滴定(不能沿瓶壁滴入)至呈粉红色，30 s 不褪色即为终点。平行测定 3 次，实验数据填入自行设计的表格中，计算 $KMnO_4$ 溶液的浓度。

五、实验数据记录与处理

将标定 0.02 mol · L^{-1} $KMnO_4$ 溶液的数据填入自行设计的表格中，并计算溶液的浓度。

六、思考题

(1) 配制 $KMnO_4$ 标准溶液时为什么要把 $KMnO_4$ 水溶液煮沸一定时间(或放置数天)？配好的 $KMnO_4$ 溶液为什么要过滤后才能保存？过滤时是否能用滤纸？配好的 $KMnO_4$ 溶液为什么要装在棕色瓶中并在暗处保存？

(2) 用 $KMnO_4$ 溶液滴定 $Na_2C_2O_4$ 溶液时，为什么第一滴 $KMnO_4$ 溶液加入后红色褪去很慢，以后褪色较快？

(3) 用 $Na_2C_2O_4$ 标定 $KMnO_4$ 溶液浓度时加入 H_2SO_4，其酸度过高或过低有无影响？是否可用 HCl 或 HNO_3 代替 H_2SO_4？为什么？为什么要加热至 75～85℃后才能滴定？溶液温度过高或过低有什么影响？

(4) $KMnO_4$ 滴定终点不太稳定的原因是什么？

实验 25　补钙剂中钙含量的测定

一、实验目的

(1) 掌握氧化还原法间接测定钙含量的原理和方法。

(2) 学习沉淀分离的基本知识，掌握沉淀、过滤、洗涤等分析操作。

(3) 学习用均匀沉淀法制备大颗粒晶形沉淀。

二、实验原理

高锰酸钾法测定钙含量是一个氧化还原间接测定的方法，利用 Ca^{2+} 与 $C_2O_4^{2-}$ 生成难溶的 CaC_2O_4 沉淀，将沉淀过滤并洗去剩余的 $C_2O_4^{2-}$ 后溶于稀硫酸中，再用 $KMnO_4$ 标准溶液滴定 $H_2C_2O_4$，根据所消耗的 $KMnO_4$ 标准溶液体积，便可间接地测得 Ca^{2+} 的含量。主要反应如下：

$$Ca^{2+} + C_2O_4^{2-} \xlongequal{} CaC_2O_4$$

$$CaC_2O_4 + SO_4^{2-} + 2\,H^+ \xlongequal{} CaSO_4 + H_2C_2O_4$$

$$5\,H_2C_2O_4 + 2\,MnO_4^- + 6\,H^+ \xlongequal{} 2\,Mn^{2+} + 10\,CO_2\uparrow + 8\,H_2O$$

在本实验中，要求 Ca^{2+} 与 $C_2O_4^{2-}$ 有 1∶1 定量关系，并尽量得到大颗粒沉淀，所以必须控制适当的沉淀 Ca^{2+} 的条件。一般是在酸性溶液中，加入沉淀剂 $(NH_4)_2C_2O_4$，此时 $C_2O_4^{2-}$ 浓度很小(主要以 $HC_2O_4^-$、$H_2C_2O_4$ 形式存在，故不会有 CaC_2O_4 沉淀生成)，再滴加稀氨水逐渐中和溶液中的 H^+，使 $C_2O_4^{2-}$ 浓度缓慢增大，逐渐生成 CaC_2O_4 沉淀。因 CaC_2O_4 是弱酸盐沉淀，其溶解度随溶液酸度增大而增加，在 pH=4.0 时，CaC_2O_4 的溶解损失可以忽略。所以，最后控制溶液的 pH 为 4.2～4.5，既可使 CaC_2O_4 沉淀完全，又不致生成 $Ca(OH)_2$ 或 $(CaOH)_2C_2O_4$ 沉淀，生成的沉淀再经陈化便可获得纯净、颗粒粗大的 CaC_2O_4 晶形沉淀。

三、仪器与试剂

(1) 仪器：棕色酸式滴定管，分析天平，容量瓶，移液管，锥形瓶，烧杯，漏斗，电炉，定量滤纸(中速)，水浴锅。

(2) 试剂：$KMnO_4$(s)，基准 $Na_2C_2O_4$(s)，钙片(s)，6.0 mol · L^{-1} HCl，0.25 mol · L^{-1} $(NH_4)_2C_2O_4$，0.1% $(NH_4)_2C_2O_4$，3.0 mol · L^{-1} 氨水，1.0 mol · L^{-1} H_2SO_4，10%柠檬酸铵，0.1%甲基橙，0.1 mol · L^{-1} $AgNO_3$，2.0 mol · L^{-1} HNO_3。

四、实验步骤

1. 0.02 mol · L^{-1} $KMnO_4$ 溶液的配制与标定

配制 500 mL 0.02 mol · L^{-1} $KMnO_4$ 溶液并标定，方法见实验 24。实验数据填入自行设计的表格中。

2. CaC_2O_4 沉淀的制备

(1) 钙片溶液的制备。取 10～20 片钙片在研钵中研细，放到称量瓶中。准确称取 1.5～2.0 g 钙片样品一份，置于 100 mL 烧杯中，加少量水润湿，盖上表面皿，从烧杯嘴处缓慢滴加 8～15 mL 6.0 mol · L^{-1} HCl 溶液，同时轻轻摇动烧杯，使样品溶解。待不再发生气泡后，用去离子水洗涤表面皿和烧杯内壁上的附着物，加热近沸，冷却后，溶液转入 250 mL 容量瓶中(不溶残渣多，溶液应先过滤再转移)，稀释至刻度摇匀。

(2) CaC_2O_4 沉淀。准确移取 25.00 mL 溶液 2 份(若制备钙片溶液时没过滤，此时要将溶液用干滤纸过滤到干燥的烧杯中后再移取)，分别置于 400～500 mL 大烧杯中，各加 2 mL 6.0 mol · L^{-1} HCl，再加入 15～20 mL 0.25 mol · $L^{-1}$$(NH_4)_2C_2O_4$ 溶液(若有沉淀生成，说明溶液的酸度不足，则应滴加盐酸将沉淀溶解，但不能加入大量盐酸，否则用氨水调 pH 时用量太大)、150 mL 去离子水、5 mL 10%柠檬酸铵(掩蔽 Al^{3+} 和 Fe^{3+})和 1～2 滴甲基橙。在水浴上加热到 70～80℃，在不断搅拌下缓慢滴加 3.0 mol · L^{-1} 氨水(每秒 1～2 滴)到红色恰变为橙黄色为止。盖上表面皿，放置过夜陈化(或者在水浴上保温陈化 30 min 左右，同时用玻璃棒搅拌)。陈化后的沉淀用中速滤纸以倾泻法过滤，用冷的 0.1% $(NH_4)_2C_2O_4$ 溶液用倾泻法将沉淀洗涤三四次，每次 10 mL。再把沉淀转入滤纸上，用冷的去离子水洗涤，直至滤液中不含 Cl^- 为止(用 $AgNO_3$ 溶液检验)。

3. 钙含量测定

CaC_2O_4 沉淀洗涤干净后，把带有 CaC_2O_4 的滤纸小心展开并贴在原储存沉淀的烧杯内壁上(沉淀向杯内)。量取 50 mL 1.0 mol · L^{-1} H_2SO_4 溶液，用滴管把沉淀从滤纸上洗到烧杯里，然后稀释溶液到 100 mL，加热到 75～85℃，用 0.02 mol · L^{-1} $KMnO_4$ 标准溶液滴定，边滴边搅拌，到呈现粉红色时，再用玻璃棒把滤纸浸入溶液中，用玻璃棒搅拌，如果溶液褪色，继续用 $KMnO_4$ 滴定，至出现粉红色，30 s 不褪色即为终点。

五、实验数据记录与处理

(1) 将 $KMnO_4$ 溶液标定的数据填入自行设计的表格中，并计算 $KMnO_4$ 溶液浓度。

(2) 将测定钙的数据填入表 5.8，计算钙片中钙的含量，以 $w(\mathrm{CaO})$/%表示。

表 5.8　钙片中钙含量的测定

实验编号	Ⅰ	Ⅱ
m(钙片)/g		
$c(\mathrm{KMnO_4})/(\mathrm{mol\cdot L^{-1}})$		
$\mathrm{KMnO_4}$溶液终读数/mL		
$\mathrm{KMnO_4}$溶液初读数/mL		
$V(\mathrm{KMnO_4})$/mL		
$w(\mathrm{CaO})$/%		
$\bar{w}(\mathrm{CaO})$/%		

六、思考题

(1) 沉淀 CaC_2O_4 时为什么要采用先在酸性溶液中加入沉淀剂$(NH_4)_2C_2O_4$，再滴加氨水中和的办法使 CaC_2O_4 沉淀析出？加入甲基橙指示剂的目的是什么？

(2) CaC_2O_4 沉淀生成后为什么要陈化？

(3) 洗涤 CaC_2O_4 沉淀时，为什么先用 0.1% $(NH_4)_2C_2O_4$ 稀溶液洗涤，再用去离子水洗？怎样判断是否洗净？

(4) 若将带有沉淀的滤纸一开始便浸入溶液中，用 $KMnO_4$ 标准溶液滴定，这样操作对结果有什么影响？

实验 26　过氧化氢含量的测定

一、实验目的

(1) 掌握高锰酸钾标准溶液的配制、保存及标定方法。

(2) 掌握应用高锰酸钾法测定双氧水中 H_2O_2 含量的原理和方法。

二、实验原理

H_2O_2 又称双氧水，在工业、生物、医药等方面应用广泛。利用 H_2O_2 的氧化性可漂白毛、丝织物，医药上常用于消毒、杀菌，纯 H_2O_2 可作火箭燃料的氧化剂，工业上利用 H_2O_2 的还原性除去氯气。

H_2O_2 中含有过氧键(—O—O—)，在酸性介质中是强氧化剂，但遇到 $KMnO_4$ 表现其还原性。H_2O_2 在 H_2SO_4 介质中，室温下很容易被 $KMnO_4$ 氧化，反应式为

$$5\,H_2O_2 + 2\,MnO_4^- + 6\,H^+ = 2\,Mn^{2+} + 5\,O_2\uparrow + 8\,H_2O$$

滴定开始时反应速率要慢些，待第一滴 $KMnO_4$ 红色褪去后，再滴入第二滴。如此几滴，$KMnO_4$ 溶液作用完全，生成一定量的 Mn^{2+} 后，滴定速度就可以稍快些。该反应为自动催化反应。$KMnO_4$ 作为自身指示剂，滴定终点颜色不太稳定，这是由于空气中的还原性气体及尘埃

等杂质落入溶液中能使 $KMnO_4$ 缓慢褪色。

三、仪器与试剂

(1) 仪器：棕色酸式滴定管，分析天平，锥形瓶，烧杯，棕色试剂瓶，移液管，容量瓶。

(2) 试剂：$KMnO_4$(s)，基准 $Na_2C_2O_4$(s)，30% H_2O_2 样品，3.0 mol · L^{-1} H_2SO_4。

四、实验步骤

1. 0.02 mol · L^{-1} $KMnO_4$ 溶液配制与标定

配制 500 mL 0.02 mol · L^{-1} $KMnO_4$ 溶液并标定，方法见实验 24。实验数据填入自行设计的表格中。

2. H_2O_2 含量的测定

准确移取 30% H_2O_2 样品 5.00 mL 于 250 mL 容量瓶中，定容摇匀。移取 10.00 mL 此溶液置于 250 mL 锥形瓶中，加入 10～20 mL 去离子水和 10 mL 3.0 mol · L^{-1} H_2SO_4 溶液，再用 0.02 mol · L^{-1} $KMnO_4$ 标准溶液滴定至溶液呈粉红色，30 s 不褪色即为终点。平行测定 2 次。

五、实验数据记录与处理

(1) 将标定 $KMnO_4$ 溶液的数据填入自行设计的表格中，并计算 $KMnO_4$ 溶液浓度。

(2) 将测定 H_2O_2 的数据填入表 5.9，计算 H_2O_2 的含量。

表 5.9　H_2O_2 含量的测定

实验编号	Ⅰ	Ⅱ
$V(H_2O_2)$/mL		
$c(KMnO_4)$/(mol · L^{-1})		
$KMnO_4$ 溶液终读数/mL		
$KMnO_4$ 溶液初读数/mL		
$V(KMnO_4)$/mL		
$c(H_2O_2)$/(g · mL^{-1})		
$\overline{c}$ (H_2O_2)/(g · mL^{-1})		

六、思考题

(1) 为什么不直接移取 0.2 mL 30% H_2O_2 进行测定，而将样品稀释 50 倍后再移取 10.00 mL 测定？

(2) H_2O_2 有哪些重要性质？使用时应注意什么？

(3) 为什么含乙酰苯胺等有机物作稳定剂的 H_2O_2 试样不能用高锰酸钾法，而能用碘量法或铈量法准确测定？

实验 27　铁矿石中铁含量的测定——$K_2Cr_2O_7$法

一、实验目的

(1) 掌握 $K_2Cr_2O_7$ 标准溶液的配制和使用。

(2) 学习矿样的分解及试液的预处理过程。

(3) 掌握无汞 $K_2Cr_2O_7$ 法测定铁矿石中铁含量的原理和方法。

二、实验原理

铁矿石的种类很多，具有炼铁价值的铁矿石主要有磁铁矿(Fe_3O_4)、赤铁矿(Fe_2O_3)和菱铁矿($FeCO_3$)等。重铬酸钾法测定铁矿石中铁的含量通常有 $SnCl_2$-$HgCl_2$ 测铁法和 $SnCl_2$-$TiCl_3$ 测铁法。前者为有汞测铁，方法简便、准确，但该法使用毒性极大的 $HgCl_2$，严重污染环境，为避免汞污染，目前主要采用 $SnCl_2$-$TiCl_3$ 无汞测铁法。

铁矿石试样用浓 HCl 溶解后，趁热用 $SnCl_2$ 将大部分 Fe(Ⅲ)还原为 Fe(Ⅱ)，再用 $TiCl_3$ 还原剩余的 Fe(Ⅲ)，反应式为

$$2\,Fe^{3+} + SnCl_4^{2-} + 2\,Cl^- \xlongequal{\quad} 2\,Fe^{2+} + SnCl_6^{2-}$$

$$Fe^{3+} + Ti^{3+} + H_2O \xlongequal{\quad} Fe^{2+} + TiO^{2+} + 2\,H^+$$

当全部 Fe(Ⅲ)定量还原为 Fe(Ⅱ)之后，稍过量的 $TiCl_3$ 即可使指示剂 Na_2WO_4 由无色还原为蓝色的 W(Ⅴ)(俗称钨蓝)，指示 Fe(Ⅲ)已被定量还原。然后用少量的稀 $K_2Cr_2O_7$ 溶液将过量的钨蓝氧化，使蓝色恰好消失，从而指示预还原已完成。

定量还原 Fe(Ⅲ)时，不能单独用 $SnCl_2$，因为 $SnCl_2$ 不能很好地还原 W(Ⅵ)至 W(Ⅴ)，一旦 $SnCl_2$ 过量，又没有适当的无汞法消除。但单独使用 $TiCl_3$ 还原 Fe(Ⅲ)也不好，因为在溶液中如果引入较多的钛盐，当用水稀释时，大量 Ti(Ⅳ)易水解而生成沉淀，影响测定，故只能采用 $SnCl_2$-$TiCl_3$ 联合预还原法。

预处理后，在硫磷混酸介质中，以二苯胺磺酸钠为指示剂，用 $K_2Cr_2O_7$ 标准溶液滴定至溶液呈紫色，即达终点，反应式为

$$6\,Fe^{2+} + Cr_2O_7^{2-} + 14\,H^+ \xlongequal{\quad} 6\,Fe^{3+} + 2\,Cr^{3+} + 7\,H_2O$$

由于滴定过程中 Fe^{3+}的生成(HCl 介质中 Fe^{3+}为黄色)对终点有干扰，通常加入磷酸与 Fe^{3+}生成稳定的无色配合物$[Fe(PO_4)_2]^{3-}$，消除 Fe^{3+}的黄色，有利于终点的观察。另外，Fe^{3+}生成了稳定的$[Fe(PO_4)_2]^{3-}$，从而降低了 Fe^{3+}/Fe^{2+}电对的电极电势，使化学计量点的电位突跃增大，减少测定的误差[二苯胺磺酸钠指示剂条件电势为 0.85 V，无 H_3PO_4时，滴定突跃范围为 0.93～1.34 V，当 Fe^{3+}生成$[Fe(PO_4)_2]^{3-}$时，突跃范围为 0.71～1.34 V]。

三、仪器与试剂

(1) 仪器：酸式滴定管，分析天平，锥形瓶，烧杯，棕色试剂瓶，容量瓶。

(2) 试剂：铁矿石(s)，基准 $K_2Cr_2O_7$(s)，浓 HCl，5% $SnCl_2$(5 g $SnCl_2 \cdot 2H_2O$ 溶于 100 mL 6.0 mol · L^{-1} HCl，用前配制)，10% $SnCl_2$，1.5% $TiCl_3$(取 10 mL $TiCl_3$ 试剂，用 2.0 mol · L^{-1} HCl 稀释至 100 mL，混合，储于棕色瓶中，用前配制)，硫磷混酸溶液(150 mL 浓 H_2SO_4 缓慢加入

700 mL 去离子水中，冷却后再加 150 mL 浓 H_3PO_4)，2.5% Na_2WO_4，0.2%二苯胺磺酸钠。

四、实验步骤

1. 0.02 $mol \cdot L^{-1}$ $K_2Cr_2O_7$ 标准溶液配制

准确称取 1.47 g 基准 $K_2Cr_2O_7$(M_r=294.2)于小烧杯中，加去离子水溶解，然后定量转入 250 mL 容量瓶，定容，摇匀。数据填入表 5.10，并计算浓度。

2. 矿样的溶解

准确称取 0.15～0.2 g 铁矿石试样 3 份，分别置于 250 mL 锥形瓶中，用少量去离子水润湿，加入 10 mL 浓 HCl，盖上表面皿，在通风橱中低温加热分解试样(若有带色不溶残渣，可加 0.2 g NaF 或加 8～10 滴 10% $SnCl_2$ 助溶，至残渣接近白色)，使试样溶解完全。溶液呈深黄色，用少量去离子水冲洗表面皿和锥形瓶内壁。

3. 预处理

趁热用滴管小心滴加 5% $SnCl_2$ 溶液以还原 Fe(Ⅲ)，边滴边摇，直到溶液由棕黄色变为浅黄色，表明大部分 Fe(Ⅲ)已被还原。加入 1 mL 2.5% Na_2WO_4 和 60 mL 去离子水，加热，在摇动下逐滴加入 1.5% $TiCl_3$ 至溶液出现稳定浅蓝色，冲洗瓶壁，并用自来水冲洗锥形瓶外壁使溶液冷却至室温。小心滴加稀释 10 倍的 $K_2Cr_2O_7$ 标准溶液，至蓝色刚刚消失。

4. 测定

将试液加去离子水稀释至 150 mL，加入 15 mL 硫磷混酸，再加入 5～6 滴二苯胺磺酸钠指示剂，立即用 $K_2Cr_2O_7$ 标准溶液滴定至溶液呈稳定的紫色，即为终点。平行测定 3 次。

五、实验数据记录与处理

将实验数据填入表 5.10，计算铁矿石中铁的质量分数。

表 5.10　铁矿石中铁含量的测定

实验编号	Ⅰ	Ⅱ	Ⅲ
$m(K_2Cr_2O_7)$/g			
$c(K_2Cr_2O_7)/(mol \cdot L^{-1})$			
m(铁矿石)/g			
$K_2Cr_2O_7$ 溶液终读数/mL			
$K_2Cr_2O_7$ 溶液初读数/mL			
$V(K_2Cr_2O_7)$/mL			
w(Fe)/%			
$\bar{w}$(Fe)/%			
绝对偏差/%			
平均偏差/%			
相对平均偏差/%			

六、思考题

(1) $K_2Cr_2O_7$ 为什么能直接称量配制标准溶液？

(2) 在预处理时为什么 $SnCl_2$ 溶液、$TiCl_3$ 溶液都要趁热逐滴加入？

(3) 在预还原 Fe (Ⅲ)至 Fe (Ⅱ)时，为什么要用 $SnCl_2$ 和 $TiCl_3$ 两种还原剂？只使用其中一种有什么缺点？

(4) 在滴定前溶液中加 H_3PO_4 的作用是什么？加 H_3PO_4 后为什么要立即滴定？

实验 28　水样化学需氧量的测定——$K_2Cr_2O_7$ 法

一、实验目的

(1) 了解化学需氧量的概念及在环境分析中的作用。

(2) 掌握用重铬酸钾法测定水体化学需氧量的原理和方法。

二、实验原理

化学需氧量(COD)是量度水体受还原性物质(主要是有机物)污染程度的综合指标，指在一定条件下，水体中易被强氧化剂氧化的还原性物质所消耗的氧化剂量，换算成氧的量(以 O_2 的 $mg \cdot L^{-1}$ 表示)。COD 越高，水体受污染程度越严重。

水体中还原性物质主要包括有机物和亚硝酸盐、亚铁盐、硫化物等无机物。COD 的测定分为酸性高锰酸钾法、碱性高锰酸钾法和重铬酸钾法，分别记为 COD_{Mn}(酸性)、COD_{Mn}(碱性)和 COD_{Cr}。目前我国在废水监测中主要采用 COD_{Cr}。

重铬酸钾法是在强酸性溶液中，准确加入过量的重铬酸钾，将还原性物质(有机物和无机物)氧化，剩余的重铬酸钾以试亚铁灵作指示剂，用硫酸亚铁铵回滴，根据消耗的重铬酸钾量即可计算出水样中化学需氧量。

重铬酸钾是强氧化剂，可氧化的有机物质较多，但对直链烃、芳香烃等有机物氧化效果较差，所以加入硫酸银作催化剂，以提高氧化能力，但对芳香烃类无作用。

水体中氯离子是普遍存在的，在此条件下也能被重铬酸钾氧化生成氯气，消耗一定量重铬酸钾(氯离子也干扰硫酸银)，因此测定前加硫酸汞消除干扰。

三、仪器与试剂

(1) 仪器：分析天平，250 mL 磨口三角烧瓶，球形冷凝器，酸式滴定管，锥形瓶，烧杯。

(2) 试剂：试亚铁灵指示剂(称取 1.485 g 分析纯邻二氮杂菲与 0.695 g $FeSO_4 \cdot 7H_2O$，用去离子水溶解，稀释至 100 mL，储存于棕色瓶中)，硫酸亚铁铵[$(NH_4)_2SO_4 \cdot FeSO_4 \cdot 6H_2O$](s)，基准 $K_2Cr_2O_7$(s)，浓 H_2SO_4，Ag_2SO_4-H_2SO_4(在 500 mL 浓 H_2SO_4 中加入 5 g Ag_2SO_4，摇动使其溶解)，硫酸汞(s)。

四、实验步骤

1. 0.04 $mol \cdot L^{-1}$ $K_2Cr_2O_7$ 标准溶液的配制

准确称取 2.8～3.0 g 基准 $K_2Cr_2O_7$ 于小烧杯中，加去离子水溶解，然后定量转入 250 mL

容量瓶中，定容，摇匀。数据填入表 5.11，计算 $K_2Cr_2O_7$ 浓度。

2. 0.1 mol · L^{-1} 硫酸亚铁铵溶液的配制与标定

(1) 溶液的配制。称取 19.5 g 硫酸亚铁铵晶体(M_r = 392.1)于烧杯中，加适量去离子水及 10 mL 浓硫酸，溶解后稀释至 500 mL，摇匀。

(2) 溶液标定。准确移取 10.00 mL $K_2Cr_2O_7$ 标准溶液于锥形瓶中，加去离子水稀释至 100 mL，加 8 mL 浓硫酸，冷却后加 2～3 滴试亚铁灵指示剂，用硫酸亚铁铵溶液滴定到溶液由黄色经蓝绿色刚好变成红褐色，即为终点。平行测定 3 次，数据填入表 5.11，计算硫酸亚铁铵溶液浓度。

3. 水样分析

(1) 准确移取 2 份 25.00 mL 水样(或适量水样稀释至 25 mL)，分别置于 250 mL 带回流装置的磨口三角烧瓶中，准确加入 10.00 mL 0.04 mol · L^{-1} $K_2Cr_2O_7$ 标准溶液，再缓慢加入 30 mL Ag_2SO_4-H_2SO_4 溶液，边加边摇动混合均匀，再加数粒玻璃珠(防爆沸)，加热后回流 2 h。清洁的水样加热回流的时间可以短一些。

(2) 若水样含氯化物大于 30 mg · L^{-1}，则取水样 20.00 mL，加硫酸汞 0.4 g、浓硫酸 5 mL，待硫酸汞溶解，再加 10.00 mL 重铬酸钾溶液、30 mL Ag_2SO_4-H_2SO_4 溶液和数粒玻璃珠，加热回流 2 h。

(3) 加热回流之后，冷却。先用约 25 mL 去离子水沿冷凝管壁冲洗，然后取下烧瓶将溶液转入 250 mL 锥形瓶，冲洗烧瓶四五次，再用去离子水稀释溶液至 120～140 mL(溶液体积太大，酸度低，终点不明显)。加入 2～3 滴试亚铁灵指示剂，用硫酸亚铁铵标准溶液滴定到溶液由黄色经蓝绿色刚变成红褐色为止。记录消耗的硫酸亚铁铵标准溶液的体积 V_1。

(4) 同时做空白实验，即以 25.00 mL 去离子水代替水样，其他步骤同样品操作。记录消耗的硫酸亚铁铵标准溶液的体积 V_0。

五、实验数据记录与处理

(1) 将标定硫酸亚铁铵溶液数据和基准重铬酸钾数据填入表 5.11，并计算溶液的浓度。

表 5.11　0.1 mol · L^{-1} 硫酸亚铁铵溶液的标定

实验编号	Ⅰ	Ⅱ	Ⅲ
$m(K_2Cr_2O_7)$/g			
$c(K_2Cr_2O_7)$/(mol · L^{-1})			
$V(K_2Cr_2O_7)$/mL			
$(NH_4)_2SO_4 \cdot FeSO_4 \cdot 6H_2O$ 终读数/mL			
$(NH_4)_2SO_4 \cdot FeSO_4 \cdot 6H_2O$ 初读数/mL			
$V[(NH_4)_2SO_4 \cdot FeSO_4 \cdot 6H_2O]$/mL			
$c[(NH_4)_2SO_4 \cdot FeSO_4 \cdot 6H_2O]$/(mol · L^{-1})			
$\overline{c}$ $[(NH_4)_2SO_4 \cdot FeSO_4 \cdot 6H_2O]$/(mol · L^{-1})			
绝对偏差/(mol · L^{-1})			
平均偏差/(mol · L^{-1})			
相对平均偏差/%			

(2) 将水样测定实验数据填入表 5.12，计算水样 COD。

表 5.12 水样 COD 的测定

实验编号	I	Ⅱ
V(水样)/mL		
$c(K_2Cr_2O_7)/(mol \cdot L^{-1})$		
$V(K_2Cr_2O_7)/mL$		
$V_1[(NH_4)_2SO_4 \cdot FeSO_4 \cdot 6H_2O]/mL$		
$V_0[(NH_4)_2SO_4 \cdot FeSO_4 \cdot 6H_2O]/mL$		
$COD/(mg \cdot L^{-1})$		
COD 平均值$/(mg \cdot L^{-1})$		

化学需氧量为

$$\mathrm{COD} = \frac{(V_0 - V_1)c(\mathrm{Fe}) \times 8 \times 1000}{V(\text{水样})} (\mathrm{O_2\ mg \cdot L^{-1}})$$

式中：c(Fe)为硫酸亚铁铵标准溶液浓度$(mol \cdot L^{-1})$；V_0 为空白消耗硫酸亚铁铵标准溶液体积(mL)；V_1 为水样消耗硫酸亚铁铵标准溶液体积(mL)；V(水样)为水样的体积(mL)。

六、思考题

(1) 测定 COD 有什么意义？

(2) 在实验中加入硫酸银的作用是什么？

(3) 在什么情况下才加入硫酸汞？

实验 29 碘和硫代硫酸钠溶液的配制和标定

一、实验目的

(1) 学习 I_2 及 $Na_2S_2O_3$ 溶液的配制方法和保存条件。

(2) 掌握标定 I_2 及 $Na_2S_2O_3$ 溶液浓度的原理和方法。

(3) 掌握直接碘量法和间接碘量法的测定条件。

二、实验原理

1. 基本原理

由于固体 I_2 在水中的溶解度很小$(0.00133\ mol \cdot L^{-1})$，故通常将 I_2 溶解在 KI 溶液中，此时 I_2 在溶液中以 I_3^- 形式存在，但为方便起见，I_3^- 一般仍简写为 I_2，其半反应为

$$I_2 + 2\,e^- = 2\,I^- \qquad \varphi^{\ominus}(I_2/I^-) = 0.54\ \mathrm{V}$$

由 I_2/I^-标准电极电势可知 I_2 是较弱的氧化剂，I^-是中等强度的还原剂。

碘量法是利用 I_2 的氧化性和 I^-的还原性来进行滴定分析的方法，分为直接碘量法和间接碘量法。

直接碘量法：利用碘的氧化性，用碘标准溶液直接滴定还原性物质的分析方法。I_2 是一种较弱的氧化剂，因此只能与较强的还原剂如 Sn(Ⅱ)、S^{2-}、SO_3^{2-}、As_2O_3、SO_2 等作用。

间接碘量法：利用 I^-的还原性，过量的 I^-与具有氧化性的物质反应，生成定量的 I_2，再用 $Na_2S_2O_3$ 标准溶液滴定析出的 I_2，从而间接测定具有氧化性的物质，如测定 H_2O_2、$Cr_2O_7^{2-}$、MnO_4^- 等。反应式如下：

$$H_2O_2 + 2\,I^- + 2\,H^+ = I_2 + 2\,H_2O$$

$$I_2 + 2\,S_2O_3^{2-} = 2\,I^- + S_4O_6^{2-}$$

2. 滴定条件

(1) 直接碘量法。不能在碱性溶液中进行，只能在中性或弱酸性介质下进行，因为在碱性溶液中，I_2 会发生歧化反应。

$$3\,I_2 + 6\,OH^- = IO_3^- + 5\,I^- + 3\,H_2O$$

(2) 间接碘量法。为了使 SO_3^{2-} 与 I_2 之间的反应迅速、定量完成，也只能在中性或弱酸性介质下进行。若酸性强，$Na_2S_2O_3$ 溶液分解；若碱性强，I_2 会发生歧化反应，还会发生如下副反应，影响测定结果。

$$S_2O_3^{2-} + 4\,I_2 + 10\,OH^- = 2\,SO_4^{2-} + 8\,I^- + 5\,H_2O$$

滴定反应指示剂为淀粉，直接碘量法开始时加入，间接碘量法近终点时加入。

3. 标定原理

1) 碘量法标准溶液

标准溶液有碘溶液和硫代硫酸钠溶液。

(1) I_2 标准溶液。用升华法可制得纯 I_2，但 I_2 很难准确称量，应先配成近似浓度(先将 I_2 与 KI 混合，用少量水充分研磨，溶解完全后再稀释)，然后标定。

标定 I_2 溶液浓度的最好方法是用 As_2O_3(俗名砒霜，剧毒)作基准物。As_2O_3 难溶于水，易溶于碱性溶液中生成亚砷酸盐，反应如下：

$$As_2O_3 + 6\,OH^- = 2\,AsO_3^{3-} + 3\,H_2O$$

亚砷酸盐与 I_2 的反应是可逆的，反应如下：

$$AsO_3^{3-} + I_2 + H_2O \rightleftharpoons AsO_4^{3-} + 2\,I^- + 2\,H^+$$

随着滴定反应的进行，溶液酸度增加，反应将反方向进行，即 AsO_4^{3-} 将氧化 I^-，使滴定反应不能完成。但是又不能在强碱溶液中进行滴定，一般在酸性溶液中加入过量 $NaHCO_3$，使溶液的 pH 保持在 8 左右，所以实际上滴定反应式为

$$I_2 + AsO_3^{3-} + 2\,HCO_3^- \rightleftharpoons 2\,I^- + AsO_4^{3-} + 2\,CO_2\uparrow + H_2O$$

I_2 溶液的浓度也可用 $Na_2S_2O_3$ 标准溶液标定。配制 I_2 溶液时要加入过量的 KI，使 I_2 形成 I_3^- 配离子而减少其挥发，光照会促进 I^-被空气氧化，也要避免阳光直接照射 I_2 溶液。用 $Na_2S_2O_3$

滴定时，应在室温下(一般低于 30℃)于碘量瓶中进行，并防止剧烈振荡。

(2) 硫代硫酸钠标准溶液。硫代硫酸钠($Na_2S_2O_3 \cdot 5H_2O$)一般含有少量杂质，如 S、Na_2SO_3、Na_2SO_4、Na_2CO_3 及 NaCl 等，同时 $Na_2S_2O_3$ 溶液易受空气和微生物等的作用而分解，还容易风化和潮解，因此不能直接配制准确浓度的溶液。$Na_2S_2O_3$ 溶液不稳定，其原因是：

(i) 溶解的 CO_2 的作用。$Na_2S_2O_3$ 在中性或碱性溶液中较稳定，当 pH<4.6 时不稳定。溶液中含有 CO_2 时，它会促进 $Na_2S_2O_3$ 分解，反应如下：

$$Na_2S_2O_3 + H_2CO_3 = NaHSO_3 + NaHCO_3 + S\downarrow$$

此分解反应一般发生在溶液配成后的最初十天内。在 pH=9～10，硫代硫酸钠溶液最为稳定，所以在 $Na_2S_2O_3$ 溶液中常加入少量的 Na_2CO_3。

(ii) 空气的氧化作用。空气中的 O_2 能氧化硫代硫酸钠，反应如下：

$$2\,Na_2S_2O_3 + O_2 = 2\,Na_2SO_4 + 2\,S\downarrow$$

(iii) 微生物的作用。这是使 $Na_2S_2O_3$ 分解的主要原因。为了避免微生物的分解作用，可加入少量 HgI_2(10 mg · L^{-1})。

为了减少溶解在水中的 CO_2、O_2 和杀死水中微生物，应用新煮沸后冷却的去离子水配制溶液，并加入少量 Na_2CO_3 (浓度约为 0.02%)，以防止 $Na_2S_2O_3$ 分解。日光能促进 $Na_2S_2O_3$ 溶液分解，所以 $Na_2S_2O_3$ 溶液应储存在棕色瓶中，放置暗处，经 7～14 天再标定。长期使用的溶液应定期标定，若保存得好，可每两个月标定一次。

2) 标定硫代硫酸钠溶液的基准物

标定 $Na_2S_2O_3$ 常采用间接碘量法，基准物有 $K_2Cr_2O_7$、KIO_3、$KBrO_3$、纯 Cu 等。通常选 $K_2Cr_2O_7$ 或 KIO_3 作基准物标定 $Na_2S_2O_3$ 溶液的浓度，基准物先与 KI 反应析出 I_2，反应式如下：

$$Cr_2O_7^{2-} + 6\,I^- + 14\,H^+ = 2\,Cr^{3+} + 3\,I_2 + 7\,H_2O$$

$$IO_3^- + 5\,I^- + 6\,H^+ = 3\,I_2 + 3\,H_2O$$

析出的 I_2 再用标准 $Na_2S_2O_3$ 溶液滴定，反应式为

$$I_2 + 2\,S_2O_3^{2-} = S_4O_6^{2-} + 2\,I^-$$

三、仪器与试剂

(1) 仪器：棕色酸式滴定管，分析天平，碘量瓶，锥形瓶，烧杯。

(2) 试剂：$Na_2S_2O_3 \cdot 5H_2O(s)$，$Na_2CO_3(s)$，$I_2(s)$，KI(s)，基准 $K_2Cr_2O_7(s)$，基准 $KIO_3(s)$，基准 $As_2O_3(s)$，4% $NaHCO_3$ 溶液，0.5 mol · L^{-1} H_2SO_4，20% KI，1%淀粉，1.0 mol · L^{-1} NaOH，3.0 mol · L^{-1} H_2SO_4，1%酚酞。

四、实验步骤

1. 溶液的配制

(1) 0.05 mol · L^{-1} I_2 溶液的配制。称取 6.5 g I_2(M_r = 253.8)和 20 g KI 置于小研钵或小烧杯中，加少量去离子水，研磨或搅拌至 I_2 全部溶解后转入棕色瓶中(在通风橱中操作)，加去离子水稀释至 500 mL，盖上瓶塞，摇匀后放置过夜，待标定。

(2) 0.1 mol · L^{-1} $Na_2S_2O_3$ 溶液的配制。称取 20 g $Na_2S_2O_3 \cdot 5H_2O$(M_r = 248.2)于 300～400 mL 烧杯中，加入 200～300 mL 新煮沸已冷却的去离子水，再加入 0.2 g Na_2CO_3，待完全溶解后，

用新煮沸已冷却的去离子水稀释至 800 mL，储于棕色瓶中，在暗处放置 7～14 天后标定。

2. 溶液浓度的标定

1) 0.05 mol · L^{-1} I_2 溶液浓度的标定(两种方法选一种)

(1) 用基准物 As_2O_3 标定。准确称取在 H_2SO_4 干燥器中干燥 24 h 的 As_2O_3(M_r = 197.8)1.1～1.4 g 置于 250 mL 锥形瓶中，加入 10 mL 1.0 mol · L^{-1} NaOH 溶液，待 As_2O_3 完全溶解后，加 1 滴酚酞，用 0.5 mol · L^{-1} H_2SO_4 溶液中和至微酸性，然后加入 25 mL 4% $NaHCO_3$ 和 1 mL 1%淀粉溶液，再用 I_2 标准溶液滴定至出现蓝色，即为终点。平行测定 3 次，实验数据填入自行设计的表格中，计算 I_2 标准溶液的浓度。

(2) 用 $Na_2S_2O_3$ 标准溶液标定。准确吸取 25.00 mL I_2 标准溶液置于 250 mL 碘量瓶中，加 50 mL 去离子水，用 0.1 mol · L^{-1} $Na_2S_2O_3$ 标准溶液滴定至呈浅黄色后，加入 1 mL 1%淀粉溶液，用 $Na_2S_2O_3$ 溶液继续滴定至蓝色恰好消失，即为终点。平行测定 3 次。根据 $Na_2S_2O_3$ 及 I_2 溶液的体积和 $Na_2S_2O_3$ 溶液的浓度，计算 I_2 标准溶液的浓度。

2) 0.1 mol · L^{-1} $Na_2S_2O_3$ 溶液浓度的标定(两种方法选一种)

(1) 准确称取已烘干的基准物 $K_2Cr_2O_7$(M_r = 294.2)0.11～0.16 g 于 250 mL 碘量瓶中，加入 20～30 mL 去离子水使之溶解，再加入 10 mL 20% KI 溶液(或 2 g 固体 KI)和 5 mL 3 mol · L^{-1} H_2SO_4 溶液，盖好瓶塞混匀后并水封，暗处放置 5 min。反应结束后加 50 mL 水稀释一倍，用 0.1 mol · L^{-1} $Na_2S_2O_3$ 溶液滴定至呈浅黄绿色时，加入 1 mL 1%淀粉溶液，继续滴定至蓝(蓝黑)色变为淡蓝绿色，即为终点。平行测定 3 次。

(2) 准确称取已烘干的基准物 KIO_3(M_r = 214.0)0.71～1.1 g 于小烧杯中，加水溶解后，定量转入 250 mL 容量瓶中，稀释至刻度，摇匀。用移液管移取 25.00 mL KIO_3 标准溶液于碘量瓶中，加入 10 mL 20% KI 溶液(或 2 g 固体 KI)和 2.0 mL 3 mol · L^{-1} H_2SO_4 溶液，再加 50 mL 去离子水，然后用 0.1 mol · L^{-1} $Na_2S_2O_3$ 溶液滴定至由棕色转变为浅黄色时，加入 1 mL 1%淀粉溶液，继续滴定至溶液由蓝色变为无色，即为终点。平行测定 3 次。

五、实验数据记录与处理

将标定 0.1 mol · L^{-1} $Na_2S_2O_3$ 溶液的实验数据填入表 5.13，计算 $Na_2S_2O_3$ 溶液的浓度。

表 5.13　0.1 mol · L^{-1} $Na_2S_2O_3$ 溶液的标定

实验编号	Ⅰ	Ⅱ	Ⅲ
m($K_2Cr_2O_7$ 或 KIO_3) /g			
$Na_2S_2O_3$ 溶液终读数/mL			
$Na_2S_2O_3$ 溶液初读数/mL			
V($Na_2S_2O_3$)/mL			
c($Na_2S_2O_3$)/(mol · L^{-1})			
$\overline{c}$ ($Na_2S_2O_3$)/(mol · L^{-1})			
绝对偏差/(mol · L^{-1})			
平均偏差/(mol · L^{-1})			
相对平均偏差/%			

六、思考题

(1) 如何配制和保存浓度比较稳定的 I_2 和 $Na_2S_2O_3$ 标准溶液？

(2) 用 As_2O_3 作基准物标定 I_2 溶液时，为什么先加酸至呈微酸性，还要加入 $NaHCO_3$ 溶液？

(3) 用 $K_2Cr_2O_7$ 作基准物标定 $Na_2S_2O_3$ 溶液时，为什么要加入过量的 KI 和 H_2SO_4 溶液？为什么放置一定时间后才加水稀释？加水稀释的作用是什么？

(4) 为什么用 I_2 溶液滴定 $Na_2S_2O_3$ 溶液时应预先加入淀粉指示剂？而用 $Na_2S_2O_3$ 滴定 I_2 溶液时必须在将近终点之前才加入？

(5) I_2 溶液能否装在碱式滴定管中？为什么？

(6) 比较 $K_2Cr_2O_7$ 和 KIO_3 作基准物标定 $Na_2S_2O_3$ 溶液浓度的优缺点。

实验 30　维生素 C 制剂中抗坏血酸含量的测定

一、实验目的

(1) 掌握硫代硫酸钠和碘溶液的配制和标定方法。

(2) 掌握直接碘量法测定抗坏血酸的原理和方法。

二、实验原理

维生素 C 又称抗坏血酸，分子式为 $C_6H_8O_6$(M_r=176.1)，由于分子中烯二醇基具有还原性，能被碘定量氧化成二酮基，其反应为

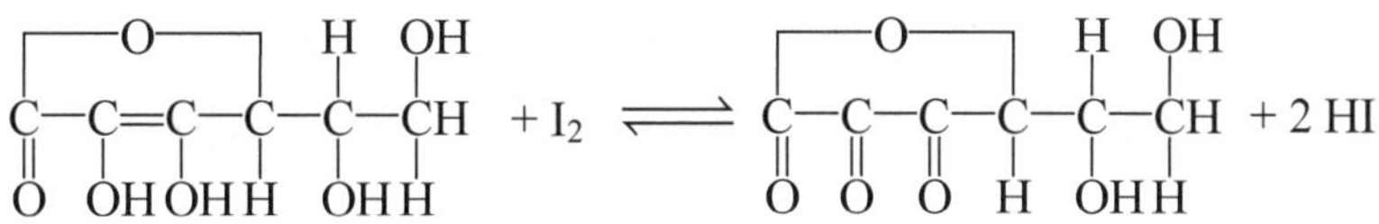

维生素 C 的半反应为

$$C_6H_8O_6 = C_6H_6O_6 + 2H^+ + 2e^- \qquad \varphi^\ominus = 0.18\ V$$

由于维生素 C 的还原性很强，在空气中极易被氧化，尤其在碱性介质中，测定时需加入乙酸使溶液呈弱酸性，减少维生素 C 的副反应。维生素 C 在医学和化学上应用非常广泛。在分析化学上常用在光度法和配位滴定法中作为还原剂。

本实验采用碘量法测定维生素 C 药片中的抗坏血酸含量，滴定反应以淀粉为指示剂，终点时溶液由无色变为蓝色。直接碘量法不能在碱性溶液中进行，只能在中性或弱酸性介质下进行，因为在碱性溶液中 I_2 会发生歧化反应。

三、仪器与试剂

(1) 仪器：棕色酸式滴定管，分析天平，容量瓶，移液管，锥形瓶。

(2) 试剂：维生素 C(药片)，I_2(s)，基准 KIO_3(s)，基准 $K_2Cr_2O_7$(s)，$Na_2S_2O_3\cdot 5H_2O$(s)，2.0 $mol\cdot L^{-1}$ HAc，1%淀粉溶液。

四、实验步骤

1. 标准溶液的配制与标定

(1) 0.1 mol · L^{-1} $Na_2S_2O_3$溶液的配制与标定。配制 500 mL $Na_2S_2O_3$溶液并标定，方法见实验 29，平行测定 3 次。

(2) 0.02 mol · L^{-1} I_2溶液的配制与标定。用台秤称取约 2.5 g I_2(M_r=253.8)于小烧杯中(或研钵中)，加入约 3.0 g KI 及少量去离子水(6～8 mL)，搅拌(或研磨)使 I_2溶解(在通风橱中操作)，然后转入棕色瓶中，加去离子水稀释至 500 mL，摇匀。

用移液管移取 10.00 mL $Na_2S_2O_3$标准溶液，置于 250 mL 锥形瓶中，加入 20～30 mL 去离子水和 1 mL 1%淀粉，用 I_2溶液滴定溶液至蓝色，30 s 不褪色即为终点。平行测定 3 次。

2. 维生素 C 药片中抗坏血酸的测定

(1) 取 10 片左右的维生素 C 药片(每片约 0.1 g)，小心研磨，准确称取 0.4 g 于小烧杯中，加 20 mL 2.0 mol · L^{-1} HAc 溶液和适量新煮沸已冷却的去离子水，溶解后，定量转移入 100 mL 容量瓶中并定容，摇匀。用干燥滤纸迅速过滤，滤液备用。

(2) 用移液管移取 25.00 mL 上述滤液于碘量瓶中，加入 1 mL 1%淀粉，用 I_2溶液滴定至蓝色，30 s 不褪色即为终点。平行测定 3 次。

五、实验数据记录与处理

(1) 将标定 0.1 mol · L^{-1} $Na_2S_2O_3$溶液的数据填入自行设计的表格中，计算其浓度。

(2) 将标定 0.02 mol · L^{-1} I_2溶液的数据填入自行设计的表格中，计算其浓度。

(3) 将药片中维生素 C 的测定数据填入表 5.14，计算维生素 C 的含量。

表 5.14　维生素 C 含量的测定

实验编号	Ⅰ	Ⅱ	Ⅲ
m(药片)/g			
$c(I_2)/(mol \cdot L^{-1})$			
I_2溶液终读数/mL			
I_2溶液初读数/mL			
$V(I_2)$/mL			
w(维生素 C)/%			
$\bar{w}$(维生素 C)/%			
绝对偏差/%			
平均偏差/%			
相对平均偏差/%			

六、思考题

(1) 配制 I_2溶液时加入 KI 的作用是什么？

(2) 维生素 C 药片为什么用新煮沸已冷却的去离子水溶解？加 HAc 有何作用？
(3) 若用 $Na_2S_2O_3$ 标准溶液滴定 I_2 溶液，淀粉指示剂在什么时候加入合适？
(4) 为什么 I_2 标准溶液不宜用直接法配制？

实验 31　氯化物中氯离子含量的测定

I　莫　尔　法

一、实验目的

(1) 学习 $AgNO_3$ 标准溶液的配制和标定方法。
(2) 掌握沉淀滴定法中以 K_2CrO_4 为指示剂测定氯离子的方法。

二、实验原理

利用滴定法测定氯化物中氯含量方法有莫尔法、福尔哈德法和法扬斯法三种。

莫尔法是在中性或弱碱性溶液中，以 K_2CrO_4 为指示剂，用 $AgNO_3$ 标准溶液直接滴定待测试液中的 Cl^-。由于 AgCl 沉淀的溶解度比 Ag_2CrO_4 小，因此溶液中首先析出 AgCl 沉淀，当 AgCl 定量沉淀后，过量 1 滴 $AgNO_3$ 溶液即与 CrO_4^{2-} 生成砖红色 Ag_2CrO_4 沉淀，指示达到终点。主要反应式如下：

$$Ag^+ + Cl^- \xlongequal{\quad} AgCl\downarrow \text{(白色)} \qquad K^{\ominus}_{sp,AgCl} = 1.77\times10^{-10}$$

$$2Ag^+ + CrO_4^{2-} \xlongequal{\quad} Ag_2CrO_4\downarrow \text{(砖红色)} \qquad K^{\ominus}_{sp,Ag_2CrO_4} = 1.1\times10^{-12}$$

滴定必须在中性或弱碱性溶液中进行，最适宜 pH 范围为 6.5～10.5。如果有铵盐存在，溶液的 pH 需控制在 6.5～7.2。

指示剂的用量对滴定有影响，一般以 5×10^{-3} mol · L^{-1} 为宜。凡是能与 Ag^+生成难溶性化合物或配合物的阴离子都干扰测定，如 PO_4^{3-}、AsO_4^{3-}、SO_3^{2-}、S^{2-}、CO_3^{2-}、$C_2O_4^{2-}$等。其中，H_2S 可加热煮沸除去，将 SO_3^{2-} 氧化成 SO_4^{2-} 后不再干扰测定。大量 Cu^{2+}、Ni^{2+}、Co^{2+}等有色离子影响终点观察。凡是能与 CrO_4^{2-} 指示剂生成难溶化合物的阳离子也干扰测定，如 Ba^{2+}、Pb^{2+}能与 CrO_4^{2-} 分别生成 $BaCrO_4$ 和 $PbCrO_4$ 沉淀。Ba^{2+}的干扰可加入过量的 Na_2SO_4 消除。Al^{3+}、Fe^{3+}、Bi^{3+}、Sn^{4+}等高价金属离子在中性或弱碱性溶液中易水解产生沉淀，会干扰测定。

三、仪器与试剂

(1) 仪器：棕色酸式滴定管，分析天平，锥形瓶，烧杯。
(2) 试剂：氯化物试样(s)，基准 NaCl(s)，$AgNO_3$(s)，5% K_2CrO_4 溶液。

四、实验步骤

1. 0.1 mol · L^{-1} $AgNO_3$ 溶液的配制

称取 8.5 g $AgNO_3$(M_r=169.9)于烧杯中，加适量去离子水(不含 Cl^-)溶解，将溶液转入棕色试剂瓶中，稀释至 500 mL，摇匀，暗处保存。

2. 标定

准确称取 0.5～0.6 g 基准 NaCl(M_r=58.44)于小烧杯中，加去离子水溶解后，转入 100 mL 容量瓶中，稀释至刻度，摇匀。用移液管移取 25.00 mL NaCl 溶液于 250 mL 锥形瓶中，加入约 25 mL 去离子水、1 mL 5% K_2CrO_4 溶液，在不断摇动下，用 $AgNO_3$ 溶液滴定至呈砖红色，即为终点。平行测定 3 次，实验数据填入自行设计的表格中。

3. 试样分析

准确称取 1.5～2.0 g 试样于烧杯中，加去离子水溶解后，定量转入 250 mL 容量瓶中，用去离子水稀释至刻度，摇匀。用移液管移取 25.00 mL 试液于 250 mL 锥形瓶中，加入约 25 mL 去离子水、1 mL 5% K_2CrO_4 溶液，在不断摇动下，用 $AgNO_3$ 标液滴定至溶液出现砖红色，即为终点。平行测定 3 次。

五、实验数据记录与处理

(1) 将标定 0.1 mol · L^{-1} $AgNO_3$ 溶液的实验数据填入自行设计的表格中，计算 $AgNO_3$ 溶液浓度。

(2) 将试样测定数据填入表 5.15，计算氯离子的含量。

表 5.15 试样氯离子含量的测定

实验编号	Ⅰ	Ⅱ	Ⅲ
m(试样)/g			
$c(AgNO_3)$/(mol · L^{-1})			
$AgNO_3$ 溶液终读数/mL			
$AgNO_3$ 溶液初读数/mL			
$V(AgNO_3)$/mL			
c (Cl^-)/(g · L^{-1})			
$\overline{c}$ (Cl^-)/(g · L^{-1})			
绝对偏差/(g · L^{-1})			
平均偏差/(g · L^{-1})			
相对平均偏差/%			

六、思考题

(1) 莫尔法测 Cl^-时，为什么溶液的 pH 需控制在 6.5～10.5?

(2) 以 K_2CrO_4 作指示剂时，其浓度太大或太小对测定有什么影响?

(3) 准确分析时，为什么要校正指示剂空白？它是引起正误差还是负误差?

(4) 指示剂是 $K_2Cr_2O_7$ 溶液还是 K_2CrO_4 溶液？为什么?

Ⅱ 福尔哈德法

一、实验目的

(1) 学习 NH_4SCN 标准溶液的配制和标定。

(2) 掌握福尔哈德法的原理、方法及应用。

(3) 掌握福尔哈德返滴定测定氯化物中氯含量的原理和方法。

二、实验原理

用铁铵矾$[NH_4Fe(SO_4)_2 \cdot 12H_2O]$作指示剂的银量法称为福尔哈德法。本法分为直接滴定法和返滴定法。

1. 直接滴定法测定 Ag^+

在含有 Ag^+的酸性溶液中加入铁铵矾指示剂，用 NH_4SCN 标准溶液直接滴定。滴定过程中首先生成白色 AgSCN 沉淀，滴定到化学计量点时，过量的 SCN^-与铁铵矾中的 Fe^{3+}反应生成红色 $Fe(SCN)^{2+}$配合物时即为终点。反应式为

$$Ag^+ + SCN^- = AgSCN\downarrow(白色) \qquad K^\ominus_{sp,AgSCN}=1.03\times10^{-12}$$

$$Fe^{3+} + n\,SCN^- \rightleftharpoons Fe(SCN)_n^{3-n}(红色) \qquad K^\ominus=138$$

2. 返滴定法测定 Cl^-(也可测 Br^-和 I^-)

在含 Cl^-的酸性溶液中加入一定量过量的 $AgNO_3$ 标准溶液，定量生成 AgCl 沉淀后，过量的 $AgNO_3$ 溶液以铁铵矾为指示剂，用 NH_4SCN 标准溶液回滴，由配离子 $Fe(SCN)^{2+}$的红色指示滴定终点。主要反应式为

$$Ag^+ + Cl^- = AgCl\downarrow(白色) \qquad K^\ominus_{sp,AgCl}=1.77\times10^{-10}$$

$$Ag^+ + SCN^- = AgSCN\downarrow(白色) \qquad K^\ominus_{sp,AgSCN}=1.03\times10^{-12}$$

$$Fe^{3+} + n\,SCN^- \rightleftharpoons Fe(SCN)_n^{3-n}(红色) \qquad K^\ominus=138$$

指示剂用量多少对测定有影响，一般控制 Fe^{3+}浓度为 0.015 $mol \cdot L^{-1}$ 左右为宜。滴定时，控制 H^+浓度为 0.1～1.0 $mol \cdot L^{-1}$。

应该指出：

(1) 滴定过程中不断有 AgSCN 沉淀形成，AgSCN 沉淀要吸附溶液中的 Ag^+，导致红色的最初出现会略早于化学计量点。因此，滴定过程中也需剧烈摇动，使被吸附的 Ag^+释出。

(2) 采用本法测定 Cl^-时，由于 AgSCN 的溶解度小于 AgCl 的溶解度，所以用 NH_4SCN 标准溶液回滴剩余的 Ag^+，达化学计量点后，稍微过量的 SCN^-可能与 AgCl 作用，使 AgCl 转化为 AgSCN，反应式为

$$AgCl + SCN^- \rightleftharpoons AgSCN(白色) + Cl^-$$

如果剧烈摇动溶液，反应将不断向右进行，直至达到平衡。显然，到达终点时，已多消耗了一部分 NH_4SCN 标准溶液。

为了避免上述误差，通常可采用以下两种措施：

(1) 试液中加入一定量过量的 $AgNO_3$ 标准溶液之后，将溶液煮沸使 AgCl 凝聚，以减少 AgCl 沉淀对 Ag^+的吸附。滤去沉淀，并用稀 HNO_3 充分洗涤沉淀，然后用 NH_4SCN 标准溶液回滴滤液中过量的 Ag^+。

(2) 在滴入 NH_4SCN 标准溶液前，加 1～2 mL 硝基苯并且不断摇动，使 AgCl 沉淀进入硝基苯层中而不再与滴定溶液接触，从而避免发生上述 AgCl 沉淀转化为 AgSCN 沉淀的反应。

测定时，能与 SCN^-生成沉淀或配合物，或者能氧化 SCN^-的物质均干扰测定，本方法酸度较大，许多弱酸根离子如 PO_4^{3-}、AsO_4^{3-}、CrO_4^{2-}、$C_2O_4^{2-}$、CO_3^{2-} 等不干扰测定，因而此法的选择性较高。

三、仪器与试剂

(1) 仪器：棕色酸式滴定管，分析天平，锥形瓶，烧杯，容量瓶，移液管，台秤。

(2) 试剂：氯化物试样(s)，基准 NaCl(s)，$AgNO_3$(s)，NH_4SCN(s)，40%铁铵矾溶液(溶剂为 1.0 $mol \cdot L^{-1}$ HNO_3)，6.0 $mol \cdot L^{-1}$ HNO_3(煮沸驱除氮的低价氧化物)，硝基苯或石油醚。

四、实验步骤

1. 0.1 $mol \cdot L^{-1}$ $AgNO_3$ 溶液的配制与标定

500 mL 0.1 $mol \cdot L^{-1}$ $AgNO_3$ 溶液的配制和标定见本实验中的莫尔法。

2. 0.1 $mol \cdot L^{-1}$ NH_4SCN 溶液的配制与标定

称取 3.8 g NH_4SCN 于烧杯中，用去离子水溶解，转入试剂瓶中并稀释至 500 mL，摇匀。用移液管移取 $AgNO_3$ 标准溶液 25.00 mL 于 250 mL 锥形瓶中，加入 5.0 mL 6.0 $mol \cdot L^{-1}$ HNO_3 和 1.0 mL 40%铁铵矾指示剂，然后用 NH_4SCN 溶液滴定。滴定时，激烈振荡溶液，当滴至溶液颜色为淡红色且稳定不变时即为终点。平行测定 3 次，数据填入自行设计的表格中。

3. 氯含量的测定

准确称取 1.5～2.0 g 试样于烧杯中，加去离子水溶解后，定量转入 250 mL 容量瓶中，稀释至刻度，摇匀。用移液管移取 25.00 mL 试样溶液于 250 mL 锥形瓶中，加 25 mL 去离子水和 5.0 mL 6.0 $mol \cdot L^{-1}$ HNO_3，用滴定管加入 $AgNO_3$ 标准溶液至过量 5～10 mL，然后加入 2 滴硝基苯(或石油醚)，用橡皮塞塞住瓶口，剧烈振荡 30 s，使 AgCl 沉淀进入硝基苯层从而与溶液隔开。再加入 1.0 mL 40%铁铵矾指示剂，用 NH_4SCN 标液滴定至出现淡红色并稳定不变时即为终点。平行测定 3 次。

五、实验数据记录与处理

(1) 将 0.1 $mol \cdot L^{-1}$ $AgNO_3$ 溶液和 0.1 $mol \cdot L^{-1}$ NH_4SCN 溶液标定数据填入自行设计的表格中，并计算其浓度。

(2) 将试样测定的实验数据填入自行设计的表格中，计算氯离子含量(单位：$g \cdot L^{-1}$)。

六、思考题

(1) 福尔哈德法测定氯化物中氯含量的主要误差来源是什么？用哪些方法可避免？

(2) 福尔哈德法测氯时，为什么要加入石油醚或硝基苯？当用此法测定 Br^-和 I^-时，还需加入石油醚或硝基苯吗？

(3) 试讨论酸度对福尔哈德法测定卤素离子含量的影响。

(4) 本实验测氯时用HNO_3酸化的目的是什么？可否用HCl或H_2SO_4溶液酸化？为什么？

实验32 $BaCl_2 \cdot 2H_2O$中钡含量的测定——重量法

一、实验目的

(1) 了解晶形沉淀的性质、沉淀条件和沉淀方法。

(2) 学习沉淀的过滤、洗涤、灼烧等操作技术。

(3) 用换算因数计算钡的含量。

二、实验原理

重量分析法是利用沉淀反应使试液中的被测组分生成沉淀，然后转化为一定的称量形式，由称量形式的质量测定组分的含量。该方法准确度高，尽管耗时较长，但在一些常量的 S、Si、P、Ni 和 Ba 等分析中经常使用。

Ba^{2+}可生成一系列微溶化合物，如 $BaCO_3$、BaC_2O_4、$BaCrO_4$、$BaHPO_4$、$BaSO_4$等，其中以 $BaSO_4$溶解度最小(25℃时 100 mL 溶液中仅溶解 0.25 mg)，$BaSO_4$性质也非常稳定，组成与化学式相符合，因此常以 $BaSO_4$法测定 Ba^{2+}。

将 $BaCl_2$的试样溶解于水后，用稀盐酸酸化，加热至近沸，在不断搅动下，缓慢地加入热、稀的 H_2SO_4溶液，Ba^{2+}与 SO_4^{2-} 作用形成难溶于水的 $BaSO_4$沉淀。

虽然 $BaSO_4$溶解度小，但为了使 $BaSO_4$沉淀完全，H_2SO_4必须过量。由于 H_2SO_4在高温下可挥发除去，因此 H_2SO_4可过量 50%～100%。为了得到大颗粒 $BaSO_4$沉淀，在不断搅拌下缓慢滴入热的稀 H_2SO_4，进行硫酸钡沉淀。反应介质一般为 0.05 $mol \cdot L^{-1}$左右盐酸，加热温度为近沸。酸性条件下，可防止产生 $BaCO_3$、$BaHPO_4$、$BaHAsO_4$沉淀以及 $Ba(OH)_2$共沉淀，同时，提高酸度可适当增加 $BaSO_4$的溶解度，降低其相对过饱和度，有利于晶形沉淀的形成。所得 $BaSO_4$沉淀经陈化、过滤、洗涤、烘干、炭化、灰化和灼烧后，得到 $BaSO_4$称量形式，即可求得 $BaCl_2$中钡含量。

注意，NO_3^-、ClO_3^-、Cl^-等阴离子和 K^+、Na^+、Ca^{2+}、Fe^{3+}等阳离子均可以引起共沉淀现象，故应控制沉淀条件，减少共沉淀现象。

$BaSO_4$重量法还广泛用于试样中SO_4^{2-}含量的测定，方法原理相同。但这时是用 Ba^{2+}为沉淀剂，因 $BaCl_2$在高温下不易挥发除去，所以 $BaCl_2$应过量 20%～30%为宜。

三、试剂与仪器

(1) 仪器：分析天平，烧杯，表面皿，瓷坩埚，玻璃漏斗，沉淀帚，高温电炉。

(2) 试剂：$BaCl_2 \cdot 2H_2O(s)$，1.0 $mol \cdot L^{-1}$ H_2SO_4，2.0 $mol \cdot L^{-1}$ HCl，0.1 $mol \cdot L^{-1}$ $AgNO_3$，

2.0 mol · L^{-1} HNO_3，定量滤纸(慢速或中速)。

四、实验步骤

1. 瓷坩埚的准备

将洗净的瓷坩埚放入 800～850℃高温炉灼烧，第一次灼烧约 30 min，取出稍冷片刻，放入干燥器中冷却至室温(10～20 min)，称量。第二次灼烧 15～20 min，冷至室温，再称量，如此操作直到恒量。

2. 沉淀的生成

准确称取 0.4～0.6 g $BaCl_2 \cdot 2H_2O$ 试样两份，分别置于 250 mL 烧杯中，各加去离子水约 70 mL，加入 2～3 mL 2.0 mol · L^{-1} 盐酸，盖上表面皿，加热溶解近沸(勿使溶液沸腾，以防溅失)。再取 4 mL 1 mol · L^{-1} H_2SO_4 两份，分别置于两个 100 mL 小烧杯中，各加去离子水稀释至 30 mL，加热近沸，然后将两份热的 H_2SO_4 溶液用滴管分别逐滴滴入两份热的钡盐溶液中，并不断搅拌，沉淀完毕待溶液澄清后，于上层清液中加入 1～2 滴稀 H_2SO_4，以检查其沉淀是否完全。如果上清液中有混浊出现，必须再滴入 H_2SO_4 溶液，直至沉淀完全为止。盖上表面皿，将玻璃棒靠在烧杯嘴边(勿将玻璃棒拿出杯外)，然后置于水浴上加热保温，并不断搅拌，陈化 0.5～1 h(也可在室温下放置过夜陈化)。

3. 沉淀的过滤、洗涤

溶液冷却后，用慢速定量滤纸过滤，先将上层清液倾注在滤纸上，再取稀 H_2SO_4(自配 0.01 mol · L^{-1} 的稀 H_2SO_4 200 mL)，用倾泻法洗涤沉淀三四次，每次约 10 mL。然后将沉淀小心转移到滤纸上，用沉淀帚由上到下擦拭杯壁，并用撕下的小片滤纸擦净杯壁和玻璃棒，再用去离子水冲洗杯壁和玻璃棒直至转移完全(滤纸片也在漏斗内的滤纸上)，再用去离子水洗涤沉淀至无 Cl^-为止(用 $AgNO_3$ 溶液检验)。

4. 沉淀的灼烧和恒量

将盛有沉淀的滤纸折成小包(方法见 2.4.3)，放入已恒量的坩埚中，在电炉上烘干和炭化后，继续在 800～850℃高温炉中灼烧 1 h，取出置于干燥器内冷却至室温，称量。然后再灼烧 15～20 min，冷却，称量，如此操作直至恒量。平行测定 2 次。

五、实验数据记录与处理

将实验数据填入表 5.16 中，计算试样中钡的含量。

表 5.16　钡含量的测定

实验编号	Ⅰ	Ⅱ
$m(BaCl_2 \cdot 2H_2O)$/g		
$m(BaSO_4)$/g		
w(Ba)/%		
$\bar{w}$(Ba)/%		

六、思考题

(1) 为什么要在稀 HCl 介质中沉淀 $BaSO_4$？HCl 加入太多有什么影响？

(2) 为什么沉淀 $BaSO_4$ 要在热溶液中进行而在冷却后过滤？沉淀后为什么要陈化？

(3) 试解释 $BaSO_4$ 法测定 Ba^{2+} 和测定 SO_4^{2-} 时，沉淀剂的过量程度有什么不同。为什么？

(4) 若 $BaSO_4$ 沉淀未干燥、炭化和灰化，即被送至高温炉中灼烧，有什么影响？

(5) 什么是倾泻法过滤？重量法中灼烧至恒量是什么意思？

第 6 章　元素及其化合物的性质

实验 33　p 区(Ⅰ)：卤素、氧、硫、氮、磷

一、实验目的

(1) 掌握卤素离子的还原性变化规律；卤族含氧酸盐的性质；卤素离子的分离、鉴定方法。

(2) 掌握 H_2O_2 的性质；硫的含氧酸盐的性质；H_2S 的还原性及硫化物的生成和性质。

(3) 掌握氮的含氧酸盐的性质；亚硝酸根、硝酸根的鉴定方法；磷酸盐的性质。

二、实验原理

p 区元素位于周期表的右上方，包括ⅢA～ⅧA，价电子层结构通式为 $ns^2np^{1\sim6}$。卤素(氟、氯、溴、碘)、氧、硫、氮、磷均为 p 区元素中有代表性的非金属元素。

1. 卤素

卤素单质是强氧化剂，其氧化性顺序为 $F_2 > Cl_2 > Br_2 > I_2$；卤素离子的还原性顺序恰好相反，$F^- < Cl^- < Br^- < I^-$。这可由其标准电极电势看出。

电对	F_2/F^-	Cl_2/Cl^-	Br_2/Br^-	I_2/I^-
$\varphi^{\ominus}$/V	2.87	1.36	1.06	0.535

例如，HI 可以将浓硫酸还原为 H_2S，HBr 可将浓硫酸还原为 SO_2，而 HCl 不能还原浓硫酸。

$$8\,HI + H_2SO_4(\text{浓}) = H_2S\uparrow + 4\,I_2 + 4\,H_2O$$

$$2\,HBr + H_2SO_4(\text{浓}) = SO_2\uparrow + Br_2 + 2\,H_2O$$

卤素(氟除外)的含氧酸及其盐具有相当强的氧化性和热不稳定性，如氯酸盐、次氯酸盐都是常用的氧化剂。次氯酸盐的氧化性比氯酸盐的氧化性强。次氯酸盐在碱性溶液中就是强氧化剂，而氯酸盐在酸性溶液中才能表现出明显的氧化性。

$$ClO^- + 2\,I^- + H_2O = I_2 + Cl^- + 2\,OH^-$$

$$ClO_3^- + 6\,I^- + 6\,H^+ = 3\,I_2 + Cl^- + 3\,H_2O$$

固体 $KClO_3$ 是强氧化剂，可将浓盐酸氧化，反应中试剂加入次序、相对量不同，产物不同。当浓盐酸不过量时：

$$ClO_3^- + 5\,Cl^- + 6\,H^+ = 3\,Cl_2\uparrow + 3\,H_2O$$

当浓盐酸过量时：

$$8\,KClO_3 + 24\,HCl(\text{浓}) = 9\,Cl_2\uparrow + 8\,KCl + 6\,ClO_2\uparrow(\text{黄}) + 12\,H_2O$$

歧化反应是卤素的一个重要性质，将氯气通入冷的碱溶液中生成次氯酸盐，通入热的碱

溶液中则生成氯酸盐。

$$Cl_2 + 2\ OH^- \xrightleftharpoons{冷} Cl^- + ClO^- + H_2O$$

$$3\ Cl_2 + 6\ OH^- \xrightleftharpoons{热} 5\ Cl^- + ClO_3^- + 3\ H_2O$$

歧化反应的产物与溶液的酸度、温度及反应速率有关。

2. 氧、硫

氧的常见氧化值是 0、−1、−2。H_2O_2 分子中 O 的氧化值为−1，介于 0 与−2 之间，因此既有氧化性又有还原性。在酸性介质中：

$$H_2O_2 + 2\ H^+ + 2e^- \rightleftharpoons 2\ H_2O \qquad \varphi^{\ominus}_{H_2O_2/H_2O} = 1.776\ V$$

$$O_2 + 2\ H^+ + 2e^- \rightleftharpoons H_2O_2 \qquad \varphi^{\ominus}_{O_2/H_2O_2} = 0.682\ V$$

可见，H_2O_2 在酸性介质中是一种强氧化剂，它可将 S^{2-}、I^-、Fe^{2+}等多种还原剂氧化：

$$PbS + 4\ H_2O_2 = PbSO_4 + 4\ H_2O$$

$$H_2O_2 + 2\ I^- + 2\ H^+ = I_2 + 2\ H_2O$$

只有遇到 $KMnO_4$ 等强氧化剂时，H_2O_2 才表现出还原性，被氧化释放 O_2。

$$5\ H_2O_2 + 2\ MnO_4^- + 6\ H^+ = 2\ Mn^{2+} + 5\ O_2\uparrow + 8\ H_2O$$

在碱性介质中，H_2O_2 可以将 CrO_2^- 氧化为 CrO_4^{2-}。

H_2O_2 不稳定，见光受热易歧化分解为 O_2 和 H_2O，尤其当 I_2、MnO_2 以及重金属离子 Fe^{2+}、Mn^{2+}、Cr^{3+}等杂质存在时都会加快 H_2O_2 的分解。

硫的含氧酸中浓硫酸具有强氧化性。过二硫酸及其盐有强氧化性，其原因是分子中存在过氧键。在 Ag^+的催化作用下，过二硫酸盐可将 Mn^{2+}氧化成 MnO_4^-，反应式为

$$2\ Mn^{2+} + 5\ S_2O_8^{2-} + 8\ H_2O \xrightleftharpoons[\triangle]{Ag^+} 2\ MnO_4^- + 10\ SO_4^{2-} + 16\ H^+$$

硫的其他含氧酸及其盐中，亚硫酸盐、硫代硫酸盐都是常用的还原剂。例如，$Na_2S_2O_3$ 能将 I_2 还原为 I^-，而本身被氧化为连四硫酸钠，反应式为

$$2\ Na_2S_2O_3 + I_2 = Na_2S_4O_6 + 2\ NaI$$

中间氧化态的含氧酸及其盐，既可作氧化剂，又可作还原剂，取决于与之反应的还原剂或氧化剂的相对强弱。例如，$Na_2S_2O_3$ 虽为常用的还原剂，但又可将更强的还原剂 H_2S 氧化成 S。

硫单质及 S^{2-}均表现为还原性。由于 S^{2-}具有较大的变形性，因此和多种金属离子生成颜色不同、溶解度不同的金属硫化物。例如，ZnS(白色)溶于稀盐酸，CdS(黄色)溶于较浓盐酸，CuS(黑色)可溶于硝酸，HgS(黑色)可溶于王水。依据金属硫化物溶解度和颜色的不同，可分离、鉴定金属离子。

3. 氮、磷

氮的含氧酸及其盐具有较强的氧化性和热不稳定性。其特征是低氧化态的亚硝酸盐比高氧化态的硝酸盐氧化性强，亚硝酸盐是常用的氧化剂。

氮含氧酸及其盐的氧化性与其热不稳定性是相辅相成的。例如，亚硝酸只有在较低温度下才能存在。

$$2\,HNO_2 \underset{冷}{\overset{热}{\rightleftharpoons}} H_2O + N_2O_3 \underset{冷}{\overset{热}{\rightleftharpoons}} H_2O + NO\uparrow + NO_2\uparrow$$

(蓝) (红棕)

硝酸盐热稳定性都较差，加热易分解放出氧气。

亚硝酸及其盐在酸性介质中既有氧化性又有还原性，NO_2^-既可作氧化剂将 I^-氧化成 I_2，又可作还原剂被 MnO_4^-氧化。

硝酸具有强氧化性，可与众多金属及非金属反应，产物与硝酸浓度、金属活泼性有关。

NO_2^-在乙酸介质中与对氨基苯磺酸和 α-萘胺反应生成红色偶氮化合物，可用于 NO_2^-鉴定。

NO_3^-可用棕色环实验鉴定，反应方程式如下：

$$NO_3^- + 3\,Fe^{2+} + 4\,H^+ = NO\uparrow + 3\,Fe^{3+} + 2\,H_2O$$

$$Fe^{2+} + NO = [Fe(NO)]^{2+}(棕色)$$

磷的含氧酸及其盐不具有明显的氧化性，常用的是正磷酸的酸性及可溶性磷酸盐的酸碱性。磷酸盐有正盐和两种酸式盐，向三种磷酸盐中加入 Ag^+，均生成黄色 Ag_3PO_4 沉淀。

三、仪器与试剂

(1) 仪器：试管，离心试管，烧杯，酒精灯，点滴板，离心机。

(2) 试剂：(以下括号中的数字是浓度值，除特别注明外，单位为 $mol \cdot L^{-1}$)。

NaCl(s)，KBr(s)，KI(s)，$KClO_3$(s)，锌粒，$K_2S_2O_8$(s)，MnO_2(s)，$FeSO_4 \cdot 7H_2O$(s)，硫黄粉，pH 试纸，醋酸铅试纸，淀粉-碘化钾试纸，HCl(2.0，6.0，浓)，HNO_3(1.5，2.0，浓)，H_2SO_4(1.0，2.0，浓)，NaOH(2.0)，$NH_3 \cdot H_2O$(2.0)，HAc(2.0，6.0)，H_2S(饱和)，$(NH_4)_2CO_3$(12%)，KI(0.1，0.5)，KBr(0.1)，$AgNO_3$(0.1)，NaCl(0.1)，Na_2S(0.1，0.5)，H_2O_2(3%)，$KMnO_4$(0.01)，$K_2Cr_2O_7$(0.1)，Na_2SO_3(0.1)，$Na_2S_2O_3$(0.1)，$MnSO_4$(0.02)，$ZnSO_4$(0.1)，$CdSO_4$(0.1)，$Pb(NO_3)_2$(0.1)，$CuSO_4$(0.1)，$Hg(NO_3)_2$(0.1)，$BaCl_2$(0.1)，$NaNO_2$(0.1，饱和)，KNO_3(0.5)，Na_3PO_4(0.1)，NaH_2PO_4(0.1)，Na_2HPO_4(0.1)，$CaCl_2$(0.2)，氯水，碘水，品红溶液，淀粉(1%)，乙醚，对氨基苯磺酸，α-萘胺，奈斯勒试剂，去离子水。

四、实验步骤

1. 卤素离子的还原性

(1) 向盛有少量 KI 固体的试管中加入 1.0 mL 浓 H_2SO_4，观察产物的颜色和状态，用湿润的醋酸铅试纸检验气体产物，写出反应方程式。

(2) 向盛有少量 KBr 固体的试管中加入 1.0 mL 浓 H_2SO_4，观察产物的颜色和状态，用湿润的淀粉-碘化钾试纸检验产生的气体，写出反应方程式。

(3) 向盛有少量 NaCl 固体的试管中加入 1.0 mL 浓 H_2SO_4，微微加热，观察反应产物的颜色和状态，用蘸有浓 $NH_3 \cdot H_2O$ 的玻璃棒移近管口检验产生的气体(或用润湿的 pH 试纸检验)，写出反应方程式。

根据实验结果比较 Cl^-、Br^-、I^-还原性的强弱和变化规律。

2. 卤素含氧酸盐的性质

1) 次氯酸钠的氧化性

向一支试管中加入 2.0 mL 氯水，逐滴加入 2.0 mol · L^{-1} NaOH 至溶液呈碱性为止(用 pH 试纸检验)。将溶液分成三份进行下列实验：

(1) 与浓 HCl 作用，设法证明气体产物。

(2) 与 KI 溶液作用。

(3) 与品红溶液作用。

记录反应现象并写出(1)、(2)的反应方程式。

2) 氯酸钾的氧化性

(1) 与浓 HCl 作用。取少量 $KClO_3$ 晶体于试管中，加入约 1.0 mL 浓 HCl，观察产生气体的颜色(如反应不明显，可微热)。

(2) 在中性和酸性介质中与 KI 的作用。取少量 $KClO_3$ 晶体于试管中，加入约 1.0 mL H_2O 使之溶解，再加入 1.0 mL 0.1 mol · L^{-1} KI 溶液和 0.5 mL CCl_4，摇动试管，观察水层和 CCl_4 层颜色有何变化，再加入 2.0 mL 3.0 mol · L^{-1} H_2SO_4，摇动试管，观察有何变化。

根据以上实验比较次氯酸盐与氯酸盐的性质，可得出什么结论？试用标准电极电势解释。

3. Cl^-、Br^-、I^-的分离与鉴定

在试管中加入 0.1 mol · L^{-1} NaCl、KBr、KI 溶液各 5 滴，进行 Cl^-、Br^-、I^-的分离与鉴定。

4. 过氧化氢的性质与检验

1) 检验

取 1 滴 3% H_2O_2 溶液，加入 2.0 mL H_2O、0.5 mL 乙醚、0.5 mL 2.0 mol · L^{-1} H_2SO_4 溶液，再加入 3 滴 0.1 mol · L^{-1} $K_2Cr_2O_7$ 溶液，振荡后观察有机层及水层的颜色，解释现象，写出反应方程式。

2) 性质

(1) 催化分解。取 1.0 mL 3% H_2O_2 溶液于小试管中，加入少量 MnO_2，迅速将火柴余烬伸入试管中，观察现象。反应完毕，检验溶液中是否有 H_2O_2(如何检验?)，解释现象，写出反应方程式。

(2) 氧化性。①取 4 滴 0.1 mol · L^{-1} $Pb(NO_3)_2$ 溶液，加入 4 滴 0.1 mol · L^{-1} Na_2S 溶液，观察沉淀颜色，再加入 3% H_2O_2 溶液直至沉淀变为白色，解释现象，写出反应方程式；②取 0.5 mL 0.1 mol · L^{-1} KI 溶液，加几滴稀 H_2SO_4 酸化，再加入 0.5 mL 3% H_2O_2 溶液，观察现象，再加入 2～3 滴 1%淀粉溶液，解释现象，写出反应方程式。

(3) 还原性。取 1 滴 0.01 mol · L^{-1} $KMnO_4$ 溶液，加几滴 1.0 mol · L^{-1} H_2SO_4 溶液，振荡，滴加 3% H_2O_2 溶液，解释现象，写出反应方程式。

5. 硫的含氧酸盐的氧化还原性

1) 亚硫酸盐的氧化还原性

(1) 氧化性。试验在酸性介质中 0.1 mol · L^{-1} Na_2SO_3 与 0.1 mol · L^{-1} Na_2S 溶液的反应，观察现象并写出反应方程式。

(2) 还原性。试验酸性介质中 0.1 mol · L^{-1} Na_2SO_3 与 0.01 mol · L^{-1} $KMnO_4$ 溶液的反应，观察现象并写出反应方程式。

2) 硫代硫酸钠的还原性

(1) 向 5 滴 0.1 mol · L^{-1} $Na_2S_2O_3$ 溶液中滴加 2 滴碘水，溶液的颜色有何变化？写出反应方程式。

(2) 向 2 滴 0.1 mol · L^{-1} $Na_2S_2O_3$ 溶液中注入氯水(注意氯水要过量，否则有单质硫生成)，然后证明 SO_4^{2-} 生成。

3) 过二硫酸盐的氧化性

向试管中加入 5.0 mL 1.0 mol · L^{-1} H_2SO_4、5.0 mL H_2O 和 4 滴 0.02 mol · L^{-1} $MnSO_4$ 溶液，混匀后，将溶液分成两份。

(1) 向一份溶液中加一滴 0.1 mol · L^{-1} $AgNO_3$ 溶液和少量 $K_2S_2O_8$ 固体，微热，观察溶液颜色有何变化。写出反应方程式。

(2) 另一份溶液中只加少量 $K_2S_2O_8$ 固体，微热，观察溶液颜色有无变化。比较两个实验结果有什么不同，为什么？

6. 硫化氢和硫化物

(1) 硫化氢的还原性。向试管中滴入几滴 0.01 mol · L^{-1} $KMnO_4$ 溶液，用 1.0 mol · L^{-1} H_2SO_4 酸化，然后滴加 H_2S 水溶液(或 Na_2S 溶液)，观察现象，写出反应方程式。

(2) 硫化物的生成和溶解性。分别向盛有 5 滴 0.1 mol · L^{-1} 的 NaCl、$ZnSO_4$、$CdSO_4$、$CuSO_4$ 和 $Hg(NO_3)_2$ 溶液的离心试管中加入 5 滴 0.1 mol · L^{-1} Na_2S 溶液，观察沉淀的颜色，离心分离，弃去清液，往沉淀中分别加 2.0 mol · L^{-1} HCl，观察沉淀是否溶解。

将不溶解的沉淀离心分离，洗涤，向沉淀中分别加入 6.0 mol · L^{-1} HCl，观察沉淀是否溶解。

再将不溶解的沉淀离心分离，洗涤后，向沉淀中加入浓 HNO_3，微热，观察沉淀是否溶解。最后，把不溶于 HNO_3 的沉淀洗涤后，加入王水，观察沉淀是否溶解。

根据实验结果，对金属硫化物的溶解性进行比较，写出反应方程式。

7. 亚硝酸、硝酸和亚硝酸盐的性质

1) 亚硝酸根的形成和分解

在两支试管中，一支加入 5 滴 2.0 mol · L^{-1} H_2SO_4 溶液，另一支加入 5 滴饱和 $NaNO_2$ 溶液。两支试管均在冰水中冷却后，将 H_2SO_4 溶液倒入 $NaNO_2$ 溶液中继续冷却并观察现象。将试管自冰水中取出，放置片刻，又有什么现象发生？

2) 硝酸的氧化性

(1) 浓硝酸与非金属的反应。在少许硫粉中加入 1.0 mL 浓 HNO_3，水浴加热，反应一段时

间后取几滴清液，检查有无SO_4^{2-}，写出反应方程式。

(2) 硝酸与铜的反应。分别试验浓 HNO_3、稀 HNO_3 与铜的反应(若反应慢可加热)。写出反应方程式。

(3) 稀硝酸与锌反应。向 1.0 mL 1.5 mol · L^{-1} HNO_3 中加几粒锌粒，放置一段时间。取出少许溶液，检验有无NH_4^+生成(用奈斯勒试剂检验)。实验后将锌粒洗净回收。

3) 亚硝酸盐的氧化性和还原性

(1) 氧化性。在 2 滴 0.1 mol · L^{-1} $NaNO_2$溶液中，滴入 2 滴 0.1 mol · L^{-1} KI 溶液，有什么变化？再滴入 1.0 mol · L^{-1} H_2SO_4溶液，又有什么变化？

(2) 还原性。在 2 滴 0.1 mol · L^{-1} $NaNO_2$溶液中，滴入 1 滴 0.01 mol · L^{-1} $KMnO_4$溶液，有什么变化？再滴入 2.0 mol · L^{-1} H_2SO_4溶液，又有什么现象？

8. 亚硝酸根、硝酸根的鉴定

(1) 亚硝酸根离子的鉴定。取 1 滴 0.1 mol · L^{-1} $NaNO_2$溶液于试管中，滴入 1 滴 H_2O，再滴入数滴 6.0 mol · L^{-1} HAc，然后加 1 滴对氨基苯磺酸和 1 滴 α-萘胺，溶液显红色。

(2) 硝酸根的鉴定。向小试管中加入豆粒大的 $FeSO_4 \cdot 7H_2O$ 晶体和 5 滴 0.5 mol · L^{-1} KNO_3 溶液，摇匀，斜持试管，沿管壁慢慢加入 1 滴管浓 H_2SO_4。由于浓硫酸的相对密度比上述液体大，流入试管底部形成两层(注意：不要振动)，这时两层液体界面上有一棕色环。

9. 磷酸盐的性质

(1) 磷酸银的生成。在点滴板中分别滴入 2 滴 0.1 mol · L^{-1} Na_3PO_4、Na_2HPO_4和 NaH_2PO_4 溶液，用 pH 试纸测其 pH。然后各滴入 5～6 滴 0.1 mol · L^{-1} $AgNO_3$溶液，观察现象并测其 pH，说明原因。

(2) 磷酸钙盐的溶解性。在 3 支离心试管中分别加 4 滴 0.1 mol · L^{-1} Na_3PO_4、Na_2HPO_4和 NaH_2PO_4溶液，滴入 4 滴 0.2 mol · L^{-1} $CaCl_2$溶液，摇匀，离心(试管中溶液不要吸出)。在上清液中各滴加几滴 2.0 mol · L^{-1}氨水后有何变化？再滴加 2.0 mol · L^{-1}盐酸又有何变化？为什么？

五、实验现象记录与解释

参照 1.2 节中的性质验证实验示例实验报告，列表记录实验现象并解释。

六、思考题

(1) 如何区别次氯酸盐和氯酸盐？
(2) 今有三瓶未贴标签的溶液，只知道它们是 $NaNO_2$、Na_2SO_3 和 KI，如何区别？
(3) 如何区别亚硝酸根和硝酸根？
(4) 少量的 Mn^{2+}为什么能促进 H_2O_2 的分解？
(5) 实验室里 H_2S、Na_2S 和 Na_2SO_3 溶液为什么不能长期保存？
(6) 欲用酸溶解磷酸银沉淀，在盐酸、硫酸和硝酸中，选用哪一种最适宜？为什么？

实验 34　p 区(Ⅱ)：锡、铅、锑、铋

一、实验目的

(1) 掌握锡、铅、锑、铋氢氧化物的酸碱性及其盐的水解性。

(2) 掌握锡、铅、锑、铋高低价态时的氧化还原性。

(3) 掌握锡、铅、锑、铋的硫化物和硫代酸盐的生成和性质。

(4) 掌握 Sn^{2+}、Pb^{2+}、Sb^{3+}、Bi^{3+}的鉴定方法。

二、实验原理

锡、铅、锑、铋是 p 区中有代表性的金属元素，其原子的价电子构型与呈现的氧化数为

	电子构型	氧化数
Sn，Pb	ns^2np^2	+2，+4
Sb，Bi	ns^2np^3	+3，+5

1. 锡、铅、锑、铋低价态盐及氢氧化物的性质

锡、铅、锑、铋低价态的盐除 Pb^{2+}水解不显著外，Sn^{2+}、Sb^{3+}、Bi^{3+}的盐都易水解，其水解产物为碱式盐沉淀，反应式为

$$SnCl_2 + H_2O \longrightarrow Sn(OH)Cl\downarrow(白色) + HCl$$

$$SbCl_3 + H_2O \longrightarrow SbOCl\downarrow(白色) + 2\ HCl$$

$$BiCl_3 + H_2O \longrightarrow BiOCl\downarrow(白色) + 2\ HCl$$

所以在配制它们的盐溶液时，应加入足够量相应的酸以抑制沉淀的生成。

锡、铅、锑、铋能形成两种价态的氢氧化物。低氧化态的氢氧化物中，$Sn(OH)_2$、$Pb(OH)_2$、$Sb(OH)_3$都显两性，只有 $Bi(OH)_3$为碱性氢氧化物。

2. 锡、铅、锑、铋化合物的氧化还原性

由于惰性电子对效应，Pb(Ⅳ)和 Bi(Ⅴ)化合物呈现出强氧化性。例如，PbO_2和 $NaBiO_3$固体是常用的强氧化剂。PbO_2可将浓盐酸氧化，在酸性介质中 PbO_2和 $NaBiO_3$均可将 Mn^{2+}氧化为 MnO_4^-，反应式为

$$5\ PbO_2 + 2\ Mn^{2+} + 4\ H^+ \longrightarrow 2\ MnO_4^- + 5\ Pb^{2+} + 2\ H_2O$$

$$5\ NaBiO_3(s) + 2\ Mn^{2+} + 14\ H^+ \longrightarrow 2\ MnO_4^- + 5\ Bi^{3+} + 5\ Na^+ + 7\ H_2O$$

上述两个反应都可用来鉴定 Mn^{2+}。

Sn(Ⅱ)和 Sb(Ⅲ)化合物有明显的还原性。$SnCl_2$是实验室常用的还原剂，$SnCl_2$可将 $HgCl_2$还原为 Hg_2Cl_2，并进一步还原为 Hg，呈灰黑色沉淀。这一反应可用来鉴定 Hg^{2+}和 Sn^{2+}。

$$SnCl_2 + 2\ HgCl_2 \longrightarrow SnCl_4 + Hg_2Cl_2\downarrow(白色)$$

$$SnCl_2 + Hg_2Cl_2 \longrightarrow 2\ Hg\downarrow(黑色) + SnCl_4$$

在碱性介质中 $[Sn(OH)_4]^{2-}$(或 SnO_2^{2-})的还原性更强，可将 Bi^{3+}还原成黑色的金属铋，这是鉴定 Bi^{3+}的一种方法。

$$2\ Bi^{3+} + 6\ OH^- + 3\ [Sn(OH)_4]^{2-} = 2\ Bi\downarrow + 3\ [Sn(OH)_6]^{2-}$$

在碱性介质中$[Sb(OH)_4]^-$可将 $[Ag(NH_3)_2]^+$还原为黑色的金属银，可用于 Sb^{3+}的鉴定。

$$[Sb(OH)_4]^- + 2\ [Ag(NH_3)_2]^+ + 2\ OH^- \xlongequal{\triangle} 2\ Ag\downarrow + 4\ NH_3 + [Sb(OH)_6]^-$$

3. 锡、铅、锑、铋的硫化物及硫代酸盐

锡、铅、锑、铋各价态的硫化物(PbS_2 不存在)都有特征的颜色：

SnS	SnS_2	PbS	Sb_2S_3	Sb_2S_5	Bi_2S_3
棕色	黄色	黑色	橙红色	橙红色	黑色

其中，SnS_2、Sb_2S_3、Sb_2S_5 与可溶性硫化物如 Na_2S 溶液作用，生成相应的硫代酸盐而溶解

$$Sb_2S_3 + 3\ S^{2-} = 2\ SbS_3^{3-}$$

$$SnS_2 + S^{2-} = SnS_3^{2-}$$

硫代酸盐很不稳定，遇酸即分解：

$$2\ SbS_3^{3-} + 6\ H^+ = Sb_2S_3\downarrow + 3\ H_2S\uparrow$$

大多数 Pb(Ⅱ)盐难溶于水，且具有特征颜色，如 $PbCrO_4$(黄)、PbI_2(黄)、$PbSO_4$(白)、PbS(黑)。$PbCrO_4$ 可用于 Pb^{2+}的鉴定反应，与其他黄色难溶盐($BaCrO_4$、$SrCrO_4$)的区别是 $PbCrO_4$ 可溶于碱。

三、仪器与试剂

(1) 仪器：试管，离心试管，烧杯，量筒，酒精灯，离心机。

(2) 试剂：(以下括号中的数字是浓度值，除特别注明外，单位为 $mol\cdot L^{-1}$)。

$SnCl_2\cdot 2H_2O$(s)，PbO_2(s)，$NaBiO_3$(s)，锡片，醋酸铅试纸，淀粉-碘化钾试纸，HCl(2.0，6.0，浓)，H_2SO_4(2.0)，HNO_3(2.0，6.0)，NaOH(2.0，6.0)，$NH_3\cdot H_2O$(2.0)，$SnCl_2$(0.1)，$SnCl_4$(0.1)，$Pb(NO_3)_2$(0.1)，$SbCl_3$(0.1)，$BiCl_3$ (0.1)，$HgCl_2$(0.1)，$MnSO_4$(0.1)，KI(0.1)，K_2CrO_4(0.1)，Na_2S(0.1，0.5)，H_2S(饱和溶液)，$AgNO_3$(0.1)。

四、实验步骤

1. 锡、锑、铋低价态盐溶液的配制和水解作用

1) $SnCl_2$ 溶液的配制

思考如何配制 $0.1\ mol\cdot L^{-1}$ $SnCl_2$ 溶液，写出操作方法并解释。

2) Sb^{3+}、Bi^{3+}盐的水解

(1) 取 0.5 mL $0.1\ mol\cdot L^{-1}$ $SbCl_3$ 溶液，逐渐加去离子水稀释，有何现象发生？再缓慢滴加 $6.0\ mol\cdot L^{-1}$ HCl 溶液，沉淀是否溶解？再稀释有什么变化？写出反应方程式。

(2) 取少量 $0.1\ mol\cdot L^{-1}$ $BiCl_3$ 溶液进行同样实验，观察现象，写出反应方程式。

2. 低价态氢氧化物的酸碱性

于 4 支试管中分别加入 10 滴 $0.1\ mol\cdot L^{-1}$ $SnCl_2$、$Pb(NO_3)_2$、$SbCl_3$、$BiCl_3$ 溶液，再向各试管中逐滴加 $2.0\ mol\cdot L^{-1}$ NaOH 溶液，制得白色沉淀。将沉淀各分成两份，用实验证明它们是否有两性[检验 $Pb(OH)_2$ 的碱性应该用什么酸？]，写出反应方程式。

3. 锡、铅、锑、铋化合物的氧化还原性

1) Sn(Ⅱ)、Sb(Ⅲ)的还原性

(1) 向 0.1 $mol \cdot L^{-1}$ $HgCl_2$ 溶液中逐滴加入 0.1 $mol \cdot L^{-1}$ $SnCl_2$ 溶液，观察有何变化。继续滴加 $SnCl_2$，又有什么变化？写出反应方程式。此反应用来鉴定 Sn^{2+}或 Hg^{2+}。

(2) 向亚锡酸钠溶液(自己配制)中，加入 0.1 $mol \cdot L^{-1}$ $BiCl_3$ 溶液，观察现象，写出反应方程式。此反应用来鉴定 Sn^{2+}或 Bi^{3+}。

(3) 取 1 滴 0.1 $mol \cdot L^{-1}$ $SbCl_3$ 溶液，加入 6.0 $mol \cdot L^{-1}$ NaOH 至过量，然后加入 2.0 $mol \cdot L^{-1}$ $NH_3 \cdot H_2O$ 和 0.1 $mol \cdot L^{-1}$ $AgNO_3$ 的混合液{混合液为$[Ag(NH_3)_2]^+$}，微热，观察黑色 Ag 的生成。此反应常用来鉴定 Sb^{3+}。

2) Pb(Ⅳ)、Bi(Ⅴ)的氧化性

(1) 取少量 PbO_2 于试管中，加入浓 HCl，观察现象，并鉴定生成的气体。

(2) 取少量 PbO_2 于试管中，加 1 滴 0.1 $mol \cdot L^{-1}$ $MnSO_4$ 溶液，加入 2.0 mL 6.0 $mol \cdot L^{-1}$ HNO_3 溶液，微热，静置，观察现象，写出反应方程式。

(3) 取 2 滴 0.1 $mol \cdot L^{-1}$ $MnSO_4$ 溶液和 2.0 mL 6.0 $mol \cdot L^{-1}$ HNO_3，然后加入少量固体 $NaBiO_3$，振荡，静置，观察现象，写出反应方程式。

比较上面几个实验，写出对 Sn、Pb、Sb、Bi 各价态的氧化还原性的认识。

4. 锡、铅、锑、铋的硫化物及硫代酸盐

向 5 支离心试管中各加入 1.0 mL 0.1 $mol \cdot L^{-1}$ $SnCl_2$、$SnCl_4$、$Pb(NO_3)_2$、$SbCl_3$、$BiCl_3$ 溶液，然后分别滴加饱和 H_2S 溶液，观察生成物的颜色和状态。离心分离，弃去清液，用少量去离子水洗涤沉淀一两次，试验它们与 0.5 $mol \cdot L^{-1}$ Na_2S 的作用，如沉淀溶解，再用稀 HCl 酸化，观察有何变化。写出反应方程式，比较它们硫化物的性质。

5. Pb(Ⅱ)的难溶盐的生成、溶解和转化

(1) 按 $Pb^{2+} \rightarrow PbCl_2 \rightarrow PbSO_4 \rightarrow PbCrO_4 \rightarrow PbS$（PbS 再转回 Pb^{2+}）转化的实验方案，记录实验现象，写出转化反应方程式，并比较铅的难溶性盐的溶解度大小。

(2) 向 1 滴 0.1 $mol \cdot L^{-1}$ $Pb(NO_3)_2$ 溶液中加入 2 滴 2.0 $mol \cdot L^{-1}$ HCl，把生成的沉淀连同溶液一起加热，沉淀是否溶解？再把溶液冷却，又有什么变化？解释现象。

6. 混合离子的分离与鉴定

(1) Sb^{3+}的鉴定。在小片光亮锡片上加 1 滴 0.1 $mol \cdot L^{-1}$ $SbCl_3$ 溶液，锡片上出现黑色。此反应可鉴定 Sb^{3+}的存在(注：该现象 Bi^{3+}溶液也有，须在 Sb^{3+}、Bi^{3+}分离后才可用此反应)。

(2) Pb^{2+}的鉴定。取 1 滴 0.1 $mol \cdot L^{-1}$ $Pb(NO_3)_2$ 溶液，加入 1 滴 0.1 $mol \cdot L^{-1}$ K_2CrO_4 溶液，生成 $PbCrO_4$ 黄色沉淀，再滴加 6.0 $mol \cdot L^{-1}$ NaOH，观察现象，写出反应方程式。此反应可鉴定 Pb^{2+}。

(3) 分离鉴定 Sb^{3+}、Bi^{3+}。取 Sb^{3+}、Bi^{3+}溶液各 5 滴，自行设计分离鉴定方案并试验。

五、实验现象记录与解释

参照 1.2 节中的性质验证实验示例实验报告，列表记录实验现象并解释。

六、思考题

(1) 如何用实验证明铅丹的组成是 $2PbO \cdot PbO_2$?
(2) 如何鉴别 $SnCl_4$ 和 $SnCl_2$?
(3) 怎样配制 $SbCl_3$ 和 $Bi(NO_3)_3$ 溶液?
(4) SnS 能否溶于 Na_2S 溶液? 哪些硫化物能溶于硫化钠溶液中?

实验 35　d 区：铬、锰、铁、钴、镍

一、实验目的

(1) 掌握铬、锰化合物的氧化还原性及介质的影响。
(2) 掌握铬、锰各价态相互转化规律及条件。
(3) 掌握+2、+3 价态铁、钴、镍氢氧化物的酸碱性、氧化还原性。
(4) 掌握铁、钴、镍配合物的生成及其在离子鉴定中的应用。

二、实验原理

1. 铬、锰各价态的转化及其化合物的氧化还原性

铬、锰分属于周期表中ⅥB、ⅦB 族，可变氧化数较多，其中锰为 d 区元素中最典型的多氧化态金属元素。二者呈现的氧化数如表 6.1。

表 6.1　铬、锰的氧化数

元素	稳定氧化态	不稳定氧化态
Cr	+3，+6	+2
Mn	+2，+4，+6，+7	+3，+5

铬和锰的不同氧化态氢氧化物的酸碱性如表 6.2 所示，同一元素氧化态由低到高相应氢氧化物由碱性到酸性过渡。对锰来说，这种规律性更为明显。

表 6.2　铬和锰的不同氧化态氢氧化物的酸碱性

氧化态	+2	+3	+4	+5	+6	+7
Cr	—	$Cr(OH)_3$ 两性	—	—	H_2CrO_4、$H_2Cr_2O_7$ 强酸	—
Mn	$Mn(OH)_2$ 碱性	$Mn(OH)_3$	$MnO(OH)_2$ 两性	—	—	$HMnO_4$ 强酸

铬和锰各价态的氧化还原性受介质的影响较大。低价态的 Mn^{2+}、Cr^{3+}在中性、酸性介质中是相当稳定的，但在碱性介质中都容易被氧化。

Cr(Ⅲ)在碱性溶液中易被氧化为黄色的CrO_4^{2-}，如：

$$2\,CrO_2^- + 3\,H_2O_2 + 2\,OH^- = 2\,CrO_4^{2-} + 4\,H_2O$$

铬酸盐和重铬酸盐在水溶液中有如下平衡：

$$2\ CrO_4^{2-} + 2\ H^+ \rightleftharpoons Cr_2O_7^{2-} + H_2O$$

在酸性介质中，上述平衡向右移动；在碱性介质中，上述平衡向左移动。

在酸性介质中，$Cr_2O_7^{2-}$ 与 H_2O_2 反应生成过氧化铬，在乙醚中呈蓝色，其反应为

$$Cr_2O_7^{2-} + 4\ H_2O_2 + 2\ H^+ = 2\ CrO_5 + 5\ H_2O$$

这个反应用来鉴定 $Cr_2O_7^{2-}$ 或 Cr^{3+}。另外，还可用生成 $PbCrO_4$ 黄色沉淀作为鉴定反应。

$$Cr_2O_7^{2-} + 2\ Pb^{2+} + H_2O = 2\ H^+ + 2\ PbCrO_4\downarrow(\text{黄色})$$

白色的 $Mn(OH)_2$ 在空气中易被氧化，很快变为棕色的 MnO_2 的水合物 $MnO(OH)_2$。

Mn^{2+}只有在硝酸介质中用更强的氧化剂(如 PbO_2、$NaBiO_3$)才能被氧化生成 MnO_4^-，反应如下：

$$5\ NaBiO_3 + 2\ Mn^{2+} + 14\ H^+ = 2\ MnO_4^- + 5\ Bi^{3+} + 5\ Na^+ + 7\ H_2O$$

用这一反应可以鉴定 Mn^{2+}的存在。

由锰的电位图可知，在酸性介质中 MnO_4^{2-} 不能稳定存在。实际上，在中性或弱碱性介质中 MnO_4^{2-} 就可发生歧化反应，生成 MnO_4^- 和 MnO_2。

$$3\ MnO_4^{2-} + 2\ H_2O = 2\ MnO_4^- + MnO_2\downarrow + 4\ OH^-$$

但在强碱性介质中，$KMnO_4$ 和 MnO_2 作用生成 K_2MnO_4，即发生上述反应的逆反应。

铬和锰较高价态的化合物大都呈强氧化性。$K_2Cr_2O_7$、$KMnO_4$、MnO_2 都是实验室及工业上常用的氧化剂。实验室常用 MnO_2 或 $KMnO_4$ 与浓盐酸反应来制取氯气。

$$MnO_2 + 4\ HCl(\text{浓}) = MnCl_2 + Cl_2\uparrow + 2\ H_2O$$

在中性溶液中 MnO_4^- 也可与 Mn^{2+}反应生成棕色沉淀($MnO_2 \cdot nH_2O$)，反应如下：

$$2\ MnO_4^- + 3\ Mn^{2+} + 2\ H_2O = 5\ MnO_2\downarrow + 4\ H^+$$

MnO_4^- 的氧化能力随溶液的酸性减弱而减弱，其还原产物因介质的酸性不同而变化。MnO_4^- 在酸性、中性(或微碱性)、强碱性介质中与 Na_2SO_3 反应，还原产物分别为 Mn^{2+}、MnO_2 及 MnO_4^{2-}。

2. 铁、钴、镍的氢氧化物酸碱性及氧化还原性

Ⅷ族的铁、钴、镍因 d 电子增多，不像锰有较多氧化态，且三者性质极为相近。铁、钴、镍常见的氧化态为+2、+3。两个价态氢氧化物的性质见表 6.3、表 6.4。

表 6.3　铁、钴、镍+2 氧化态氢氧化物的性质

氢氧化物	颜色	酸碱性	$\varphi^{\ominus}_{M(OH)_3/M(OH)_2}$ /V	与空气中氧的作用
$Fe(OH)_2$	白	略显两性	−0.56	迅速氧化成 $Fe(OH)_3$
$Co(OH)_2$	粉红	略显两性	+0.17	缓慢氧化成 $Co(OH)_3$
$Ni(OH)_2$	苹果绿	碱性	+0.48	不起作用

表 6.4　铁、钴、镍+3 氧化态氢氧化物的性质

氢氧化物	颜色	与盐酸的作用
$Fe(OH)_3$	红棕色	生成+3 价铁盐
$Co(OH)_3$	褐色	生成+2 价盐，放出氯气
$Ni(OH)_3$	黑色	生成+2 价盐，放出氯气

$Fe(OH)_2$、$Co(OH)_2$ 略显两性，在浓的强碱溶液中可形成$[Fe(OH)_6]^{4-}$和$[Co(OH)_4]^{2-}$。从 $Fe(OH)_2$、$Co(OH)_2$ 到 $Ni(OH)_2$ 还原性依次减弱；从 $Fe(OH)_3$、$Co(OH)_3$ 到 $Ni(OH)_3$ 氧化性依次增强。$Co(OH)_3$、$Ni(OH)_3$ 可与浓 HCl 反应：

$$2\,Co(OH)_3 + 6\,HCl = 2\,CoCl_2 + Cl_2\uparrow + 6\,H_2O$$

$$2\,Ni(OH)_3 + 6\,HCl = 2\,NiCl_2 + Cl_2\uparrow + 6\,H_2O$$

+2、+3 价铁盐在水溶液中均易发生水解作用，Fe^{3+}水解生成大而密实的絮状体，可用作水处理的絮凝剂。由 $\varphi^{\ominus}_{Fe^{3+}/Fe^{2+}} = +0.771\ V$ 可知，Fe^{2+}在中性、酸性介质中可作还原剂，Fe^{3+}可被较强的还原剂还原，Fe^{3+}是常用的弱氧化剂。

3. 铁、钴、镍的配合物及离子鉴定

铁、钴、镍可形成多种配合物。常见的配体有 NH_3、CN^-、SCN^-、F^-等。

Fe^{2+}、Fe^{3+}难以形成稳定的氨配合物，它们与氨水生成相应的氢氧化物沉淀。Co^{2+}与氨形成土黄色的$[Co(NH_3)_6]^{2+}$，$[Co(NH_3)_6]^{2+}$易被 H_2O_2、Br_2 和 O_2 等氧化成红褐色的$[Co(NH_3)_6]^{3+}$。Ni^{2+}与 NH_3 的配合物$[Ni(NH_3)_6]^{2+}$ (蓝紫色)是稳定的，不存在 Ni(Ⅲ)的氨配合物。

Fe^{3+}与 SCN^-形成血红色配合物$[Fe(SCN)_n]^{3-n}$，反应灵敏，常用于检出 Fe^{3+}。Co^{2+}与 SCN^-形成蓝色的$[Co(SCN)_4]^{2-}$配合物，可溶于丙酮或戊醇中，常用于检出 Co^{2+}。但在检出前需将 Fe^{3+}分离除去或掩蔽起来。

Fe^{3+}和 Fe^{2+}可以形成稳定的铁氰配合物，Fe^{3+}与亚铁氰化钾 $K_4[Fe(CN)_6]$(黄血盐)溶液反应生成蓝色沉淀(普鲁士蓝)，Fe^{2+}与铁氰化钾 $K_3[Fe(CN)_6]$(赤血盐)溶液反应也生成蓝色沉淀(滕氏蓝)。常利用此反应鉴定 Fe^{3+}和 Fe^{2+}。

Ni^{2+}在 pH=5～10 介质中与丁二酮肟反应，生成红色螯合物，pH=7.5～8.1 时定量沉淀。其反应为

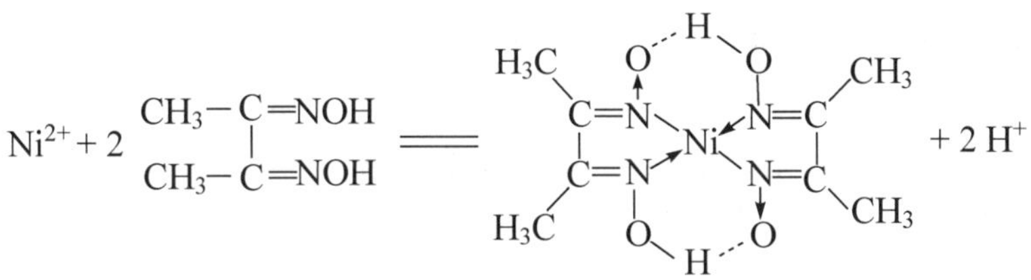

此沉淀溶于强酸、强碱和很浓的氨水，故鉴定 Ni^{2+}应在有 NH_4^+ 存在的氨性介质中。Fe^{2+}也有类似的反应，干扰 Ni^{2+}的鉴定，应当除去。

三、仪器与试剂

(1) 仪器：试管，离心机，酒精灯，烧杯等。

(2) 试剂：(以下括号中的数字，除特别注明外，单位为 $mol \cdot L^{-1}$)。

MnO_2(s)，$NaBiO_3$(s)，KSCN(s)，NH_4F(s)，$(NH_4)_2Fe(SO_4)_2 \cdot 6H_2O$(s)，$FeSO_4$(0.1)，HCl(2.0，6.0，浓)，$H_2SO_4$(1.0，2.0，3.0，浓)，$HNO_3$(6.0，浓)，NaOH(2.0，6.0，40%)，$CrCl_3$(0.1)，$K_2Cr_2O_7$(0.1)，$KMnO_4$(0.01)，KSCN(0.1)，$MnSO_4$(0.1，0.5)，Na_2SO_3(0.1，0.5)，$Pb(Ac)_2$(0.1)，$K_4[Fe(CN)_6]$(0.1)，$K_3[Fe(CN)_6]$(0.1)，$CoCl_2$(0.1，0.5)，$NiSO_4$(0.1，0.5)，KI(0.1)，$FeCl_3$(0.1)，NH_4Cl(1.0)，H_2O_2(3%)，丁二酮肟(1%)，氨水(2.0，6.0)，乙醚，溴水，丙酮，CCl_4，淀粉-碘化钾试纸。

四、实验步骤

1. Cr(Ⅲ)、Mn(Ⅱ)氢氧化物的酸碱性

(1) 在 0.1 $mol \cdot L^{-1}$ $CrCl_3$溶液中逐滴加入 2.0 $mol \cdot L^{-1}$ NaOH 溶液，观察沉淀的颜色。分别试验产物与 2.0 $mol \cdot L^{-1}$ HCl 和 2.0 $mol \cdot L^{-1}$ NaOH 溶液的作用，观察现象，写出反应方程式。

(2) 在两支试管中各加入 10 滴 0.1 $mol \cdot L^{-1}$ $MnSO_4$溶液，分别加入 5 滴 2.0 $mol \cdot L^{-1}$ NaOH，观察现象。一支迅速加入 2.0 $mol \cdot L^{-1}$ HCl 溶液，另一支加入 2.0 $mol \cdot L^{-1}$ NaOH 溶液，观察现象。

2. Cr(Ⅲ)、Mn(Ⅱ)的还原性

(1) 取 1～2 滴 0.1 $mol \cdot L^{-1}$ $CrCl_3$溶液，加入 6.0 $mol \cdot L^{-1}$ NaOH 使生成的沉淀又溶解后，再过量 2 滴，然后加入 3 滴 3% H_2O_2溶液，微热至溶液呈浅黄色。写出反应方程式。

(2) 取 5 滴 0.1 $mol \cdot L^{-1}$ $MnSO_4$溶液于试管中，加入少量 $NaBiO_3$固体，再滴加 6.0 $mol \cdot L^{-1}$ HNO_3溶液，振荡，待离心沉降后，观察上清液紫色 MnO_4^- 的生成(此反应用于鉴定 Mn^{2+})。写出反应方程式。

(3) 在 0.1 $mol \cdot L^{-1}$ $MnSO_4$溶液中加入 2.0 $mol \cdot L^{-1}$ NaOH 溶液，沉淀生成后，振荡并置于空气中，观察沉淀颜色的变化，解释并写出反应方程式。

比较 Mn(Ⅱ)在不同介质中的稳定性。

3. Cr(Ⅵ)的转化平衡和氧化性

(1) 转化平衡。取 5 滴 0.1 $mol \cdot L^{-1}$ $K_2Cr_2O_7$溶液于试管中，滴加 2.0 $mol \cdot L^{-1}$ NaOH 至呈碱性，观察溶液颜色的变化。再滴加 2.0 $mol \cdot L^{-1}$ H_2SO_4酸化，观察溶液颜色变化。解释现象并写出反应方程式。

(2) 氧化性。用 0.1 $mol \cdot L^{-1}$ Na_2SO_3溶液试验 $K_2Cr_2O_7$在酸性溶液中的氧化性，观察实验现象，写出反应方程式。

4. Cr^{3+}、CrO_4^{2-}、$Cr_2O_7^{2-}$的鉴定

取 1～2 滴 0.1 $mol \cdot L^{-1}$ $CrCl_3$溶液，加入 6.0 $mol \cdot L^{-1}$ NaOH 使生成的沉淀又溶解后，再过量 2 滴，然后加入 3 滴 3% H_2O_2溶液，微热至溶液呈浅黄色，冷却后加入 0.5 mL 乙醚，然后慢慢滴入 6.0 $mol \cdot L^{-1}$ HNO_3 酸化，摇动试管，观察乙醚层出现的深蓝色(此反应用来鉴定 Cr^{3+}、CrO_4^{2-}、$Cr_2O_7^{2-}$)。写出反应方程式。

5. Mn(Ⅳ)的生成和氧化性

(1) 在 10 滴 0.01 mol · L^{-1} $KMnO_4$溶液中滴加 0.1 mol · L^{-1} $MnSO_4$溶液，观察沉淀的生成及颜色，写出反应方程式。

(2) 取少量 MnO_2 于试管中，加入 10 滴浓盐酸，微热，检验氯气产生。写出反应方程式。

6. Mn(Ⅵ)的生成及其稳定性

(1) 在 2.0 mL 0.01 mol · L^{-1} $KMnO_4$溶液中加入 1.0 mL 40% NaOH，然后加入少量的 MnO_2 固体，微热，搅动后静置片刻，离心沉降，观察上层清液颜色，解释现象，写出反应方程式。

(2) 取出上层溶液，加入 3.0 mol · L^{-1} H_2SO_4酸化，观察溶液颜色的变化和沉淀的析出，写出反应方程式。

7. Mn(Ⅶ)在不同介质中的氧化性

分别试验在酸性(2.0 mol · L^{-1} H_2SO_4)、中性(去离子水)、碱性(40% NaOH)介质中，0.01 mol · L^{-1} $KMnO_4$溶液与 0.5 mol · L^{-1} Na_2SO_3溶液的反应。比较它们的产物与介质的关系，解释并写出反应方程式。

8. Fe(Ⅱ)、Co(Ⅱ)、Ni(Ⅱ)氢氧化物的制备和性质

(1) $Fe(OH)_2$ 的生成和性质。在一支试管中加入 2.0 mL 去离子水和几滴稀 H_2SO_4，煮沸片刻(为什么？)，然后溶入几粒硫酸亚铁铵晶体。在另一支试管中加入 1.0 mL 6.0 mol · L^{-1} NaOH 溶液，煮沸，冷却后用一细长滴管吸取 0.5 mL，插入硫酸亚铁铵溶液内(直至试管底部)，慢慢放出 NaOH 溶液，观察产物的颜色和状态。然后加入 2.0 mol · L^{-1} HCl，观察沉淀是否溶解。解释现象，写出反应方程式。

按同样方法另制得两份沉淀后，一份迅速加入 40% NaOH 并加热，观察沉淀是否溶解。另一份沉淀振荡后放置一段时间，观察现象，写出反应方程式。

(2) $Co(OH)_2$ 的制备和性质。在少量 0.1 mol · L^{-1} $CoCl_2$溶液中滴加 2.0 mol · L^{-1} NaOH，将试管不断振荡或微热，观察 $Co(OH)_2$ 沉淀的生成及反应过程中沉淀颜色的变化。将沉淀分为三份，两份试验 $Co(OH)_2$ 的酸碱性，一份静置数分钟后观察沉淀颜色的变化。解释现象，并写出反应方程式。

(3) $Ni(OH)_2$ 的制备和性质。在少量 0.1 mol · L^{-1} $NiSO_4$溶液中，滴加 2.0 mol · L^{-1} NaOH，观察现象。将沉淀分为三份，分别检验 $Ni(OH)_2$ 的酸碱性及在空气中放置后颜色是否变化。写出反应方程式。

根据以上实验结果，比较 Fe(Ⅱ)、Co(Ⅱ)、Ni(Ⅱ)的氢氧化物的酸碱性和还原性。

9. Fe(Ⅲ)、Co(Ⅲ)、Ni(Ⅲ)氢氧化物的制备和性质

(1) $Fe(OH)_3$ 的制备和性质。在 0.1 mol · L^{-1} $FeCl_3$ 溶液中滴入 2.0 mol · L^{-1} NaOH，观察沉淀的颜色和形状，再与 HCl 作用，观察现象，写出反应方程式。

(2) $Co(OH)_3$ 的制备和性质。在 0.1 mol · L^{-1} $CoCl_2$ 溶液中加入几滴溴水，然后加入 2.0 mol · L^{-1} NaOH，观察沉淀的颜色。将溶液加热至沸，静置，弃去清液，洗涤沉淀，在沉淀上滴几滴浓 HCl，加热，用湿润的淀粉-碘化钾试纸检验逸出的气体，观察现象，解释并写出反应方程式。

(3) $Ni(OH)_3$ 的制备和性质。用与上面制备 $Co(OH)_3$ 相同的方法，由 $NiSO_4$ 溶液制备 $Ni(OH)_3$。依同法检验 $Ni(OH)_3$ 与浓 HCl 反应时有无氯气产生。

根据上述实验结果，比较 Fe(Ⅲ)、Co(Ⅲ)、Ni(Ⅲ)氢氧化物的氧化性。

10. Fe(Ⅲ)、Fe(Ⅱ)的氧化还原性

(1) 在 2 滴 0.1 $mol \cdot L^{-1}$ KI 溶液中加入 5 滴 1.0 $mol \cdot L^{-1}$ $FeCl_3$ 溶液，加 0.5 mL CCl_4，振荡，观察现象，写出反应方程式。

(2) 取 1 滴 0.01 $mol \cdot L^{-1}$ $KMnO_4$ 溶液于试管中，加入 1.0 mL 去离子水稀释，加少量 2.0 $mol \cdot L^{-1}$ H_2SO_4 溶液，滴加 0.1 $mol \cdot L^{-1}$ $FeSO_4$ 溶液，观察现象，写出反应方程式。

11. 铁、钴、镍的配合物

1) 氨配合物

(1) 在 2 滴 0.1 $mol \cdot L^{-1}$ $FeCl_3$ 溶液中加入 5 滴 2.0 $mol \cdot L^{-1}$ 氨水溶液，观察现象，写出反应方程式。

(2) 在 5 滴 0.5 $mol \cdot L^{-1}$ $CoCl_2$ 溶液中加入几滴 1.0 $mol \cdot L^{-1}$ NH_4Cl 溶液，再滴加 6.0 $mol \cdot L^{-1}$ 氨水，振荡试管，观察沉淀的颜色，再继续加氨水至沉淀溶解为止，观察溶液的颜色。静置一段时间后，再观察溶液颜色有什么变化，解释并写出反应方程式。

(3) 在 0.5 $mol \cdot L^{-1}$ $NiSO_4$ 溶液中，逐滴加入几滴 2.0 $mol \cdot L^{-1}$ 氨水，微热，观察绿色碱式盐沉淀的生成，然后加入几滴 NH_4Cl，继续加氨水至沉淀溶解，观察溶液的颜色。

2) 硫氰配合物(Fe^{3+}、Co^{2+}的鉴定)

(1) 在 1 滴 0.1 $mol \cdot L^{-1}$ $FeCl_3$ 溶液中滴入 2 滴 0.1 $mol \cdot L^{-1}$ KSCN 溶液，观察血红色配合物的生成，写出反应方程式。

(2) 在试管中加入 2 滴 0.1 $mol \cdot L^{-1}$ $CoCl_2$ 溶液和少量固体 KSCN，再加数滴丙酮，观察蓝色 $[Co(SCN)_4]^{2-}$ 配离子的生成，此反应用来鉴定 Co^{2+} {若有 Fe^{3+}，生成的血红色 $[Fe(SCN)_n]^{3-n}$ 配离子会掩盖蓝色的 $[Co(SCN)_4]^{2-}$，可加入 NH_4F 固体，使 Fe^{3+}生成 FeF_6^{3-}，以消除干扰}。

12. 混合离子的分离与鉴定

(1) Fe^{2+}的鉴定。取 1 滴 0.1 $mol \cdot L^{-1}$ $FeSO_4$ 溶液，加入 1.0 mL 去离子水稀释，然后加入 1 滴 0.1 $mol \cdot L^{-1}$ $K_3[Fe(CN)_6]$溶液，观察蓝色产物的生成。

(2) Fe^{3+}的鉴定。取 1 滴 0.1 $mol \cdot L^{-1}$ $FeCl_3$ 溶液，加入 1.0 mL 去离子水稀释，然后加入 1 滴 0.1 $mol \cdot L^{-1}$ $K_4[Fe(CN)_6]$溶液，观察蓝色产物的生成。

(3) Ni^{2+}的鉴定。在试管中加 2 滴 $NiSO_4$ 溶液，加入 5 滴 1.0 $mol \cdot L^{-1}$ NH_4Cl 溶液，加 5 滴 2.0 $mol \cdot L^{-1}$ 氨水至呈弱碱性，再加入 1 滴 1%的丁二酮肟溶液，即生成红色的螯合物沉淀。

(4) 分离鉴定 Fe^{3+}、Co^{2+}，自行设计分离鉴定方案并试验。

五、实验现象记录与解释

参照 1.2 节中的性质验证实验示例实验报告，列表记录实验现象并解释。

六、思考题

(1) 刚配制的 $CrCl_3$ 水溶液为绿色，随着时间的推移，逐渐转变为紫色，为什么？

(2) 向含有三种阴离子的混合溶液中滴加 $AgNO_3$ 溶液至不再有沉淀析出为止，过滤，当用稀 HNO_3 处理沉淀时，砖红色沉淀溶解得橙色溶液，但仍有白色沉淀。滤液呈紫色，用 H_2SO_4 酸化后加入 Na_2SO_3，则紫色逐渐消失。指出上述溶液中含有哪三种阴离子，并写出有关反应方程式。

实验 36　ds 区：铜、银、锌、镉、汞

一、实验目的

(1) 掌握铜、银、锌、镉、汞的氢氧化物的酸碱性和热稳定性。

(2) 掌握铜、银、锌、镉、汞的配合物的性质和应用。

(3) 掌握 Cu(Ⅰ)、Cu(Ⅱ)及 Hg(Ⅰ)、Hg(Ⅱ)的重要化合物的性质和相互转化条件。

(4) 掌握铜、锌、镉、汞离子的鉴定反应。

二、实验原理

铜、银、锌、镉、汞分别属 ds 区中的ⅠB 和ⅡB 族，在水溶液中分别以 Cu^{2+}、Ag^{+}、Zn^{2+}、Cd^{2+}、Hg^{2+}、Hg_2^{2+} 的水合离子形式存在，也可以它们的某些配离子形式存在。Cu(Ⅰ)在高温或固态时稳定，在水溶液中只可以某些配离子形式存在。

1. Cu^{2+}、Ag^{+}、Zn^{2+}、Cd^{2+}、Hg^{2+}、Hg_2^{2+} 与 NaOH、$NH_3 \cdot H_2O$、KI 的反应

(1) 铜、银、锌、镉、汞与 NaOH 作用分别得到 $Cu(OH)_2$、Ag_2O、$Zn(OH)_2$、$Cd(OH)_2$、HgO、HgO 和 Hg。其中 $Zn(OH)_2$ 为典型的两性化合物；$Cd(OH)_2$ 则主要呈碱性反应，仅缓慢溶于热的浓强碱；$Cu(OH)_2$ 也呈两性，但其碱性大于酸性；Ag_2O 和 HgO 为碱性氧化物。各氢氧化物热稳定性相差很大，$Cu(OH)_2$ 在加热时分解生成黑色的 CuO。

(2) 与适量 $NH_3 \cdot H_2O$ 反应时，Cu^{2+}生成相应的碱式盐沉淀，Ag^{+}生成 Ag_2O 沉淀，Zn^{2+}、Cd^{2+}生成 $Zn(OH)_2$、$Cd(OH)_2$，与过量的 $NH_3 \cdot H_2O$ 反应生成相应的氨配合物。Hg^{2+}与适量氨水反应生成氨基汞盐的沉淀物：

$$2\,Hg(NO_3)_2 + 4\,NH_3 \cdot H_2O = HgO \cdot HgNH_2NO_3\downarrow(\text{白色}) + 3\,NH_4NO_3$$

碱式氨基硝酸汞在有大量铵盐存在时可溶于过量 $NH_3 \cdot H_2O$，生成氨配合物。

$$HgO \cdot HgNH_2NO_3 + 3\,NH_4NO_3 + 4\,NH_3 = 2\,[Hg(NH_3)_4]^{2+} + 4\,NO_3^- + H_2O$$

Hg_2^{2+} 与氨水发生歧化反应，生成氨基汞化合物和汞。

$$2\,Hg_2(NO_3)_2 + 4\,NH_3 \cdot H_2O = HgO \cdot HgNH_2NO_3\downarrow + 2\,Hg\downarrow + 3\,NH_4NO_3$$

(3) Cu^{2+}与 I^-反应即生成 Cu_2I_2 白色沉淀，此处 I^- 既作还原剂又作沉淀剂。

$$2\,Cu^{2+} + 4\,I^- = Cu_2I_2\downarrow + I_2$$

Cu_2I_2 又可溶于过量 I^-生成$[CuI_2]^-$，也可溶于 KSCN 生成$[Cu(SCN)_2]^-$配离子。这两种离子在稀释时又重新生成 Cu_2I_2 和 $Cu_2(SCN)_2$。

Hg^{2+}与适量 I^-反应生成 HgI_2 橘红色沉淀，与过量 I^-反应生成无色的$[HgI_4]^{2-}$。$K_2[HgI_4]$和强碱(如 40% NaOH 溶液)的混合溶液称为奈斯勒试剂，用于鉴定 NH_4^+。

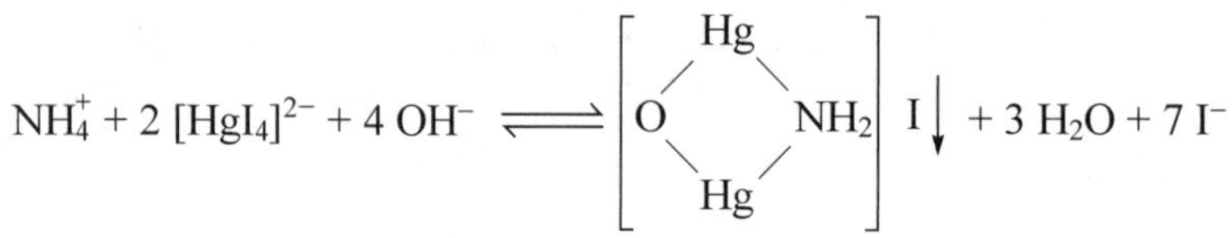

Hg_2^{2+} 与适量 I^- 反应生成 Hg_2I_2 黄绿色沉淀，与过量 I^- 发生歧化反应，生成无色的$[HgI_4]^{2-}$和黑色 Hg 沉淀。

2. Cu(Ⅰ)-Cu(Ⅱ)、Hg(Ⅰ)-Hg(Ⅱ)的相互转化

铜与汞的标准电势图为

$$\varphi^{\ominus}/V \quad Cu^{2+} \xrightarrow{+0.158} Cu^{+} \xrightarrow{+0.522} Cu$$

$$\varphi^{\ominus}/V \quad Hg^{2+} \xrightarrow{+0.905} Hg_2^{2+} \xrightarrow{+0.796} Hg$$

Cu(Ⅰ)有很强的歧化趋势。上述 Cu^{2+}与 KI 的反应表明，Cu(Ⅰ)不能以 Cu^+存在于水溶液中，而它的某些难溶盐和配离子是稳定的。将 $CuCl_2$ 溶液与铜屑混合，加入浓盐酸，加热可得$[CuCl_2]^-$溶液，稀释后则得白色 Cu_2Cl_2 沉淀。

$$Cu^{2+} + Cu + 4\,Cl^- \rightleftharpoons 2\,[CuCl_2]^-$$

$$2\,[CuCl_2]^- \xrightleftharpoons{H_2O} Cu_2Cl_2\downarrow + 2\,Cl^-$$

由电势图可知，标准电势下，Hg(Ⅰ)不发生歧化反应，Hg(Ⅱ)与 Hg 发生歧化反应的逆反应。

$$Hg^{2+} + Hg = Hg_2^{2+}$$

欲使 Hg(Ⅰ)发生歧化反应，需降低溶液中 Hg(Ⅱ)的浓度，若使 Hg(Ⅱ)生成沉淀或配离子，会使歧化趋势增大。例如，$Hg_2(NO_3)_2$ 与 $NH_3\cdot H_2O$、OH^-、I^-的反应，均为歧化反应。

$$Hg_2^{2+} + 2\,OH^- = HgO\downarrow + Hg\downarrow(\text{黑色}) + H_2O$$

$$Hg_2^{2+} + 2\,I^-(\text{过量}) = [HgI_4]^{2-}(\text{无色}) + Hg\downarrow(\text{黑色})$$

3. 有关氧化还原反应

从标准电极电势(附录 12)看出，这些离子中 Ag^+、Cu^{2+}、Hg^{2+}、Hg_2^{2+} 都有一定的氧化性。Ag^+在氨性溶液中能够氧化醛类，自身被还原为金属银，可制备银镜和检验醛的存在。

$$2\,Ag(NH_3)_2^+ + HCHO + 2\,OH^- = 2\,Ag\downarrow + HCOONH_4 + 3\,NH_3 + H_2O$$

Cu^{2+}作为一个中等强度的氧化剂，还原过程中伴随着 Cu(Ⅰ)难溶盐或配离子的生成。

Hg^{2+}作为氧化剂能氧化 Sn^{2+}，可用于 Sn^{2+}或 Hg^{2+}的鉴定反应。

4. Cu^{2+}、Zn^{2+}、Cd^{2+} 的鉴定反应

Cu^{2+}能与 $K_4[Fe(CN)_6]$反应生成红棕色 $Cu_2[Fe(CN)_6]$沉淀，此反应可用来鉴定 Cu^{2+}。Fe^{3+}也能与 $K_4[Fe(CN)_6]$反应生成蓝色沉淀，干扰 Cu^{2+}的鉴定。先加入氨水和 NH_4Cl 溶液，使 Fe^{3+}生成 $Fe(OH)_3$ 沉淀，可除去 Fe(Ⅲ)，而 Cu^{2+}则与氨水形成可溶性配合物留在溶液中。

Zn^{2+}可与二苯硫腙反应而生成粉红色螯合物来鉴定。

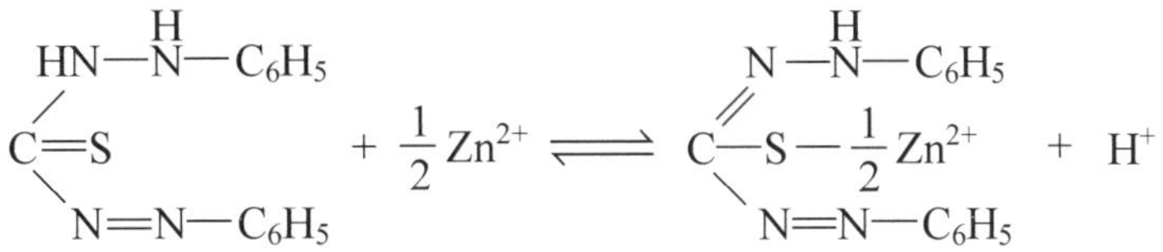

Cd^{2+}与 Na_2S 溶液反应而生成黄色 CdS 沉淀，以鉴定 Cd^{2+}的存在。

三、仪器与试剂

(1) 仪器：试管，离心试管，离心机，酒精灯，烧杯，点滴板等。

(2) 试剂：(下列药品除特别注明外，单位均为 $mol \cdot L^{-1}$)。

铜屑(s)，HCl(2.0，6.0，浓)，HNO_3(2.0，6.0，浓)，H_2SO_4(2.0)，HAc(2.0)，NaOH(2.0，6.0，40%)，氨水(2.0，6.0)，$CuSO_4$(0.1)，$CuCl_2$(1.0)，$AgNO_3$(0.1)，$Cd(NO_3)_2$(0.1)，$Hg(NO_3)_2$(0.1)，$Hg_2(NO_3)_2$(0.1)，$Zn(NO_3)_2$(0.1)，KI(0.1，饱和)，$K_4[Fe(CN)_6]$(0.1)，$Na_2S_2O_3$(0.2)，$SnCl_2$(0.1)，Na_2S(0.1)，NH_4NO_3(饱和)，甲醛(2%)，奈斯勒试剂，二苯硫腙(溶剂为 CCl_4)。

四、实验步骤

1. 铜、银、锌、镉、汞氢氧化物和氧化物的生成和性质

(1) 取 2.0 mL 0.1 $mol \cdot L^{-1}$ $CuSO_4$溶液于试管中，逐滴加入 2.0 $mol \cdot L^{-1}$ NaOH 溶液，至大量沉淀生成为止(不要过量)。将沉淀分成三份，一份加热至固体变黑，试验 $Cu(OH)_2$的脱水性；其余两份分别加入 2.0 $mol \cdot L^{-1}$ H_2SO_4和过量 6.0 $mol \cdot L^{-1}$ NaOH 溶液，试验 $Cu(OH)_2$的酸碱性；观察现象，得出结论，写出反应方程式。

(2) 取 1.0 mL 0.1 $mol \cdot L^{-1}$ $AgNO_3$溶液于试管中，缓慢加入新配制的 2.0 $mol \cdot L^{-1}$ NaOH 溶液，观察生成的 Ag_2O 的颜色和状态。将沉淀分为两份，分别加入 2.0 $mol \cdot L^{-1}$ HNO_3和 2.0 $mol \cdot L^{-1}$ NaOH 溶液。观察现象，得出结论，写出反应方程式。

(3) 取 1.0 mL 0.5 $mol \cdot L^{-1}$ $Zn(NO_3)_2$溶液于试管中，逐滴加入 2.0 $mol \cdot L^{-1}$ NaOH 溶液，至大量沉淀生成为止(不要过量)。将沉淀分成两份：一份加入 2.0 $mol \cdot L^{-1}$ H_2SO_4，另一份加入 2.0 $mol \cdot L^{-1}$ NaOH 溶液，振荡，观察现象，得出结论，写出反应方程式。

(4) 取 1.0 mL 0.1 $mol \cdot L^{-1}$ $Cd(NO_3)_2$溶液于离心试管中，滴加适量的 2.0 $mol \cdot L^{-1}$ NaOH 溶液，至大量沉淀生成。将沉淀分成两份：一份加入 2.0 $mol \cdot L^{-1}$ H_2SO_4，另一份加入 40% NaOH 溶液，并加热至沸片刻，观察现象，得出结论，写出反应方程式。

(5) 取 1.0 mL 0.1 $mol \cdot L^{-1}$ $Hg(NO_3)_2$溶液于试管中，分别滴加适量 2.0 $mol \cdot L^{-1}$ NaOH 溶液，至大量沉淀生成。将沉淀分成两份：一份加入 2.0 $mol \cdot L^{-1}$ HNO_3，另一份加入 40% NaOH 溶液，振荡，观察现象，得出结论，写出反应方程式。

(6) 取 5 滴 0.1 $mol \cdot L^{-1}$ $Hg_2(NO_3)_2$溶液于试管中，滴加 2.0 $mol \cdot L^{-1}$ NaOH，观察产物的颜色(HgO + Hg)，逐滴加入 2.0 $mol \cdot L^{-1}$ HNO_3，振荡，放置片刻，溶液无色。自行设计实验方法，验证无色溶液的组成，得出结论，写出反应方程式。

比较 Cu^{2+}、Ag^{+}、Zn^{2+}、Cd^{2+}、Hg^{2+}、Hg_2^{2+} 与 NaOH 反应的产物及其酸碱性。

2. 铜、银、锌、镉、汞盐与氨水的反应

分别试验 0.1 $mol \cdot L^{-1}$ $CuSO_4$、$AgNO_3$、$Zn(NO_3)_2$、$Cd(NO_3)_2$、$Hg(NO_3)_2$、$Hg_2(NO_3)_2$与

2.0 mol · L^{-1} 氨水的作用，加少量氨水生成什么？加过量氨水又发生什么变化?(试验汞盐与过量氨水作用时应用 6.0 mol · L^{-1} 氨水)。根据上述实验，比较它们与氨水反应的情况。

3. Cu^{2+}、Hg^{2+}、Hg_2^{2+}、Ag^+与 KI 的反应

(1) 在 5 滴 0.1 mol · L^{-1} $CuSO_4$溶液中，加入 1 mL 0.1 mol · L^{-1} KI 溶液，观察产物颜色。再滴加 0.2 mol · L^{-1} $Na_2S_2O_3$(以除去反应中生成的碘，切勿多加，防止 Cu_2I_2溶解)，观察沉淀的颜色，继续滴加饱和 KI 溶液至沉淀溶解，写出反应方程式。

(2) 在 2 滴 0.1 mol · L^{-1} $Hg(NO_3)_2$中，先加入少量 0.1 mol · L^{-1} KI，观察沉淀颜色。再加入过量 KI 溶液，即生成稳定的$[HgI_4]^{2-}$。向$[HgI_4]^{2-}$中加几滴 40% NaOH 溶液即为奈斯勒试剂，可用于NH_4^+的检出。

(3) 在 2 滴 0.1 mol · L^{-1} $Hg_2(NO_3)_2$溶液中，先加入少量 0.1 mol · L^{-1} KI 溶液，观察沉淀颜色。再加过量 KI 溶液，观察现象，写出反应方程式并解释。

(4) 在 2 滴 0.1 mol · L^{-1} $AgNO_3$溶液中，加入 5 滴 0.1 mol · L^{-1} KI 溶液，观察产物颜色。继续滴加饱和 KI 溶液，观察现象，写出反应方程式。

4. 铜、银化合物的氧化还原性

(1) 氯化亚铜的生成和性质。在 10 滴 1.0 mol · L^{-1} $CuCl_2$中，加入 10 滴浓 HCl 和少量铜屑，小火加热至沸，待溶液呈泥黄色时，停止加热，用滴管吸出少量溶液，加入盛有半杯水的小烧杯中，观察是否有白色沉淀生成，写出反应方程式。

(2) 银离子的氧化性(银镜反应)。取 1 mL 0.1 mol · L^{-1} $AgNO_3$溶液加入一支洁净的试管中，逐滴加入 2.0 mol · L^{-1} 氨水至生成的沉淀又溶解，再多加数滴，然后加入 10 滴 2%甲醛溶液，水浴加热数分钟后，试管的内壁即附一层光亮的金属银(可用 6.0 mol · L^{-1} HNO_3溶解回收)。

5. 混合离子的分离与鉴定

(1) Cu^{2+}的鉴定。取 1 滴 0.1 mol · L^{-1} $CuSO_4$溶液，加 1 滴 2.0 mol · L^{-1} HAc，再滴加 2 滴 0.1 mol · L^{-1} $K_4[Fe(CN)_6]$溶液，有红棕色沉淀生成表示有Cu^{2+}存在。

(2) Zn^{2+}的鉴定。在 1 滴 0.1 mol · L^{-1} $Zn(NO_3)_2$溶液中加入 1.0 mL 去离子水，加入 5 滴 2.0 mol · L^{-1} NaOH，再加入 1 mL 二苯硫腙，振荡，水浴加热，观察现象，水溶液呈红色，CCl_4层则由绿色变为棕色示有Zn^{2+}存在。

(3) NH_4^+的鉴定。取 5 滴 0.1 mol · L^{-1} NH_4Cl 溶液于试管中，加入 2 滴 2.0 mol · L^{-1} NaOH，再加入 2 滴奈斯勒试剂，观察红棕色沉淀的生成。

(4) Cd^{2+}的鉴定反应。向 2 滴 0.1 mol · L^{-1} Cd^{2+} 溶液中滴加 0.1 mol · L^{-1} Na_2S 溶液，若有黄色 CdS 沉淀生成表示有Cd^{2+}存在。

(5) Hg^{2+}的鉴定。在 0.1 mol · L^{-1} $HgCl_2$溶液中逐滴加入 0.1 mol · L^{-1} $SnCl_2$溶液，先生成白色的 Hg_2Cl_2沉淀，继续滴加 $SnCl_2$，出现灰黑色 Hg 沉淀示有Hg^{2+}存在。

(6) 取 Zn^{2+}、Cd^{2+}、Hg^{2+}溶液各 5 滴，混合后进行分离和鉴定(自行设计方案)。

五、实验现象记录与解释

参照 1.2 节中的性质验证实验示例实验报告，列表记录实验现象并解释。

六、思考题

(1) 将 KI 加到 $CuSO_4$ 溶液中是否会得到 CuI_2？为什么？

(2) 在 $Hg(NO_3)_2$ 和 $HgCl_2$ 溶液中各加入氨水是否能得到氨配合物？

(3) 如何区别 Hg^{2+} 和 Hg_2^{2+}？

实验 37　电离平衡和沉淀反应

一、实验目的

(1) 掌握同离子效应对离解平衡的影响。

(2) 掌握盐类的水解和影响盐类水解的因素。

(3) 掌握缓冲溶液的配制和性质，巩固酸度计的使用。

(4) 理解溶度积规则，掌握沉淀的生成、溶解、分步沉淀及沉淀转化的条件。

二、实验原理

1. 同离子效应、盐的水解、缓冲溶液的配制和性质

弱电解质的溶液中加入少量含有相同离子的另一强电解质时，弱电解质的离解程度减小，这种效应称为同离子效应。例如，HAc 的电离度会因加入 NaAc 或 HCl 而降低。

盐类的水解是酸碱反应的逆反应，水解后溶液的酸碱性取决于盐的类型。由于水解是吸热反应并有平衡存在，因此升高温度和稀释溶液都有利于水解的进行。

缓冲溶液是不因少量的水、酸或碱的加入而明显改变其 pH 的溶液。这种溶液一般是由弱酸及其共轭碱、弱碱及其共轭酸或酸式盐配制而成的混合溶液。

由弱酸及其共轭碱所组成的缓冲溶液的 pH 可用下式计算：

$$pH = pK_a^{\ominus} - \lg\frac{c_{弱酸}}{c_{弱碱}}$$

由弱碱及其共轭酸所组成的缓冲溶液的 pH 的计算公式为

$$pH = 14 - pK_b^{\ominus} + \lg\frac{c_{弱碱}}{c_{弱酸}}$$

2. 沉淀的生成、溶解、分步沉淀及沉淀的转化

沉淀溶解平衡是难溶电解质(用通式 A_aB_b 表示)与溶液中相应组成离子所建立的多相化学平衡，其离子平衡式、平衡常数(溶度积常数)表示式分别为

$$A_aB_b(s) \rightleftharpoons aA^{b+}(aq) + bB^{a-}(aq)$$

$$K_{sp}^{\ominus} = [A^{b+}]^a\,[B^{a-}]^b$$

影响沉淀溶解平衡的因素有同离子效应、盐效应、酸效应和配位效应。在一定条件下，沉淀的生成和溶解可根据溶度积规则判断：

$[A^{b+}]^a[B^{a-}]^b > K_{sp}^{\ominus}$　溶液过饱和，有沉淀析出

$[A^{b+}]^a[B^{a-}]^b = K_{sp}^{\ominus}$　饱和溶液

$[A^{b+}]^a[B^{a-}]^b < K_{sp}^{\ominus}$　溶液未饱和，无沉淀析出或沉淀溶解

常用的沉淀溶解方法有酸碱溶解法、氧化还原溶解法、配位溶解法。

如果溶液中含有多种离子，当逐步加入某种试剂可能与溶液中的几种离子发生反应而生成几种沉淀时，同样可以用溶度积规则判断沉淀反应进行的次序。即当某种难溶电解质的离子浓度幂的乘积首先达到它的离子积时，这种难溶电解质便先沉淀出来。然后，当第二种难溶电解质的离子浓度幂的乘积等于它的溶度积时，第二种沉淀便开始析出。这种先后次序的沉淀称为分步沉淀。

使一种难溶电解质转化为另一种难溶电解质的过程称为沉淀的转化。一般说来，溶解度大的难溶电解质容易转化为溶解度小的难溶电解质。例如，在 AgCl 沉淀中加入足量 I^-，由平衡 $AgCl \rightleftharpoons Ag^+ + Cl^-$ 所产生的 Ag^+与加入的 I^-会结合成溶解度更小的 AgI。这时 Ag^+浓度降低了，促使平衡右移，AgCl 沉淀继续溶解，最后 AgCl 沉淀可全部转化为 AgI 沉淀。

三、仪器与试剂

(1) 仪器：离心机，酸度计，磁力搅拌器。

(2) 试剂：(以下括号中的数字是浓度值，除特别注明外，单位为 $mol \cdot L^{-1}$)。

NH_4Ac(s)，NH_4Cl(s)，NaAc(s)，$NaNO_3$(s)，HNO_3(6.0)，HCl(0.1，2.0，6.0)，NaOH(0.1，2.0)，HAc(0.1，2.0)，NaCl(0.1)，NH_4Cl(0.1，1.0)，NaAc(0.1)，Na_2HPO_4(0.1)，Na_2S(0.1)，$NH_3 \cdot H_2O$(0.1，2.0)，$(NH_4)_2C_2O_4$(饱和)，$CaCl_2$(0.1)，$CuSO_4$(0.1)，K_2CrO_4(0.1)，$AgNO_3$(0.1)，KI(0.02，0.1)，$Pb(Ac)_2$(0.01)，$Pb(NO_3)_2$(0.1)，$ZnSO_4$(0.1)，$MgSO_4$(0.1)，$BiCl_3$(0.1)，酚酞，甲基橙，pH 试纸(广泛，精密)。

四、实验步骤

1. 同离子效应

(1) 在试管中加入 1.0 mL 0.1 $mol \cdot L^{-1}$ 氨水，加入 1 滴酚酞，观察溶液颜色。加入少量 NH_4Ac 固体，摇动试管使其溶解，观察溶液颜色变化。试用平衡移动的观点加以说明。

(2) 在试管中加入 1.0 mL 0.1 $mol \cdot L^{-1}$ HAc，加入 1 滴甲基橙，观察溶液颜色。加入少量 NH_4Ac 固体，摇动试管使其溶解，观察溶液颜色变化。试用平衡移动的观点加以说明。

2. 盐类的水解和影响盐类水解的因素

(1) 用精密 pH 试纸分别测定浓度均为 0.1 $mol \cdot L^{-1}$ 的 NaCl、NH_4Cl、NaAc、Na_2HPO_4 溶液的 pH，并与其理论 pH 比较。

(2) 温度对水解的影响。取少量固体 NaAc 溶于少量水中，加 1 滴酚酞，观察溶液颜色。在小火上将此溶液加热，观察溶液颜色变化，为什么？

(3) 稀释对水解平衡的影响。取 5 滴 0.1 $mol \cdot L^{-1}$ $BiCl_3$ 溶液于试管中，加入 2.0 mL 水，

振荡，观察现象。再滴加 2.0 mol · L^{-1} HCl 溶液，观察现象。写出反应方程式。

3. 缓冲溶液的配制和性质

1) 去离子水的 pH 及缓冲能力测定

(1) 用精密 pH 试纸测定去离子水的 pH。

(2) 取 1.0 mL 去离子水于试管中，滴加 2 滴 0.1 mol · L^{-1} HCl，用精密 pH 试纸测定其 pH。

(3) 取 1.0 mL 去离子水于试管中，滴加 2 滴 0.1 mol · L^{-1} NaOH，用精密 pH 试纸测定其 pH。

比较(1)、(2)、(3)的 pH，计算 pH 的改变量，得出结论并解释原因。

2) 缓冲溶液的配制及缓冲能力测定

(1) 缓冲溶液的配制。取两个 50 mL 小烧杯，按表 6.5 中溶液 A 和 B 的用量将两种溶液混合，配制两份缓冲溶液。用酸度计分别测定其 pH，将测定值填入表 6.5，并与理论值比较。

表 6.5　缓冲溶液的 pH

编号	溶液 A	溶液 B	pH(理论)	pH(测定)
1	0.1 mol · L^{-1} 氨水 10.0 mL	0.1 mol · L^{-1} NH_4Cl 10.0 mL		
2	0.1 mol · L^{-1} HAc 10.0 mL	0.1 mol · L^{-1} NaAc 10.0 mL		

(2) 缓冲能力测定。①于 2 号缓冲溶液中加入 0.2 mL 0.1 mol · L^{-1} HCl(约 4 滴)，用酸度计测定其 pH。②在上述溶液中再加入 0.4 mL 0.1 mol · L^{-1} NaOH(约 8 滴)，混匀，用酸度计测定其 pH。将测定值填入表 6.6，比较①、②溶液和 2 号缓冲溶液的 pH，计算 pH 的改变量，得出结论并解释原因。

表 6.6　加入 HCl、NaOH 后溶液的 pH

2 号缓冲溶液	pH(计算)	pH(测定)
① 加入 0.2 mL 0.1 mol · L^{-1} HCl		
② 再加入 0.4 mL 0.1 mol · L^{-1} NaOH		

4. 沉淀的生成与溶解

(1) 各取 5 滴饱和$(NH_4)_2C_2O_4$溶液于两支试管中，分别加入 5 滴 0.1 mol · L^{-1} $CaCl_2$溶液，观察白色 CaC_2O_4 沉淀的生成。再分别滴加 2.0 mol · L^{-1} HCl 和 2.0 mol · L^{-1} HAc，振荡，观察沉淀溶解情况，解释原因。

(2) 取 5 滴 0.1 mol · L^{-1} $MgSO_4$ 溶液于试管中，加 10 滴 2.0 mol · L^{-1} 氨水，此时生成的沉淀是什么？继续滴加 1.0 mol · L^{-1} NH_4Cl 溶液，观察沉淀是否溶解，解释原因。

(3) 分别取 1.0 mL 0.1 mol · L^{-1} $ZnSO_4$ 和 $CuSO_4$ 溶液于两支离心试管中，然后各加入 2 滴 0.1 mol · L^{-1} Na_2S 溶液，观察沉淀的颜色，离心分离。在沉淀中加入 2.0 mol · L^{-1} HCl 数滴，观察沉淀是否溶解。如不溶解，离心分离后再向沉淀中加入 6.0 mol · L^{-1} HNO_3 溶液，并在水浴中加热，观察沉淀是否溶解，解释以上现象。

(4) 取 5 滴 0.01 mol · L^{-1} $Pb(Ac)_2$ 溶液，加入 5 滴 0.02 mol · L^{-1} KI 溶液，振荡试管，观察

有无沉淀生成。继续加少量固体 $NaNO_3$，振荡试管，观察沉淀是否溶解，解释原因。

5. 分步沉淀

(1) 取 5 滴 0.1 mol · L^{-1} $AgNO_3$ 和 5 滴 0.1 mol · L^{-1} $Pb(NO_3)_2$ 溶液于试管中混合，加入 2.0 mL 去离子水稀释，混匀，逐滴加入 0.1 mol · L^{-1} K_2CrO_4 溶液，并不断振荡试管，观察沉淀的颜色。继续滴加 0.1 mol · L^{-1} K_2CrO_4 溶液，沉淀颜色有何变化？判断哪一种难溶物质先沉淀，并解释。

(2) 在试管中滴加 3 滴 0.1 mol · L^{-1} Na_2S 溶液和 3 滴 0.1 mol · L^{-1} K_2CrO_4 溶液，稀释至 2.0 mL，混匀，逐滴加入 0.1 mol · L^{-1} $Pb(NO_3)_2$ 溶液，观察生成沉淀的颜色。沉降后，再向清液中滴加 0.1 mol · L^{-1} $Pb(NO_3)_2$ 溶液，会出现什么颜色的沉淀？解释所观察到的现象。

6. 沉淀的转化

在离心试管中滴加 5 滴 0.1 mol · L^{-1} $Pb(NO_3)_2$ 溶液，再滴加 0.1 mol · L^{-1} NaCl 溶液，振荡试管，待沉淀完全后，离心分离，用少量去离子水洗涤沉淀一次。然后在 $PbCl_2$ 沉淀中滴 5 滴 0.1 mol · L^{-1} KI 溶液，观察沉淀颜色的变化，将此沉淀再次分离，洗涤沉淀一次。然后在沉淀中滴加 0.1 mol · L^{-1} Na_2S 溶液，观察沉淀颜色有何变化。解释所观察到的现象。

五、实验现象记录与解释

参照 1.2 节中的性质验证实验示例实验报告，列表记录实验现象并解释。

六、思考题

(1) 将 10.0 mL 0.2 mol · L^{-1} HAc 溶液和 10.0 mL 0.1 mol · L^{-1} NaOH 溶液混合，所得溶液是否具有缓冲能力？为什么？

(2) 是否可以用 $K_{sp}^{\ominus}$ 的大小来判断生成沉淀的先后？

实验 38 常见阴离子混合液的分离与鉴定

一、实验目的

(1) 掌握分离、检出 11 种常见阴离子的方法。

(2) 熟悉常见阴离子的性质，掌握其鉴定反应。

(3) 检出未知液中的阴离子。

二、实验原理

形成阴离子的元素大部分是非金属元素，有一些金属元素组成的阴离子(如 CrO_4^{2-}、MnO_4^- 等)一般用于阳离子的分析鉴定。本实验主要讨论以下 11 种常见阴离子的分析：Cl^-、Br^-、I^-、S^{2-}、$S_2O_3^{2-}$、SO_3^{2-}、SO_4^{2-}、NO_3^-、NO_2^-、PO_4^{3-} 和 CO_3^{2-}。

由于许多阴离子共存的机会较少，大多数情况下彼此也不妨碍鉴定，因此对阴离子一般采用分别分析的方法。常见阴离子的鉴定反应汇于表 6.7。

表 6.7　常见阴离子的主要鉴定反应

离子	试剂	鉴定反应	介质条件	主要干扰离子
Cl^-	$AgNO_3$	$Cl^- + Ag^+ = AgCl\downarrow$(白色) AgCl 溶于过量氨水或$(NH_4)_2CO_3$中，用$HNO_3$酸化，沉淀重新析出	酸性介质	
Br^-	氯水 CCl_4(或苯)	$2Br^- + Cl_2 = Br_2 + 2Cl^-$ 析出的Br_2溶于CCl_4(或苯)溶剂中，呈橙黄(或橙红)色	中性或酸性介质	
I^-	氯水 CCl_4(或苯)	$2I^- + Cl_2 = I_2 + 2Cl^-$ 析出的I_2溶于CCl_4(或苯)溶剂中，呈紫红色	同上	
SO_4^{2-}	$BaCl_2$	$SO_4^{2-} + Ba^{2+} = BaSO_4\downarrow$(白色)	酸性介质	
SO_3^{2-}	稀 HCl	$SO_3^{2-} + 2H^+ = SO_2\uparrow + H_2O$ SO_2的检验： (1) SO_2可使稀$KMnO_4$褪色 (2) SO_2将I_2还原为I^-，使碘-淀粉溶液褪色 (3) 可使品红溶液褪色。 因此，可用浸有$KMnO_4$溶液或碘-淀粉溶液或品红溶液的试纸检验	酸性介质	$S_2O_3^{2-}$、S^{2-}干扰鉴定
	$Na_2[Fe(CN)_5NO]$ $ZnSO_4$ $K_4[Fe(CN)_6]$	生成红色沉淀	中性介质	S^{2-}与$Na_2[Fe(CN)_5NO]$生成紫红色配合物，干扰SO_3^{2-}鉴定
$S_2O_3^{2-}$	稀 HCl	$S_2O_3^{2-} + 2H^+ = SO_2\uparrow + S\downarrow + H_2O$ 反应中有硫析出，使溶液变浑浊	酸性介质	SO_3^{2-}、S^{2-}同时存在时，干扰$S_2O_3^{2-}$鉴定
	$AgNO_3$	$2Ag^+ + S_2O_3^{2-} = Ag_2S_2O_3\downarrow$(白色) $Ag_2S_2O_3$沉淀不稳定，生成后立即发生水解，且这种水解常伴随着显著的颜色变化：由白→黄→棕，最后变为黑色物质Ag_2S $Ag_2S_2O_3 + H_2O = Ag_2S$(黑色)$ + 2H^+ + SO_4^{2-}$	中性介质	S^{2-}干扰鉴定
S^{2-}	稀 HCl	$S^{2-} + 2H^+ = H_2S\uparrow$ H_2S气体的检验： (1) 根据H_2S气体的特殊气味 (2) H_2S气体可使$Pb(NO_3)_2$或$Pb(Ac)_2$试纸变黑	酸性介质	SO_3^{2-}、$S_2O_3^{2-}$有干扰
	$Na_2[Fe(CN)_5NO]$	$S^{2-} + [Fe(CN)_5NO]^{2-} = [Fe(CN)_5NOS]^{4-}$(紫红色)	碱性介质	
NO_2^-	对氨基苯磺酸 *α*-萘胺	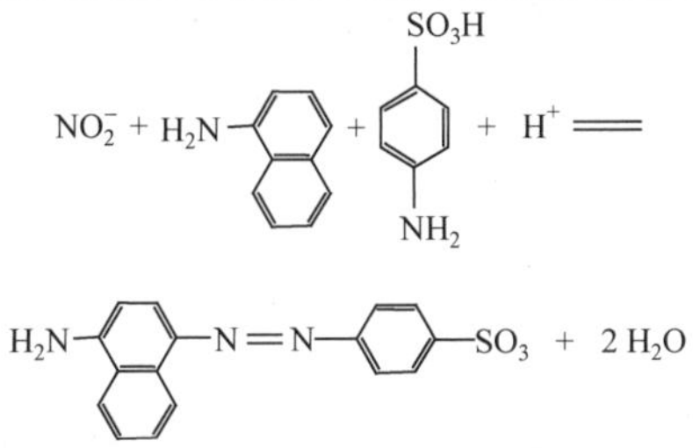	中性或乙酸介质	MnO_4^-等强氧化剂存在有干扰
NO_3^-	$FeSO_4$ 浓H_2SO_4	$NO_3^- + 3Fe^{2+} + 4H^+ = 3Fe^{3+} + NO + 2H_2O$ $Fe^{2+} + NO = [Fe(NO)]^{2+}$(棕色) 在混合液与浓$H_2SO_4$分层处形成棕色环	酸性介质	NO_2^-有同样的反应，妨碍鉴定

续表

离子	试剂	鉴定反应	介质条件	主要干扰离子
PO_4^{3-}	$AgNO_3$	$3\,Ag^+ + PO_4^{3-} = Ag_3PO_4\downarrow$(黄色)	中性或弱酸性介质	CrO_4^{2-}、AsO_4^{3-}、I^-、AsO_3^{3-}、$S_2O_3^{2-}$等离子能与 Ag^+生成有色沉淀，妨碍鉴定
	$(NH_4)_2MoO_4$ HNO_3[1]	$PO_4^{3-} + 3\,NH_4^+ + 12\,MoO_4^{2-} + 24\,H^+ = 6\,H_2O + (NH_4)_3PO_4\cdot 12MoO_3\cdot 6H_2O\downarrow$	HNO_3介质	(1) SO_3^{2-}、$S_2O_3^{2-}$、I^-、S^{2-}、Sn^{2+}等还原性物质存在时，易将$(NH_4)_2MoO_4$还原为低价钼的化合物——钼蓝，而使溶液呈深蓝色，严重干扰 PO_4^{3-} 的检出 (2) SiO_3^{2-}、AsO_4^{3-}与钼酸铵试剂也能形成相似的黄色沉淀，妨碍鉴定
CO_3^{2-}	稀 HCl(或稀 H_2SO_4)	$CO_3^{2-} + 2\,H^+ = CO_2\uparrow + H_2O$ $CO_2 + 2\,OH^- + Ba^{2+} = BaCO_3$(白色)$\downarrow + H_2O$	酸性介质	
F^-	浓 H_2SO_4	$CaF_2 + H_2SO_4 \xlongequal{\triangle} 2\,HF\uparrow + CaSO_4$[2] 放出的 HF 与硅酸盐或 SiO_2 作用，生成 SiF_4 气体，当 SiF_4 与水作用时，立即分解并转化为不溶性的硅酸沉淀而使水变浑 $Na_2SiO_3\cdot CaSiO_3\cdot 4SiO_2$(玻璃) $+ 28\,HF = 4\,SiF_4\uparrow + Na_2SiF_6 + CaSiF_6 + 14\,H_2O$ $SiF_4 + 4\,H_2O = H_4SiO_4\downarrow + 4\,HF$	酸性介质	
SiO_3^{2-}	饱和 NH_4Cl	$SiO_3^{2-} + 2NH_4^+ + 2\,H_2O \xlongequal{\triangle} H_2SiO_3\downarrow$(白色胶状沉淀) $+ 2\,NH_3\uparrow + 2\,H_2O$	碱性介质	

1) 无还原性干扰离子存在时，不必加入 HNO_3，磷钼酸铵能溶于过量磷酸盐生成配位离子，因此需加入过量钼酸铵试剂。

2) 用上述方法鉴定溶液中的 F^-时，应先将溶液蒸发至干或在 CH_3COOH 存在下用 $CaCl_2$ 沉淀 F^-，将 CaF_2 离心分离后，小心烘干，然后进行鉴定。

对未知样品的分析并不是将这 11 种阴离子的鉴定反应逐一实验，而应预先做初步试验，以消除某些离子存在的可能性，简化分析步骤。预备实验大致有以下几步：

(1) 与稀硫酸作用。在试样中加稀硫酸并加热产生气泡，表示可能含有 CO_3^{2-}、S^{2-}、SO_3^{2-}、$S_2O_3^{2-}$、NO_2^-。如果试样是溶液，所含离子的浓度又不高时，就不一定观察到明显的气泡。

(2) 与 $BaCl_2$ 溶液作用。在中性或弱碱性试液中滴加 $BaCl_2$ 溶液，生成白色沉淀，表示可能存在 SO_4^{2-}、CO_3^{2-}、SO_3^{2-}、PO_4^{3-}、$S_2O_3^{2-}$；若没有沉淀生成，表示不存在 SO_4^{2-}、CO_3^{2-}、SO_3^{2-}、PO_4^{3-}，而 $S_2O_3^{2-}$ 则不能肯定，因为 $S_2O_3^{2-}$ 浓度大时(大于 $4.5\ g\cdot L^{-1}$)才生成沉淀。

(3) 与 $AgNO_3 + HNO_3$ 作用。若有沉淀，表示可能有 S^{2-}、$S_2O_3^{2-}$、Cl^-、Br^-、I^-。由沉淀的颜色还可做出进一步的判断。

(4) 还原性阴离子的检验。强还原性阴离子 S^{2-}、SO_3^{2-}、$S_2O_3^{2-}$ 可以被碘氧化，因此根据加入碘-淀粉溶液后是否褪色，可判断这些阴离子是否存在。若用强氧化剂 $KMnO_4$ 溶液试验，Cl^-、Br^-、I^-、NO_2^- 也可与之反应。

(5) 氧化性阴离子的检验。在酸化的试液中加 KI 溶液和 CCl_4，若振荡后 CCl_4 层显紫色，则有氧化性阴离子。在讨论的阴离子中，只有 NO_2^- 有此反应。

以上阴离子的初步检验简汇总于表 6.8。

表 6.8　阴离子的初步检验

试剂 / 阴离子	稀 H_2SO_4	$BaCl_2$	$AgNO_3$ (稀 HNO_3)	碘-淀粉	$KMnO_4$ (H_2SO_4)	$KI(CCl_4)$
SO_4^{2-}		+				
SO_3^{2-}	+	+		+	+	
$S_2O_3^{2-}$	+	+	+	+	+	
CO_3^{2-}	+	+				
PO_4^{3-}		+				
S^{2-}	+		+	+	+	
Cl^-			+		+	
Br^-			+		+	
I^-			+		+	
NO_3^-						
NO_2^-	+				+	+

注：$S_2O_3^{2-}$ 浓度大时产生沉淀；“+”表示有现象。

若鉴定某些离子发生相互干扰，也需要采取一些适当的分离步骤。例如，Cl^-、Br^-、I^-共存时，可按下述方法进行分离鉴定：

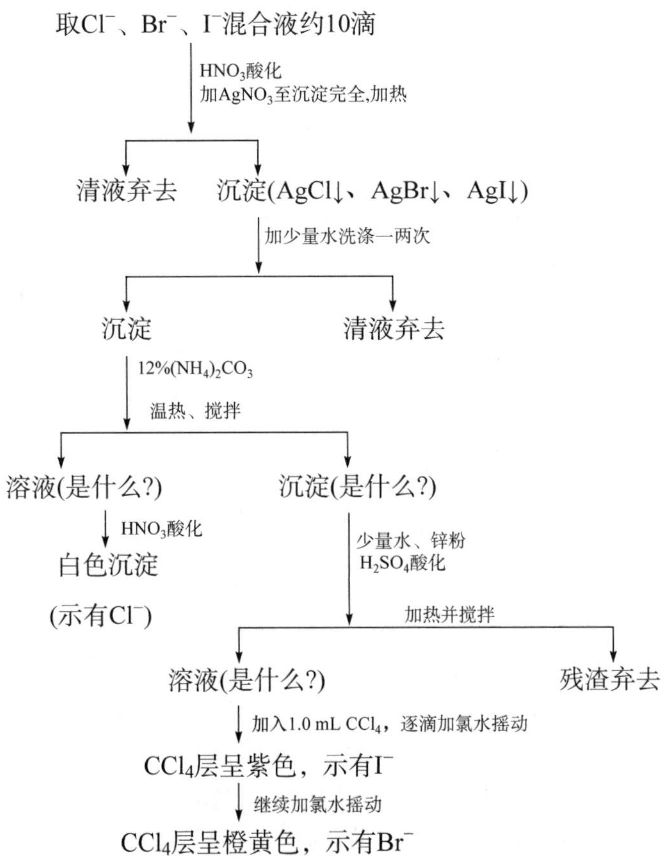

如果溶液中同时存在 S^{2-}、SO_3^{2-} 和 $S_2O_3^{2-}$，分别鉴定时需先除去 S^{2-}，因 S^{2-}的存在妨碍其他两种离子的鉴定。除去的方法是向混合液中加入 $PbCO_3$ 固体，使 $PbCO_3$ 转化为溶解度更小的 PbS 沉淀。离心分离后，再分别鉴定清液中的 SO_3^{2-}、$S_2O_3^{2-}$。

NO_2^- 的存在也干扰 NO_3^- 的鉴定，在用棕色环法鉴定 NO_3^- 时需先将 NO_2^- 除去。方法是向混合液中加入饱和 NH_4Cl 溶液并加热，反应如下：

$$NH_4^+ + NO_2^- \xlongequal{\quad} N_2\uparrow + 2\,H_2O$$

三、仪器与试剂

(1) 仪器：试管，离心机，点滴板，酒精灯等。

(2) 试剂：(以下括号中的数字是浓度值，除特别注明外，单位为 $mol \cdot L^{-1}$)

$PbCO_3$(s)，$FeSO_4$(s)，Zn 粉(s)，H_2SO_4(2.0，浓)，HNO_3(6.0，浓)，HCl(6.0)，NaOH(6.0)，$NH_3 \cdot H_2O$(6.0)，CCl_4，氯水，Na_2S(0.1)，Na_2SO_3(0.1)，$Na_2S_2O_3$(0.1)，Na_3PO_4(0.1)，NaCl(0.1)，KBr(0.1)，$BaCl_2$(1.0)，KNO_3(0.1)，KI(0.1)，$NaNO_2$(0.1)，Na_2SO_4(0.1)，$AgNO_3$(0.1)，$KMnO_4$(0.01)，$ZnSO_4$(饱和)，$(NH_4)_2MoO_4$ 试液，$Na_2[Fe(CN)_5NO]$，α-萘胺，$K_4[Fe(CN)_6]$(0.1)，碘-淀粉试液，$(NH_4)_2CO_3$(12%)，对氨基苯磺酸，乙酸铅试纸。

四、实验步骤

1. 阴离子的个别鉴定反应

(1) S^{2-}的鉴定。①在点滴板上滴入 0.1 $mol \cdot L^{-1}$ Na_2S，然后滴入 1% $Na_2[Fe(CN)_5NO]$，如出现紫红色即表示有 S^{2-}；②向试管中加入 0.5 mL 0.1 $mol \cdot L^{-1}$ Na_2S 溶液，再加入 0.5 mL 6.0 $mol \cdot L^{-1}$ HCl，将湿润的乙酸铅试纸悬于试管口，微热，试纸变黑，表示有 S^{2-}存在。

(2) SO_3^{2-} 的鉴定。在点滴板上滴加饱和 $ZnSO_4$，然后加入 1 滴 0.1 $mol \cdot L^{-1}$ $K_4[Fe(CN)_6]$ 和 1% $Na_2[Fe(CN)_5NO]$，用 $NH_3 \cdot H_2O$ 调至中性，再滴加 SO_3^{2-} 溶液，生成红色沉淀，表示有 SO_3^{2-} 存在。

(3) $S_2O_3^{2-}$ 的鉴定。在点滴板上滴加 1 滴 $Na_2S_2O_3$，然后加入 2 滴 $AgNO_3$，沉淀颜色由白→黄→棕→黑，即证明 $S_2O_3^{2-}$ 存在。

(4) SO_4^{2-} 的鉴定。在离心试管里加入 3～4 滴 Na_2SO_4，加入 1 滴 1.0 $mol \cdot L^{-1}$ $BaCl_2$，离心分离，在沉淀中加入 6.0 $mol \cdot L^{-1}$ HCl 数滴，沉淀不溶解则表示有 SO_4^{2-} 存在。

(5) PO_4^{3-} 的鉴定。取少量 0.1 $mol \cdot L^{-1}$ Na_3PO_4 溶液，加入 10 滴浓硝酸，再加入 20 滴钼酸铵试剂，微热至 40～50℃，即可观察到黄色沉淀生成。

(6) Cl^- 的鉴定。取 2 滴 0.1 $mol \cdot L^{-1}$ NaCl 溶液，加入 1 滴 2.0 $mol \cdot L^{-1}$ HNO_3，再加 2 滴 0.1 $mol \cdot L^{-1}$ $AgNO_3$，观察沉淀的颜色，离心沉降后，弃去清液，向沉淀中加入数滴 6.0 $mol \cdot L^{-1}$ 氨水，沉淀溶解，再加入 6.0 $mol \cdot L^{-1}$ HNO_3 酸化，又有白色沉淀析出，此法可鉴定 Cl^-。

(7) Br^-的鉴定。取 2 滴 0.1 $mol \cdot L^{-1}$ KBr 溶液，加入 1 滴 2.0 $mol \cdot L^{-1}$ H_2SO_4、5～6 滴 CCl_4，然后逐滴加入新配制的氯水，边加边摇，若 CCl_4 层出现棕色至黄色，表示有 Br^- 存在。

(8) I^-的鉴定。同 Br^-的鉴定。若 CCl_4 层出现紫色，表示有 I^- 存在。若加入过量氯水，紫色又褪去，则是因为碘生成 IO_3^- 而重新返回水相。

(9) NO_3^-的鉴定。棕色环实验：取 1.0 mL 0.1 mol · L^{-1} KNO_3溶液，加入 1～2 小粒 $FeSO_4$晶体，振荡，溶解后沿试管壁滴加 5～10 滴浓硫酸，观察浓 H_2SO_4和溶液液面交界处有无棕色环出现。

(10) NO_2^-的鉴定。取 1 滴 0.1 mol · L^{-1} $NaNO_2$溶液，滴加 6.0 mol · L^{-1} HAc 酸化，再加入对氨基苯磺酸和 α-萘胺溶液各 1 滴，溶液立即显红色，示有NO_2^-存在。

该反应适用于检验少量的NO_2^-，若NO_2^-浓度过大，溶液的粉红色很快褪去，而生成黄色溶液或褐色沉淀。

(11) CO_3^{2-}的鉴定。一般用 $Ba(OH)_2$气体瓶检出CO_3^{2-}，即 CO_2气体可以使 $Ba(OH)_2$水溶液变浑，装置图略。

2. 已知混合离子的分离与鉴定

(1) 在试管中加入 0.1 mol · L^{-1} NaCl、KBr、KI 溶液各 2 滴，自行设计实验方法，对 Cl^-、Br^-、I^- 进行分离并鉴定。

(2) 在试管中加入 0.1 mol · L^{-1} Na_2S、Na_2SO_3、$Na_2S_2O_3$溶液各 3 滴，按照实验提要给出的方法，先将 S^{2-}分离出去，再对各离子分别进行鉴定。

3. 阴离子未知混合液分析

取一份含有三种阴离子的未知溶液(其中可能含有NO_3^-、NO_2^-、S^{2-}、Cl^-、SO_4^{2-}、$S_2O_3^{2-}$)，按实验提要中给出的步骤进行初步检验后，再自行设计分离和鉴定实验方案，进行实验。

根据初步实验结果，判断哪些阴离子可能存在，说明原因并写出反应方程式，然后画出分离鉴定示意图，得出结论。

五、实验现象记录与解释

参照 1.2 节中的性质验证实验示例实验报告，列表记录实验现象并解释。

六、思考题

(1) 选用一种试剂区别以下五种溶液：NaCl、$NaNO_2$、Na_2S、$Na_2S_2O_3$、Na_2HPO_4。

(2) 某碱性无色阴离子混合液被 H_2SO_4酸化后变浑浊，推测未知液中可能含有哪些阴离子。

(3) NO_3^-与NO_2^-共存时，怎样进行其鉴定反应？

实验 39　氧化还原反应与电化学

一、实验目的

(1) 通过实验理解电极电势对氧化还原反应方向的影响。

(2) 掌握浓度及酸度的改变对电极电势、反应方向和产物的影响。

(3) 掌握影响氧化还原反应速率的因素。

二、实验原理

氧化还原反应的本质是电子的得失或转移。反应中元素氧化值的变化是电子得失或转移的结果，失去电子氧化值升高的过程称为氧化，得到电子氧化值降低的过程称为还原。获得电子的物质称为氧化剂，失去电子的物质称为还原剂。氧化还原反应总是在得电子能力大的氧化剂与失电子能力大的还原剂之间发生。较强的氧化剂与较强的还原剂互相反应，生成较弱的还原剂和较弱的氧化剂。

根据电对电极电势值的大小，可比较氧化剂或还原剂的氧化还原能力的相对强弱，判断氧化还原反应进行的方向。电极电势代数值越大，电对中氧化型物质的氧化能力越强，还原型物质的还原能力越弱，反之亦然。

电极电势值的大小不仅取决于组成电对物质的本性(标准电极电势)，还与电对中物质的浓度、介质的酸度、反应温度等因素有关。298.2 K 时，对于任一电极反应：

$$a\,\mathrm{Ox} + n\,\mathrm{e}^- \rightleftharpoons b\,\mathrm{Red}$$

浓度与电极电势之间的关系可用能斯特方程表示：

$$\varphi_{\mathrm{Ox/Red}} = \varphi^{\ominus}_{\mathrm{Ox/Red}} + \frac{0.0592}{n}\lg\frac{[\mathrm{Ox}]^a}{[\mathrm{Red}]^b}$$

式中：n 为电极反应中转移的电子数。

以 Fe^{3+}/Fe^{2+}电对为例：

$$\varphi_{\mathrm{Fe^{3+}/Fe^{2+}}} = \varphi^{\ominus}_{\mathrm{Fe^{3+}/Fe^{2+}}} + \frac{0.0592}{1}\lg\frac{[\mathrm{Fe^{3+}}]}{[\mathrm{Fe^{2+}}]}$$

由上式可知，Fe^{3+}或 Fe^{2+}浓度的变化都会改变其电极电势值。当有沉淀剂或配位剂存在时，溶液中 Fe^{3+}或 Fe^{2+}浓度将不同程度地改变，使得电极电势值变化，甚至可以改变反应的方向。

例如，已知 $\varphi^{\ominus}_{\mathrm{Cu^{2+}/Cu}} = 0.34\ \mathrm{V}$，$\varphi^{\ominus}_{\mathrm{Pb^{2+}/Pb}} = -0.13\ \mathrm{V}$。在标准态下，下列反应正向进行：

$$\mathrm{Cu^{2+} + Pb \rightleftharpoons Pb^{2+} + Cu}$$

若设法将溶液中的 Cu^{2+} 降至一定浓度，上述反应可逆向进行。例如，向 Cu^{2+} 溶液中加入 S^{2-}，使 Cu^{2+}与 S^{2-}生成难溶的 CuS 沉淀($K^{\ominus}_{\mathrm{sp,CuS}} = 6.3\times10^{-36}$)，当溶液中 $[S^{2-}] = 0.5\ \mathrm{mol\cdot L^{-1}}$ 时，可使 Cu^{2+}浓度降到 $1.26\times10^{-35}\ \mathrm{mol\cdot L^{-1}}$，在此条件下根据能斯特方程式计算，$Cu^{2+}/Cu$ 电对的电极电势为 –0.69 V，比 Pb^{2+}/Pb 电对的电极电势 −0.13 V 还要小，上述反应必然逆向进行。利用原电池装置可以实现铜置换铅离子的反应。

有些反应特别是含氧酸根离子参加的氧化还原反应，经常有 H^+参加，因而介质的酸度也会对电极电势 φ 值产生较大的影响。例如：

$$\mathrm{MnO_4^- + 8\,H^+ + 5\,e^- \rightleftharpoons Mn^{2+} + 4\,H_2O}$$

$$\varphi_{\mathrm{MnO_4^-/Mn^{2+}}} = \varphi^{\ominus}_{\mathrm{MnO_4^-/Mn^{2+}}} + \frac{0.0592}{5}\lg\frac{[\mathrm{MnO_4^-}][\mathrm{H^+}]^8}{[\mathrm{Mn^{2+}}]}$$

由上式可知，H^+ 浓度增大将使电极电势值增大，MnO_4^- 的氧化性增强。

原电池的准确电动势是用对消法在电位差计上测量的。本实验中仅是为了进行定性的比较，只需知道电动势的相对大小，所以可用酸度计(或伏特计、万用表)进行测量。

三、仪器与试剂

(1) 仪器：酸度计，伏特计，检流计，50 mL 烧杯，U 形管，脱脂棉。

(2) 试剂：(以下括号中的数字为浓度值，除特别注明外，单位为 $mol \cdot L^{-1}$)

H_2SO_4(1.0)，HCl(浓)，$H_2C_2O_4$(2.0)，HAc(2.0)，NaOH(6.0)，NaOH(40%)，KI(0.1)，$Pb(NO_3)_2$(0.1，0.5，1.0)，$CuSO_4$(0.5)，$ZnSO_4$(0.5)，KBr(0.1)，$FeCl_3$(0.1)，$FeSO_4$(0.1，1.0)，$K_2Cr_2O_7$(1.0)，$KMnO_4$(0.01)，Na_3AsO_3(0.1)，Na_3AsO_4(0.1)，$NH_3 \cdot H_2O$(浓)，$MnSO_4$(0.2)，NH_4F(10%)，CCl_4，溴水，碘水(0.01)，KCl(饱和)，淀粉(0.2%)，Na_2SO_3(0.1)，KIO_3(0.1)，碳棒，铁棒，铁片，锌片，铜片，铜丝，铅粒，导线，盐桥，热冻胶液。

四、实验步骤

1. 电极电势与氧化还原反应的方向

(1) 在试管中加入 0.5 mL 0.1 $mol \cdot L^{-1}$ KI 溶液和 2 滴 0.1 $mol \cdot L^{-1}$ $FeCl_3$ 溶液，摇匀后注入 0.5 mL CCl_4 充分振荡，观察 CCl_4 层颜色有何变化。

(2) 用 0.1 $mol \cdot L^{-1}$ KBr 溶液代替 KI 溶液进行同样的实验，反应能否发生?

(3) 分别用碘水和溴水同 0.1 $mol \cdot L^{-1}$ $FeSO_4$ 溶液反应，观察 CCl_4 层有无变化。

根据实验结果，定性比较 Br_2/Br^-、I_2/I^-、Fe^{3+}/Fe^{2+}三个电对的电极电势的相对大小，并指出哪个物质是最强的氧化剂，哪个物质是最强的还原剂，说明电极电势与氧化还原反应方向的关系。

(4) 分别在盛有 1.0 mL 0.5 $mol \cdot L^{-1}$ 的 $Pb(NO_3)_2$ 和 0.5 $mol \cdot L^{-1}$ 的 $CuSO_4$ 溶液的试管中，各放入一块表面擦净的锌片，观察锌片表面和溶液颜色有无变化。以表面擦净的铅粒代替锌片分别与 0.5 $mol \cdot L^{-1}$ $ZnSO_4$ 溶液和 0.5 $mol \cdot L^{-1}$ $CuSO_4$ 溶液反应，观察铅粒表面和溶液颜色有无变化。根据实验结果，确定 Zn、Pb、Cu 在电势序中的相对位置。

2. 浓度和酸度对电极电势的影响

(1) 取两个 50 mL 小烧杯，分别加入约 20 mL 0.5 $mol \cdot L^{-1}$ $CuSO_4$溶液和 20 mL 0.5 $mol \cdot L^{-1}$ $ZnSO_4$ 溶液，在 $CuSO_4$ 溶液中插入 Cu 片，在 $ZnSO_4$ 溶液中插入 Zn 片，中间以盐桥连通，用导线将 Cu 片和 Zn 片分别与小伏特计(或酸度计)的正极和负极相接(图 6.1)。测定两极间的电势差 E_1。

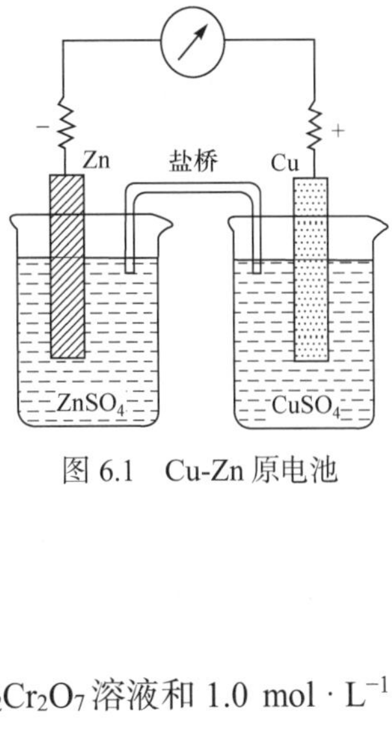

图 6.1　Cu-Zn 原电池

在 $CuSO_4$ 溶液中注入浓氨水，并不断搅拌，至生成的沉淀完全溶解(澄清)形成深蓝色溶液为止，反应如下：

$$Cu^{2+} + 4\,NH_3 = [Cu(NH_3)_4]^{2+}$$

观察原电池两极之间电势差有何变化，并测出 E_2。

再在 $ZnSO_4$ 溶液中注入浓氨水，不断搅拌，至生成的沉淀完全溶解，变成无色溶液为止，反应如下：

$$Zn^{2+} + 4\,NH_3 = [Zn(NH_3)_4]^{2+}$$

观察原电池两极之间电势差又有何变化，测出 E_3。

利用能斯特方程解释上述实验现象。

(2) 在两个 50 mL 小烧杯中，分别注入 20 mL 1.0 $mol \cdot L^{-1}$ $K_2Cr_2O_7$ 溶液和 1.0 $mol \cdot L^{-1}$

$FeSO_4$ 溶液，在 $K_2Cr_2O_7$ 溶液中插入碳棒，$FeSO_4$ 溶液中插入铁片(或铁钉)，组成两个电极。将碳棒和铁片通过导线分别与小伏特计的正极和负极相连，中间用盐桥相通，测量两极之间电势差 E。

在 $K_2Cr_2O_7$ 溶液中慢慢加入 1.0 mol · L^{-1} H_2SO_4 溶液，观察电势差 E 有何变化。

在 $K_2Cr_2O_7$ 溶液中逐滴加入 6.0 mol · L^{-1} NaOH 溶液，观察电势差 E 又有何变化。

写出正、负极的电极反应式，利用能斯特方程解释实验现象。

3. 浓度和酸度对氧化还原反应方向的影响

(1) 在试管中加入 0.5 mL 0.1 mol · L^{-1} $FeCl_3$ 溶液、0.5 mL 0.1 mol · L^{-1} KI 溶液、0.5 mL CCl_4 溶液，摇匀后观察 CCl_4 层的颜色；再往试管中加入 1.0 mL 2.0 mol · L^{-1} NH_4F 溶液，用力振荡试管，观察 CCl_4 层的颜色变化。

(2) AsO_4^{3-} 与 I^- 发生如下反应。

$$AsO_4^{3-} + 2\,I^- + 2\,H^+ \rightleftharpoons AsO_3^{3-} + I_2 + H_2O$$

将 10 mL 0.1 mol · L^{-1} Na_3AsO_3 溶液和 10 mL 0.1 mol · L^{-1} Na_3AsO_4 溶液，在一个 50 mL 小烧杯中混合，将 10 mL 0.1 mol · L^{-1} KI 溶液和 10 mL 0.01 mol · L^{-1} I_2 溶液在另一个 50 mL 小烧杯中混合。每个烧杯中各插入一根碳棒，以盐桥相连两电极，用导线将两极与检流计(或酸度计)正、负极相连。利用指针的偏转，了解化学反应方向的改变。在 Na_3AsO_3 和 Na_3AsO_4 混合液中逐滴加入盐酸，观察指针的移动，再向该溶液中滴入 10.0 mol · L^{-1} NaOH 溶液，观察电流方向的改变。利用能斯特方程解释实验现象。

4. 浓度和酸度对氧化还原反应产物的影响

(1) 在三支试管中均加入 5 滴 0.1 mol · L^{-1} Na_2SO_3 溶液，分别加入 5 滴 1.0 mol · L^{-1} H_2SO_4 溶液、5 滴去离子水和 5 滴 6 mol · L^{-1} NaOH 溶液，摇匀后再各加入 2 滴 0.01 mol · L^{-1} $KMnO_4$ 溶液，观察三支试管中溶液颜色的变化有何不同。写出有关反应方程式。

(2) 在一支试管中分别加入 5 滴 0.1 mol · L^{-1} KI 和 0.1 mol · L^{-1} KIO_3 溶液，再加入 2 滴淀粉溶液，摇匀后观察溶液颜色有无变化。然后加入 2～3 滴 1.0 mol · L^{-1} H_2SO_4 溶液酸化混合，观察有什么变化。最后再滴加几滴 6 mol · L^{-1} NaOH 使混合液显碱性，观察又有什么变化。

5. 影响氧化还原反应速率的因素

(1) 在三支粗试管中分别加入 10 滴浓度为 0.1 mol · L^{-1}、0.5 mol · L^{-1} 和 1.0 mol · L^{-1} 的 $Pb(NO_3)_2$ 溶液，再分别加入 2.0 mL 热冻胶液，放入热水浴中混匀，然后冷却制成冻胶，在三支试管中分别插入相同表面积的锌片，等待并观察三支试管中“铅树”的生长速度有什么不同，解释。

(2) 在 50 mL 烧杯中加入 2.0 mL 1.0 mol · L^{-1} $Pb(NO_3)_2$ 溶液和 20 mL 热冻胶液，混匀后冷却制成冻胶。在胶面的三个不同部位分别插入表面积相等的锌片、铁片和铜片，等待，观察现象并解释。

(3) 在两支试管中各加入 0.5 mL 1.0 mol · L^{-1} KBr 溶液，在其中一支试管中加入 0.5 mL 1.0 mol · L^{-1} H_2SO_4，向另一支试管中加入 0.5 mL 2.0 mol · L^{-1} HAc 溶液，然后各加入 3 滴 0.01 mol · L^{-1} $KMnO_4$ 溶液，观察并比较两支试管中紫色消失的快慢，用电极电势解释。

(4) 在三支试管中各加入 1.0 mL 2.0 mol · L^{-1} $H_2C_2O_4$溶液和 4 滴 1.0 mol · L^{-1} H_2SO_4溶液，然后向 1 号试管中滴加 2 滴 0.2 mol · L^{-1} $MnSO_4$溶液，向 3 号试管中滴加 5 滴 10% NH_4F 溶液，最后向三支试管中分别加入 2 滴 0.01 mol · L^{-1} $KMnO_4$溶液，混匀后观察三支试管中红色消失的快慢，必要时可用小火加热进行比较。解释影响反应速率的因素。

五、实验现象记录与解释

参照 1.2 节示例实验报告，记录数据及现象并解释。

六、思考题

(1) 为什么 $K_2Cr_2O_7$ 可以氧化浓盐酸中的 Cl^-，而不能氧化稀盐酸中的 Cl^-？

(2) $K_2Cr_2O_7$ 与浓盐酸作用放出 Cl_2，而 Cl_2 能把 CrO_2^- 氧化为 CrO_4^{2-}，这两个反应有无矛盾？为什么？

(3) 介质对 $KMnO_4$ 氧化性有何影响？用本实验事实及电极电势加以说明。

(4) 氧化还原反应电动势 $E^\ominus$ 越大，平衡常数 $K^\ominus$ 越大，反应进行得越完全，反应速率越快。此结论是否正确？为什么？

【附注】

(1) 盐桥的制法：称取 1.0 g 琼脂，浸泡在 100 mL 饱和 KCl 溶液中一段时间。加热煮成糊状，趁热倒入 U 形管中(不可有气泡)，冷却后即成。

(2) 热冻胶液制法：称取 1.0 g 琼脂，浸泡在 100 mL 水中一段时间，加热煮成糊状，加入 5.0 g 固体 NaAc 和 2.5 mL 冰醋酸，混匀，保热，待用。

实验 40　配位化合物的生成与性质

一、实验目的

(1) 了解配合物的组成和特征，比较配离子和简单离子的区别。

(2) 验证沉淀溶解平衡与配位平衡的相互影响，比较配离子的稳定性。

(3) 利用常见的配位反应分离鉴定混合离子。

二、实验原理

配合物一般由内界和外界两部分组成，内界和外界以离子键结合。内界由金属离子(作为中心离子)与一定数目的配体通过配位键结合而成，内界很稳定，不仅能存在于水溶液中，也能存在于晶体中。例如$[Cu(NH_3)_4]SO_4$中，$[Cu(NH_3)_4]^{2+}$为内界，SO_4^{2-}为外界。

配合物中与中心离子直接以配位键结合的配位原子的数目称为配位数。配位数大小主要取决于中心离子的氧化数、半径及配体的电荷、半径。一般中心离子常具有特征的配位数，如 Fe(Ⅲ)、Cr(Ⅲ)、Cu(Ⅱ)、Ag(Ⅰ)的特征配位数分别为 6、6、4、2。此外，配离子的组成还与配位反应的条件有关，随着配体的浓度、溶液的温度和酸度而变化。例如，$CrCl_3$ 在冷的稀溶液中以$[Cr(H_2O)_6]^{3+}$存在，呈紫色，但随着溶液温度升高，Cl^-浓度增大，生成$[Cr(H_2O)_5Cl]^{2+}$或$[Cr(H_2O)_4Cl_2]^+$而呈浅绿或暗绿色。同一金属离子与同一配体形成配合物时，配位数也可能随实验条件的改变有所改变。例如，Fe(Ⅲ)与磺基水杨酸在不同酸度时，生成三种不同组成的配合物(参见实验 10)。

中心离子与配体形成的配位化合物的性质，如颜色、溶解度、氧化还原性等，常与原物质有很大差别。例如，Cu^{2+}与$[Cu(NH_3)_4]^{2+}$的颜色明显不同，AgCl 与$[Ag(NH_3)_2]Cl$的溶解度不同，Hg^{2+}在形成配离子$[HgI_4]^{2-}$后氧化能力明显下降等。

一个配体有两个或两个以上的配位原子与中心离子相结合，并形成环状结构的配合物称为螯合物。螯合物常具有特征颜色，螯合物的生成反应常作为金属离子的鉴定反应。

在水溶液中，配离子是比较稳定的结构单元，但仍同时存在配位与离解过程，即配位平衡，其生成的难易程度用稳定常数大小来衡量。不同配离子具有不同的稳定常数，对于同类型的配离子稳定常数越大，配离子越稳定。

根据平衡移动原理，改变中心离子或配体的浓度会使配位平衡发生移动。例如，加入沉淀剂、其他配位剂，改变溶液的浓度、溶液的酸度等条件，配位平衡将发生移动。

三、仪器与试剂

(1) 仪器：白点滴板，离心机，试管。

(2) 试剂：(以下括号内的数字是浓度值，除特别注明外，单位为 $mol \cdot L^{-1}$)

KSCN(s)，$HClO_4$(0.1)，NaOH(2.0，6.0)，$NH_3 \cdot H_2O$(2.0，6.0)，$CuSO_4$(0.1)，$AgNO_3$(0.1)，$Hg(NO_3)_2$(0.1)，$SnCl_2$(0.1)，KI(0.1)，$FeCl_3$(0.1)，$BaCl_2$(0.1)，KBr(0.1)，$CoCl_2$(1.0)，$Na_2S_2O_3$(0.1)，KSCN(0.1)，NH_4F(0.1)，$Al(NO_3)_3$(0.1)，$K_3[Fe(CN)_6]$(0.1)，NH_4Cl(0.1)，$K_4[Fe(CN)_6]$(0.1)，NaCl(0.1)，$NiSO_4$(0.1)，$Cu(NO_3)_2$(0.1)，丙酮，丁二酮肟(1%)，磺基水杨酸(0.1)，二苯硫腙溶液，铝试剂。

四、实验步骤

1. 配合物的组成

(1) 设计实验证明$[Cu(NH_3)_4]SO_4$配合物中，Cu^{2+}在内界，SO_4^{2-}在外界。

(2) 在 100 mL 小烧杯中加入 5 滴 $FeCl_3$ 溶液，5 滴 0.1 $mol \cdot L^{-1}$ 磺基水杨酸，2 mL 0.1 $mol \cdot L^{-1}$ $HClO_4$ 及 10 mL 水，摇匀，观察生成的配合物颜色。向该溶液中逐滴加入 2.0 $mol \cdot L^{-1}$ NaOH，观察溶液颜色变化，并解释。

(3) 在试管中加入约 1 mL 1.0 $mol \cdot L^{-1}$ $CoCl_2$ 溶液，观察溶液的颜色。将溶液加热，观察颜色变化{生成$[Co(H_2O)_2Cl_4]^{2-}$}，然后将溶液冷却，观察颜色又有何变化{生成$[Co(H_2O)_6]^{2+}$}。

2. 配离子与简单离子的性质比较

(1) 在试管中加入 0.5 mL 0.1 $mol \cdot L^{-1}$ $CuSO_4$ 溶液，再逐滴加入 2 $mol \cdot L^{-1}$ 氨水，至蓝色沉淀溶解，观察溶液的颜色，并与 $CuSO_4$ 溶液的颜色比较。两种溶液中 Cu(Ⅱ)的存在形式是什么？为什么颜色不同？写出有关反应方程式。

(2) 自己做一个 AgCl 溶解于氨水的实验。解释说明 AgCl 与$[Ag(NH_3)_2]Cl$中都有 Ag(Ⅰ)，为什么溶解度不同。写出有关反应方程式。

(3) 向盛有 5 滴 0.1 $mol \cdot L^{-1}$ $Hg(NO_3)_2$ 溶液的试管中，逐滴加入 0.1 $mol \cdot L^{-1}$ $SnCl_2$ 溶液，观察沉淀的生成和颜色的变化，写出反应方程式。

向盛有 5 滴 0.1 $mol \cdot L^{-1}$ $Hg(NO_3)_2$ 溶液的试管中，逐滴加入 0.1 $mol \cdot L^{-1}$ KI 溶液，至橘红

色沉淀溶解后再多加几滴。然后逐滴加入 0.1 mol · L^{-1} $SnCl_2$ 溶液，与上述现象比较。两种溶液中都有 Hg(Ⅱ)，为什么其氧化性不同？

(4) 在试管中加入 0.1 mol · L^{-1} $FeCl_3$ 溶液，逐滴加入 2 mol · L^{-1} NaOH 溶液，观察现象。用 0.1 mol · L^{-1} $K_3[Fe(CN)_6]$ 溶液代替 $FeCl_3$ 溶液，是否有 $Fe(OH)_3$ 沉淀生成？解释。

3. 配位平衡的移动及配离子的稳定性比较

(1) 在一支离心管中，按下列顺序实验(也可在白点滴板上实验)。

$$Ag^+(2滴0.1\,mol\cdot L^{-1}AgNO_3)\xrightarrow{Cl^-(0.1\,mol\cdot L^{-1})}AgCl\downarrow(白色)\xrightarrow{NH_3\cdot H_2O(2.0\,mol\cdot L^{-1})}[Ag(NH_3)_2]^+$$

$$\xrightarrow{Br^-(0.1\,mol\cdot L^{-1})}AgBr\downarrow(淡黄色)\xrightarrow{S_2O_3^{2-}(0.1\,mol\cdot L^{-1})}[Ag(S_2O_3)_2]^{3-}\xrightarrow{I^-(0.1\,mol\cdot L^{-1})}AgI\downarrow(黄色)$$

观察上述沉淀的交替变化，比较各离子的稳定性，并用 $K^{\ominus}_{稳}$ 、$K^{\ominus}_{sp}$ 数据计算解释说明。

(2) 在一支试管中滴入 5 滴 0.1 mol · L^{-1} $FeCl_3$，加入 1 滴 0.1 mol · L^{-1} KSCN 溶液，观察现象，然后逐滴加入 0.1 mol · L^{-1} NaF，观察颜色的变化。试用配离子的稳定性解释之。

4. 利用配位反应分离鉴定金属离子

(1) 利用配位反应设计 Fe^{3+}、Co^{2+}、Ni^{2+}、Cu^{2+}、Ag^+、Zn^{2+}的鉴定反应。

(2) 取 0.1 mol · L^{-1} $AgNO_3$、$Cu(NO_3)_2$、$Al(NO_3)_3$ 各 5 滴，混合后设计分离鉴定方案并进行实验。

五、实验现象记录与解释

参照 1.2 节示例实验报告，记录数据及现象并解释。

六、思考题

(1) 本实验中有哪些因素能使配位平衡发生移动？

(2) SO_4^{2-} 、Cl^-都是无色的，为什么 $CuSO_4$、$CuCl_2$ 浓溶液的颜色略有差别？

(3) 欲使本实验 3(1)中生成的 AgI 再溶解，应用什么配位剂？用 $K^{\ominus}_{稳}$ 、$K^{\ominus}_{sp}$ 数据说明。

第三部分

综合实验、准设计性实验和准研究性实验

第7章 综合实验

实验41 胃舒平药片中铝和镁的测定

一、实验目的

(1) 巩固 EDTA 溶液的配制与标定方法。
(2) 掌握配位滴定中的返滴定原理和方法。
(3) 掌握分离沉淀的基本操作。
(4) 了解成品药剂中组分含量测定的前处理方法。

二、实验原理

EDTA 标准溶液的配制及标定的实验原理见实验 21。

胃舒平药片是胃病患者常用的口服药，主要用于治疗胃酸过多及十二指肠溃疡，其主要成分为氢氧化铝、三硅酸镁、少量中药颠茄流浸膏及药片成形时所加的大量的糊精等辅料。其中铝和镁的含量可采用配位滴定法测定，不受其他成分的干扰。

铝含量的测定采用返滴定法。样品溶解后，分离除去不溶物质后制成试液。取部分试液准确加入已知过量的 EDTA 标准溶液，调节溶液 pH 为 3～4，煮沸使 EDTA 与 Al^{3+}配位完全。然后，调节溶液 pH 为 5～6，以二甲酚橙为指示剂，用锌标准溶液返滴定剩余的 EDTA，即可测定出铝含量。

镁含量的测定采用直接滴定法。另取试液调节溶液 pH，使铝沉淀并予以分离后，于 pH=10 的条件下，以铬黑 T 为指示剂，用 EDTA 标准溶液滴定滤液中的镁，根据所消耗的 EDTA 溶液体积，计算镁的含量。

三、仪器与试剂

(1) 仪器：分析天平，电炉，研钵，酸式滴定管，烧杯，锥形瓶，量筒，容量瓶，移液管。

(2) 试剂：胃舒平药片，乙二胺四乙酸二钠(s)，基准 ZnO(s)，NH_4Cl(s)，6.0 mol · L^{-1} HCl，0.2% 二甲酚橙，20% 六亚甲基四胺，1 : 3 氨水，1 : 2 三乙醇胺，$NH_3 \cdot H_2O$-NH_4Cl 缓冲溶液(pH=10)，0.2% 铬黑 T。

四、实验步骤

1. 0.02 mol · L^{-1} EDTA 标准溶液的配制与标定

配制 500 mL 0.02 mol · L^{-1} EDTA 溶液，选 ZnO 为基准物，方法见实验 21，数据填入自行设计的表格中。

2. Al^{3+}的测定

(1) 样品的预处理。取 20 片胃舒平药片在研钵中研细，准确称出 2.0 g 左右药粉于洁净的小烧杯中，加入 20 mL 6 mol · L^{-1} HCl，加去离子水至约 40 mL，煮沸。冷却后过滤，并用去离子水洗涤沉淀。收集滤液及洗涤液于 250 mL 容量瓶中，稀释至刻度，摇匀。(注意：20 片药片研细后所得药粉可供 8 名同学实验)

(2) Al^{3+}的测定。准确移取上述试液 5.00 mL 于 250 mL 锥形瓶中，加去离子水至 25 mL 左右，准确加入 0.02 mol · L^{-1} EDTA 标准溶液 25.00 mL，摇匀。加入 2 滴二甲酚橙，滴加 1∶3 氨水至溶液恰好成紫红色，滴加 2 滴 6.0 mol · L^{-1} HCl，将溶液煮沸 3 min 左右，冷却后再加入 10 mL 20%六亚甲基四胺，使溶液 pH 为 5～6，补加 2 滴二甲酚橙，用锌标准溶液滴定至溶液由黄色突变为橙色。根据 EDTA 标准溶液的加入量与锌标准溶液消耗的体积，计算铝含量，平行测定 3 次，以 $w(Al_2O_3)$表示。

3. Mg^{2+}的测定

取试液 25.00 mL 于 100 mL 小烧杯中，滴加 1∶3 氨水至溶液刚好出现沉淀，再滴加 6.0 mol · L^{-1} HCl 至沉淀恰好溶解。加入 $NH_4Cl(s)$ 0.8 g，溶解后滴加 20%六亚甲基四胺至沉淀出现，然后再过量 6 mL。加热至 80℃并维持此温度 10～15 min。冷却后过滤，并用少量去离子水分次洗涤沉淀。收集滤液及洗涤液于 250 mL 锥形瓶中，加入 8 mL 1∶2 三乙醇胺溶液、8 mL $NH_3 \cdot H_2O$-NH_4Cl 缓冲溶液及 1～2 滴铬黑 T，用 EDTA 标准溶液滴定至溶液由酒红色突变为蓝色即为终点。平行测定 3 次，计算镁含量，以 $w(MgO)$表示。

五、实验数据记录与处理

(1) 将标定 0.02 mol · L^{-1} EDTA 标准溶液的数据填入自行设计的表格中，并计算其浓度。

(2) 将测定实验数据填入表 7.1，计算铝和镁的含量。

表 7.1　胃舒平药片中 Al^{3+}、Mg^{2+}含量的测定

实验编号	Ⅰ	Ⅱ	Ⅲ
m(胃舒平)/g			
V(胃舒平试液)/mL			
c(EDTA)/(mol · L^{-1})			
V(EDTA)/mL			
锌标液终读数/mL			
锌标液初读数/mL			
V(锌标液)/mL			
$w(Al_2O_3)$/%			
$\bar{w}(Al_2O_3)$/%			
V(胃舒平试液)/mL			
EDTA 终读数/mL			
EDTA 初读数/mL			
V(EDTA)/mL			
$w(MgO)$/%			
$\bar{w}(MgO)$/%			

六、思考题

(1) 实验中为什么要称取大样混匀后再取小部分试样进行测定?
(2) 在测定铝时为什么不采用直接滴定法?
(3) 在测定镁时为什么要加入三乙醇胺溶液?
(4) 采用掩蔽铝的方法测定镁，可选择哪些物质作掩蔽剂? 如何控制条件?

实验 42　蛋壳中 Ca、Mg 总量的测定——配位滴定法

一、实验目的

(1) 进一步掌握配位滴定分析中测定 Ca、Mg 总量的原理与方法。
(2) 学习使用配位掩蔽排除干扰离子影响的方法。
(3) 了解实际试样的处理方法及对实际试样中某组分含量测定的一般步骤。

二、实验原理

鸡蛋壳的主要成分为 $CaCO_3$，其次为 $MgCO_3$、蛋白质、色素以及少量的 Fe、Al。测定鸡蛋壳中 Ca、Mg 含量的方法主要有配位滴定法、酸碱滴定法、氧化还原滴定法(高锰酸钾法)、原子吸收法等。本实验采用配位滴定法测定普通蛋壳中 Ca、Mg 总量。

配位滴定时，由于 Fe^{3+}、Al^{3+}等对 Ca^{2+}、Mg^{2+}的测定会产生干扰，可在酸性溶液中加入三乙醇胺作掩蔽剂，三乙醇胺与 Fe^{3+}、Al^{3+}等离子生成更稳定的配合物。调节溶液 pH≈10，以铬黑 T 作指示剂，用 EDTA 可直接测定 Ca^{2+}、Mg^{2+}总量。

三、仪器与试剂

(1) 仪器：分析天平，酸式滴定管，研钵，电炉，烧杯，容量瓶，锥形瓶，移液管，量筒。

(2) 试剂：乙二胺四乙酸二钠(s)，6.0 mol · L^{-1} HCl，0.2%铬黑 T，1∶2 三乙醇胺水溶液，$NH_3 \cdot H_2O$-NH_4Cl 缓冲溶液(pH≈10)，95%乙醇，蛋壳。

四、实验步骤

1. 0.02 mol · L^{-1} EDTA 标准溶液的配制与标定

配制 500 mL 0.02 mol · L^{-1} EDTA 溶液，选 $CaCO_3$ 为基准物，方法见实验 21，数据填入自行设计的表格中。

2. 蛋壳预处理

先将蛋壳洗净(勿弄碎)，加水煮沸 5～10 min，趁湿趁热去除蛋壳内表层的蛋白薄膜，然后把蛋壳放入烧杯中用小火烤干，研成粉末。

3. 钙镁总量的测定

准确称取蛋壳粉 0.4～0.6 g，小心滴加 4～5 mL 6.0 mol · L^{-1} HCl 溶液，微火加热至完全溶解(少量蛋白膜不溶)，冷却，转移至 250 mL 容量瓶中，稀释至接近刻度线，若有泡沫，滴

加 2～3 滴 95%乙醇，泡沫消除后，定容、摇匀。

准确移取上述试液 25.00 mL 置于 250 mL 锥形瓶中，分别加入 20 mL 去离子水、5 mL 1 ∶ 2 三乙醇胺，摇匀，再加 10 mL $NH_3 \cdot H_2O$-NH_4Cl 缓冲溶液，摇匀。加入 1～2 滴铬黑 T 指示剂，用 EDTA 标准溶液滴定至溶液由酒红色恰变为纯蓝色即为终点。根据消耗的 EDTA 体积计算 Ca^{2+}、Mg^{2+}总量，平行测定 3 次。

五、实验数据记录与处理

(1) 将 0.02 $mol \cdot L^{-1}$ EDTA 标准溶液标定的数据填入自行设计的表格中，计算其浓度。

(2) 将实验数据填入表 7.2 中，并计算 Ca^{2+}、Mg^{2+}总量，以 $w(CaO)$表示。

表 7.2　蛋壳中 Ca^{2+}、Mg^{2+}总量的测定

实验编号	Ⅰ	Ⅱ	Ⅲ
m(蛋壳)/g			
V(蛋壳试液)/mL			
c(EDTA)/($mol \cdot L^{-1}$)			
EDTA 终读数/mL			
EDTA 初读数/mL			
V(EDTA)/mL			
w(CaO)/%			
$\overline{w}$(CaO)/%			

六、思考题

(1) 蛋壳粉的称量范围是如何确定的？(提示：先粗略确定蛋壳粉中钙、镁含量，再估算蛋壳粉的称量范围)

(2) 蛋壳粉溶解稀释时加 95%乙醇的作用是什么？

(3) 试列出求钙镁总量的计算式[以 $w(CaO)$表示]。

实验 43　五水硫酸铜的制备、提纯及其铜含量测定

Ⅰ　五水硫酸铜的制备与提纯

一、实验目的

(1) 学习用工业氧化铜制备硫酸铜的方法及原理。

(2) 进一步巩固无机制备中加热、溶解、蒸发、过滤、结晶等基本操作。

二、实验原理

$CuSO_4 \cdot 5H_2O$ 俗称胆矾，易溶于水而难溶于乙醇，在干燥的空气中缓慢风化，加热至 230℃时，可失去全部结晶水而变成白色的无水 $CuSO_4$。$CuSO_4 \cdot 5H_2O$ 是制备其他铜盐和电镀铜的

主要原料，常用作农业的杀虫剂、水的杀菌剂、印染工业的媒染剂及木材的防腐剂。

制备 $CuSO_4 \cdot 5H_2O$ 有多种方法，本实验以工业氧化铜为原料制备。反应式为

$$CuO + H_2SO_4 + 4\,H_2O = CuSO_4 \cdot 5H_2O$$

$CuSO_4 \cdot 5H_2O$ 粗产品中含有不溶性杂质和可溶性杂质 $FeSO_4$、$Fe_2(SO_4)_3$ 等。不溶性杂质可在溶解、过滤的过程中除去。可溶性杂质 Fe^{2+}可用 H_2O_2 或 Br_2 氧化为 Fe^{3+}，然后调节溶液的 pH，使 Fe^{3+}水解为 $Fe(OH)_3$ 沉淀而除去。反应式为

$$2\,Fe^{2+} + H_2O_2 + 2\,H^+ = 2\,Fe^{3+} + 2\,H_2O$$

$$Fe^{3+} + 3\,H_2O = Fe(OH)_3\downarrow + 3\,H^+$$

溶液的 pH 越大，Fe^{3+}除得越彻底，但 pH 过大则会引起 Cu^{2+}水解[通过理论计算可知，pH＞4.17 时，$Cu(OH)_2$ 析出]，在加热的情况下其水解程度更大，这样就会降低 $CuSO_4 \cdot 5H_2O$ 的产率。为了除净铁而不降低 $CuSO_4 \cdot 5H_2O$ 的产率，溶液的 pH 必须控制在一定范围内，本实验控制在 pH≈4。

除去 Fe^{3+}的滤液经蒸发、浓缩、减压过滤即可得到较纯净的 $CuSO_4 \cdot 5H_2O$。其他微量的可溶性杂质仍留在母液中而与产品 $CuSO_4 \cdot 5H_2O$ 分开。

三、仪器与试剂

(1) 仪器：循环水泵，台秤，电炉，吸滤瓶，布氏漏斗，蒸发皿，烧杯，量筒，表面皿。

(2) 试剂：工业 CuO(s)，5.0 mol · L^{-1} H_2SO_4，1.0 mol · L^{-1} H_2SO_4，2.0 mol · L^{-1} NaOH，3% H_2O_2 溶液，2.0 mol · L^{-1} HCl，1.0 mol · L^{-1} KSCN，6.0 mol · L^{-1} 氨水，1.0 mol · L^{-1} 氨水。

四、实验步骤

1. $CuSO_4 \cdot 5H_2O$ 的制备

称取 4.0 g 工业 CuO 于 100 mL 烧杯中，加入 20 mL 5.0 mol · L^{-1} H_2SO_4，小火加热至沸 5 min(不盖表面皿)，再加去离子水 30 mL，盖上表面皿，用小火加热约 15 min，并维持溶液体积为 40 mL 左右，此时溶液的颜色为蓝绿色并有残渣。趁热过滤，滤液盛接于洁净的蒸发皿中(残渣弃去)，将蒸发皿置于泥三角或石棉网上，用小火加热蒸发、浓缩(不需搅拌)至出现晶膜，立即停止加热，冷却结晶。经减压抽滤得产品 $CuSO_4 \cdot 5H_2O$，用滤纸吸干后称量并计算产率。

2. $CuSO_4 \cdot 5H_2O$ 的提纯

(1) 溶解和氧化。称取 1.0 g 粗 $CuSO_4 \cdot 5H_2O$ 晶体留作纯度检验，其余全部置于 100 mL 小烧杯中，按 1∶3 的比例加入去离子水，加热搅拌使其溶解。在溶液中滴加 2～3 滴 1.0 mol · L^{-1} H_2SO_4 溶液酸化，在边加热边搅拌下滴加 1 mL 3% H_2O_2 溶液，将溶液中的 Fe^{2+}氧化为 Fe^{3+}。

(2) 沉淀和过滤。继续加热溶液，在不断搅拌下滴加 2.0 mol · L^{-1} NaOH 溶液至溶液的 pH≈4。再加热片刻，静置，使红棕色 $Fe(OH)_3$ 沉降。用倾泻法过滤，滤液盛接于洁净的蒸发皿中。

(3) 蒸发结晶、减压过滤。在滤液中滴加 1.0 mol · L^{-1} H_2SO_4 溶液，调溶液的 pH=1～2，将蒸发皿置于泥三角或石棉网上，用小火蒸发、浓缩至溶液表面出现晶膜，立即停止加热。稍冷片刻，再将蒸发皿放在盛有冷水的烧杯上冷却，使 $CuSO_4 \cdot 5H_2O$ 晶体析出。减压抽滤，

尽量抽干，所得晶体用滤纸进一步吸干，称量并计算产率。

(4) 硫酸铜晶体的制备。称取一定量提纯后的 $CuSO_4 \cdot 5H_2O$ 晶体于小烧杯中，按 1 g $CuSO_4 \cdot 5H_2O$ 需加 1.2 mL 去离子水的比例，在 80℃下加去离子水制成饱和溶液。由实验室提供一颗晶形较好的 $CuSO_4 \cdot 5H_2O$ 晶体，并用细线(锦纶、丝线)系好，悬挂在已制备好的饱和溶液中，使溶液慢慢冷却，$CuSO_4 \cdot 5H_2O$ 缓慢结晶，即可得到较大而完整的晶体。

3. $CuSO_4 \cdot 5H_2O$ 纯度检验

称取 1 g 粗 $CuSO_4 \cdot 5H_2O$ 晶体和 1.0 g 提纯后的 $CuSO_4 \cdot 5H_2O$ 晶体，分别倒入 100 mL 小烧杯中，加入 10 mL 去离子水溶解，再分别加入 1 mL 1.0 mol · L^{-1} H_2SO_4 溶液酸化，加入 2 mL 3% H_2O_2，将其中的 Fe^{2+} 全部氧化为 Fe^{3+}。溶液冷却后分别滴加 6.0 mol · L^{-1} 氨水至生成的蓝色沉淀全部溶解，溶液呈深蓝色，过滤后在取出的滤纸上滴加 1.0 mol · L^{-1} 氨水至蓝色褪去，此时 $Fe(OH)_3$ 沉淀留在滤纸上。用滴管滴加 3 mL 2.0 mol · L^{-1} HCl 溶液至滤纸上，溶解 $Fe(OH)_3$ 沉淀，然后在溶解液中滴加 2 滴 KSCN 溶液，根据红色的深浅评定提纯后 $CuSO_4 \cdot 5H_2O$ 晶体的纯度。

五、实验数据记录与处理

(1) 将实验现象填入表 7.3 中。

表 7.3　产品纯度检验

$CuSO_4 \cdot 5H_2O$	加入试剂	溶液颜色	结论
粗 $CuSO_4 \cdot 5H_2O$	KSCN 溶液		
提纯后 $CuSO_4 \cdot 5H_2O$	KSCN 溶液		

(2) 根据下式计算产品的产率。

$$产率=\frac{实际产量}{理论值}\times 100\%$$

六、思考题

(1) 提纯粗 $CuSO_4 \cdot 5H_2O$ 晶体时，为什么首先要把 Fe^{2+} 转化成 Fe^{3+}？除 Fe^{3+} 时，为什么要调节溶液的 pH 约为 4？

(2) 蒸发溶液时，为什么加热不能过猛？为什么不可将滤液蒸干？

Ⅱ　硫酸铜中铜含量的测定

一、实验目的

(1) 掌握硫代硫酸钠标准溶液的配制及标定方法。

(2) 掌握间接碘量法测定铜的原理和方法。

(3) 进一步了解氧化还原滴定的特点。

二、实验原理

在弱酸性溶液中，Cu^{2+}可被 KI 还原为 CuI，其反应式为

$$2\,Cu^{2+} + 4\,I^- \rightleftharpoons 2\,CuI\downarrow + I_2$$

该反应为可逆反应，在 KI 过量的条件下，反应可定量向右进行。析出的 I_2 以淀粉为指示剂，用 $Na_2S_2O_3$ 标准溶液滴定，即可间接测得铜的含量。

$$I_2 + 2\,S_2O_3^{2-} = 2\,I^- + S_4O_6^{2-}$$

由于 CuI 沉淀强烈地吸附 I_2，测定结果偏低。若加 KSCN，可使 CuI ($K_{sp}^{\ominus} = 5.06\times10^{-12}$) 转化为溶解度更小的 CuSCN ($K_{sp}^{\ominus} = 4.8\times10^{-15}$)。

$$2\,CuI + 2\,SCN^- = 2\,CuSCN\downarrow + 2\,I^-$$

这样不仅可以释放出被吸附的 I_2，而且反应时产生的 I^- 可与未反应的 Cu^{2+}发生作用。但是 KSCN 只能在接近终点时加入，否则因为 I_2 的量较多，会明显地被 KSCN 还原而使结果偏低。反应如下：

$$SCN^- + 4\,I_2 + 4\,H_2O = SO_4^{2-} + 7\,I^- + ICN + 8\,H^+$$

反应必须在适当的弱酸性溶液中进行。酸度过低，Cu^{2+}发生水解反应，Cu^{2+}氧化 I^- 的反应进行得不完全，使结果偏低，而且反应速率慢，终点拖长。另外，在碱性溶液中，I_2 会发生歧化反应，$S_2O_3^{2-}$ 也可能发生如下副反应：

$$S_2O_3^{2-} + 4\,I_2 + 10\,OH^- = 2\,SO_4^{2-} + 8\,I^- + 5\,H_2O$$

酸度过高，则 I^- 被空气氧化为 I_2 的反应被 Cu^{2+}所催化，使结果偏高。另外，$Na_2S_2O_3$ 也会发生如下分解反应：

$$S_2O_3^{2-} + 2\,H^+ = SO_2\uparrow + S\downarrow + H_2O$$

因此，为了防止上述副反应发生，必须控制反应溶液的酸度，一般控制溶液的 pH=3～4。

大量 Cl^- 能与 Cu^{2+}配位，使 I^-不易从 Cu(Ⅱ)的氯配合物中将 Cu(Ⅱ)定量地还原，因此溶解 $CuSO_4 \cdot 5H_2O$ 试样时用硫酸而不用盐酸(少量盐酸不干扰)。

矿石或合金中的铜也可以用间接碘量法测定。通常加入 NH_4HF_2 使溶液的 pH 控制在 3.5～4.0，这样既可使 Fe^{3+}生成 FeF_6^{3-} 配离子而被掩蔽，又可避免 As(Ⅴ)、Sb(Ⅴ)氧化 I^- [pH＞3.5 时，As(Ⅴ)、Sb(Ⅴ)的氧化性降低至不能氧化 I^-]，从而消除这些离子的干扰。

三、仪器与试剂

(1) 仪器：酸式滴定管，分析天平，碘量瓶，锥形瓶，烧杯。

(2) 试剂：Na_2CO_3(s)，$Na_2S_2O_3 \cdot 5H_2O$(s)，基准 $K_2Cr_2O_7$(s)，基准 KIO_3(s)，$CuSO_4 \cdot 5H_2O$(s)(自制)，1.0 mol · L^{-1} H_2SO_4，10% KSCN，20% KI，1%淀粉溶液。

四、实验步骤

1. 0.1 mol · L^{-1} $Na_2S_2O_3$ 溶液的配制与标定

配制 500 mL 0.1 mol · L^{-1} $Na_2S_2O_3$ 标准溶液，方法见实验 29，数据填入自行设计的表格中。

2. 铜的测定

准确称取 $CuSO_4 \cdot 5H_2O$ 试样 0.5～0.6 g 于 250 mL 碘量瓶中，加入 3 mL 1.0 mol · L^{-1} H_2SO_4 溶液和去离子水 20～30 mL 使之溶解。加入 3～4 mL 20% KI 溶液，立即用 $Na_2S_2O_3$ 标准溶液滴定至溶液呈浅黄色，加入 1 mL 1%淀粉溶液，继续滴定至溶液呈浅蓝色，再加入 5 mL 10% KSCN 溶液，摇动锥形瓶至溶液蓝色加深，继续滴定到蓝色恰好消失，此时溶液为米色(或浅肉红色)悬浮液。平行测定 3 次，计算 $CuSO_4 \cdot 5H_2O$ 中的铜含量。

五、实验数据记录与处理

(1) 将标定 0.1 mol · L^{-1} $Na_2S_2O_3$ 溶液的数据填入自行设计的表格中，并计算浓度。

(2) 将测定 $CuSO_4 \cdot 5H_2O$ 中铜含量的数据填入表 7.4 中，并计算铜的含量。

表 7.4　硫酸铜中铜含量的测定

实验编号	Ⅰ	Ⅱ	Ⅲ
m(硫酸铜)/g			
$c(Na_2S_2O_3)/(mol \cdot L^{-1})$			
$Na_2S_2O_3$ 终读数/mL			
$Na_2S_2O_3$ 初读数/mL			
$V(Na_2S_2O_3)$/mL			
w(Cu)/%			
$\bar{w}$(Cu)/%			
绝对偏差/%			
平均偏差/%			
相对平均偏差/%			

六、思考题

(1) 硫酸铜易溶于水，溶解时为什么加硫酸？能否用盐酸或硝酸？为什么？

(2) 用碘法测铜含量时，为什么要加入 KSCN 溶液？如果在酸化后立即加入 KSCN 溶液，会产生什么影响？

(3) 已知 $\varphi^{\ominus}_{Cu^{2+}/Cu^{+}} = 0.158\ V$，$\varphi^{\ominus}_{I_2/I^-} = 0.54\ V$，为什么本法中 Cu^{2+} 却能氧化 I^- 为 I_2？

(4) 滴定反应为什么一定要在弱酸性溶液中进行？

(5) 如果分析矿石或合金中的铜，应怎样分解试样？对于试液中含有的干扰性杂质如 Fe^{3+}、As(Ⅴ)、Sb(Ⅴ)等离子，应如何消除它们的干扰？

实验 44　三草酸合铁(Ⅲ)酸钾的合成及组成测定

一、实验目的

(1) 学习制备三草酸合铁(Ⅲ)酸钾的基本原理和操作方法。

(2) 掌握高锰酸钾法测定铁及草酸根含量的方法和原理。

(3) 综合训练无机合成、滴定分析的基本操作，掌握确定化合物组成的原理和方法。

二、实验原理

1. 三草酸合铁(Ⅲ)酸钾的制备

三草酸合铁(Ⅲ)酸钾 $K_3[Fe(C_2O_4)_3]\cdot 3H_2O$ 为翠绿色单斜晶体，$M_r = 491.24$，易溶于水(0℃时溶解度为 4.7 g，100℃时溶解度为 117.7 g)，难溶于乙醇。$K_3[Fe(C_2O_4)_3]\cdot 3H_2O$ 比较稳定，其 $K^{\ominus}_{稳}=1.58\times 10^{20}$。110℃下失去三分子结晶水而成为 $K_3[Fe(C_2O_4)_3]$，230℃时分解。该配合物对光敏感，光照分解成 FeC_2O_4(黄色)、$K_2C_2O_4$ 和 CO_2，所以 $K_3[Fe(C_2O_4)_3]\cdot 3H_2O$ 常用作化学光量计。因其在日光直射或强光下分解生成的 FeC_2O_4，遇 $K_3Fe(CN)_6$ 生成滕氏蓝，因此在实验室中可制成感光纸进行感光实验。同时，$K_3[Fe(C_2O_4)_3]\cdot 3H_2O$ 是制备某些负载型活性铁催化剂的主要原料，因而具有重要的工业生产价值。

目前有多种制备 $K_3[Fe(C_2O_4)_3]\cdot 3H_2O$ 的工艺路线。本实验采用 $(NH_4)_2Fe(SO_4)_2\cdot 6H_2O$ 与 $H_2C_2O_4$ 反应首先制备 $FeC_2O_4\cdot 2H_2O$，$FeC_2O_4\cdot 2H_2O$ 在 $K_2C_2O_4$ 存在时，经 H_2O_2 氧化生成 $K_3[Fe(C_2O_4)_3]\cdot 3H_2O$ 和 $Fe(OH)_3$，$Fe(OH)_3$ 继续与适量 $H_2C_2O_4$ 反应生成 $K_3[Fe(C_2O_4)_3]\cdot 3H_2O$。相关反应式为

$$(NH_4)_2Fe(SO_4)_2\cdot 6H_2O + H_2C_2O_4 = FeC_2O_4\cdot 2H_2O\downarrow + (NH_4)_2SO_4 + H_2SO_4 + 4\,H_2O$$

$$6\,FeC_2O_4\cdot 2H_2O + 3\,H_2O_2 + 6\,K_2C_2O_4 = 4\,K_3[Fe(C_2O_4)_3]\cdot 3H_2O + 2\,Fe(OH)_3\downarrow$$

$$2\,Fe(OH)_3 + 3\,H_2C_2O_4 + 3\,K_2C_2O_4 = 2\,K_3[Fe(C_2O_4)_3]\cdot 3H_2O$$

后两步反应的总反应为

$$2\,FeC_2O_4\cdot 2H_2O + H_2O_2 + H_2C_2O_4 + 3\,K_2C_2O_4 = 2\,K_3[Fe(C_2O_4)_3]\cdot 3H_2O$$

加乙醇，放置，即可析出产物的结晶。

2. 产物组成的定性分析

K^+ 与 $Na_3[Co(NO_2)_6]$ 在中性或乙酸介质中生成亮黄色的 $K_2Na[Co(NO_2)_6]$ 沉淀，反应如下：

$$2\,K^+ + Na^+ + [Co(NO_2)_6]^{3-} = K_2Na[Co(NO_2)_6]\downarrow$$

Fe^{3+} 与 KSCN 反应生成血红色 $Fe(SCN)_n^{3-n}$，$C_2O_4^{2-}$ 与 Ca^{2+} 生成白色沉淀 CaC_2O_4，可以判断 Fe^{3+}、$C_2O_4^{2-}$ 处于配合物的内界还是外界。

3. 产物组成的定量分析

(1) 结晶水的测定。由于产物在 110℃下干燥 1 h 以上即可失去全部结晶水，因此可以利用重量分析法测定结晶水的含量。

(2) $C_2O_4^{2-}$ 和 Fe(Ⅲ)含量的测定。用 $KMnO_4$ 法测定 $K_3[Fe(C_2O_4)_3]\cdot 3H_2O$ 中 $C_2O_4^{2-}$ 和 Fe(Ⅲ)含量，并确定 $C_2O_4^{2-}$ 和 Fe(Ⅲ)的配位比。

在酸性介质中，用 $KMnO_4$ 标准溶液滴定试液中的 $C_2O_4^{2-}$，根据 $KMnO_4$ 消耗量 $\overline{V_1}(MnO_4^-)$ 可直接计算出 $C_2O_4^{2-}$ 的含量，其滴定反应式为

$$5\,C_2O_4^{2-} + 2\,MnO_4^- + 16\,H^+ \Longrightarrow 10\,CO_2\uparrow + 2\,Mn^{2+} + 8\,H_2O$$

测定 Fe(Ⅲ)含量时，首先用 $SnCl_2$-$TiCl_3$ 联合还原法，先将 Fe^{3+}还原为 Fe^{2+}，再用 $KMnO_4$ 标准溶液滴定。

预处理：

$$2\,Fe^{3+} + SnCl_4^{2-} + 2\,Cl^- \Longrightarrow 2\,Fe^{2+} + SnCl_6^{2-}$$

$$H_2O + Fe^{3+}(\text{剩余}) + Ti^{3+} \Longrightarrow Fe^{2+} + TiO^{2+} + 2\,H^+$$

$$H_2O + Ti^{3+}(\text{过量}) + WO_4^{2-} \longrightarrow TiO^{2+} + WO_{2.67}(OH)_{0.33}(\text{蓝色})$$

加水稀释后：

$$4\,Ti^{3+}(\text{剩余}) + O_2 + 2\,H_2O \xlongequal{Cu^{2+}} 4\,TiO^{2+} + 4\,H^+$$

$$WO_{2.67}(OH)_{0.33} + O_2 + H_2O \xrightarrow{Cu^{2+}} WO_4^{2-}(\text{蓝色消失})$$

滴定：在酸性介质中，用 $KMnO_4$ 标准溶液滴定试液中 $C_2O_4^{2-}$ 和 Fe^{2+}，根据 $KMnO_4$ 标准溶液的消耗量 $\overline{V_2}(MnO_4^-)$ 和测定 $C_2O_4^{2-}$ 时消耗的 $KMnO_4$ 标准溶液的量 $\overline{V_1}(MnO_4^-)$，可计算出 Fe^{3+}的含量。滴定反应式为

$$5\,Fe^{2+} + MnO_4^- + 8\,H^+ \Longrightarrow 5\,Fe^{3+} + Mn^{2+} + 4\,H_2O$$

$$n(C_2O_4^{2-}) = \frac{5}{2}c(MnO_4^-)\overline{V_1}(MnO_4^-)\times 10^{-3}$$

$$n(Fe^{3+}) = 5c(MnO_4^-)[\overline{V_2}(MnO_4^-) - \overline{V_1}(MnO_4^-)]\times 10^{-3}$$

最后，根据 $n(C_2O_4^{2-}):n(Fe^{3+}) = \dfrac{\overline{V_1}(MnO_4^-)}{2\left[\overline{V_2}(MnO_4^-) - \overline{V_1}(MnO_4^-)\right]}$ 可确定 $C_2O_4^{2-}$ 与 Fe^{3+}的配位比。

(3) K^+含量的测定。由测得的 H_2O、Fe(Ⅲ)和 $C_2O_4^{2-}$ 的含量可计算出 K^+的含量。

三、仪器与试剂

(1) 仪器：台秤，分析天平，烧杯，量筒，漏斗，表面皿，称量瓶，干燥器，烘箱，锥形瓶，酸式滴定管，恒温水浴锅。

(2) 试剂：$(NH_4)_2SO_4\cdot FeSO_4\cdot 6H_2O$(s)，$H_2C_2O_4\cdot 2H_2O$(s)，$K_2C_2O_4\cdot H_2O$(s)，2.0 mol · L^{-1} H_2SO_4，6.0 mol · L^{-1} HCl，2.0 mol · L^{-1} HCl，6% H_2O_2，$MnSO_4$ 滴定液(称取 45.0 g $MnSO_4$ 溶于 500 mL 水中，缓慢加入浓 H_2SO_4 130 mL，再加入 85%浓 H_3PO_4 300 mL，加水稀释至 1 L)，5% $SnCl_2$，2.5% Na_2WO_4，6% $TiCl_3$，0.4% $CuSO_4$，$Na_3[Co(NO_2)_6]$溶液，0.1 mol · L^{-1} KSCN，1∶1 氨水，0.5 mol · L^{-1} $CaCl_2$，自行配制和标定的 0.01 mol · L^{-1} $KMnO_4$ 标准溶液(配制与标定方法参考实验 24)。

四、实验步骤

1. 三草酸合铁(Ⅲ)酸钾的制备

(1) 制备 $FeC_2O_4\cdot 2H_2O$。称取 5.0 g $(NH_4)_2SO_4\cdot FeSO_4\cdot 6H_2O$ 固体于 100 mL 烧杯中，加入 40 mL 去离子水和 5～6 滴 2.0 mol · L^{-1} H_2SO_4 溶液，加热使其溶解。向此溶液中加入 2.0 g

$H_2C_2O_4 \cdot 2H_2O$ 固体，在不断搅拌下加热至沸，析出 $FeC_2O_4 \cdot 2H_2O$ 黄色沉淀，静置，倾出上清液。在沉淀上加入约 20 mL 去离子水，搅拌并温热洗涤沉淀，静置后倾出上清液。再洗涤沉淀两次，以除去可溶性杂质，最后尽可能倾净清液。

(2) 氧化。在上述沉淀中加入 15 mL 去离子水得到悬浊液，边搅拌边加入 3.5 g $K_2C_2O_4 \cdot H_2O$ 固体，置水浴中加热至 40℃，在不断搅拌并维持溶液温度约 40℃下，滴加 12 mL 6% H_2O_2 溶液，使 Fe(Ⅱ)充分氧化为 Fe(Ⅲ)，此时会有棕色沉淀析出。滴加完后，加热溶液至沸以除去过量的 H_2O_2(加热时间不宜过久)。

(3) 生成配合物。保持上述溶液 75℃左右近沸状态，分批缓慢加入 1.0～1.2 g $H_2C_2O_4 \cdot 2H_2O$ 固体至体系呈翠绿色透明溶液(若溶液略带黄色，应继续缓慢加入少量 $H_2C_2O_4 \cdot 2H_2O$，使溶液呈翠绿色)，溶液体积应控制在 25～30 mL，测量溶液 pH，若 pH 小于 3.0，应滴加 1∶1 氨水，使溶液 pH 保持在 3.0～3.5。若有混浊现象可趁热将溶液过滤，滤液置于小烧杯中。溶液冷却放置过夜，待析出晶体后用倾泻法分离出晶体，在滤纸上吸干，称量并计算产率，将晶体置于暗处避光保存。

2. 产品组成的定性分析

(1) K^+的鉴定。在试管中加入少量产物，用去离子水溶解，加入 1 mL $Na_3[Co(NO_2)_6]$溶液，放置片刻，观察现象。

(2) Fe^{3+}的鉴定。在试管中加入少量产物，用去离子水溶解。另取一支试管，加入少量 $FeCl_3$ 溶液。各加入 2 滴 0.1 mol · L^{-1} KSCN 溶液，观察现象。在装产物的试管中加入 3 滴 2.0 mol · L^{-1} H_2SO_4溶液，再观察溶液颜色的变化，解释实验现象。

(3) $C_2O_4^{2-}$ 的鉴定。在试管中加入少量产物，用去离子水溶解。另取一支试管，加入少量 $K_2C_2O_4$溶液。各加入 2 滴 0.5 mol · L^{-1} $CaCl_2$ 溶液，观察现象。

3. 产品组成的定量分析

1) 水分的测定

准确称取 0.5～0.6 g 自制的 $K_3[Fe(C_2O_4)_3] \cdot 3H_2O$ 晶体于已恒量的坩埚中，放入烘箱于 110℃干燥 1 h 后，放入干燥器中冷却至室温，称量。再在 110℃干燥 20 min 后，冷却，称量，直至恒量。根据称量结果，计算每克无水化合物所对应的含结晶水的物质的量。

2) Fe^{3+}与 $C_2O_4^{2-}$ 的配位比测定

(1) 试液的配制。称取自制产品约 2 g 于称量瓶中，放入烘箱于 110℃干燥 1.5～2 h，再放入干燥器内冷却。称取已干燥的 $K_3[Fe(C_2O_4)_3]$晶体 1～1.5 g 于小烧杯中，加去离子水溶解，定量转移至 250 mL 容量瓶中，稀释至刻度，摇匀。

(2) 0.01 mol · L^{-1} $KMnO_4$ 标准溶液的配制和标定，方法见实验 24。

(3) $C_2O_4^{2-}$ 的测定。从上述容量瓶中吸取 3 份 25.00 mL 试液分别置于锥形瓶中，加入 5 mL $MnSO_4$ 滴定液及 5 mL 1.0 mol · L^{-1} H_2SO_4，加热至 75～85℃，用 0.01 mol · L^{-1} $KMnO_4$ 标准溶液滴定至微红色，且 30 s 不褪色即为终点。记下 $KMnO_4$ 体积 $V_1(KMnO_4)$ 并计算 $C_2O_4^{2-}$ 的含量。

(4) Fe^{3+}的测定。从上述容量瓶中吸取 3 份 25.00 mL 试液分别置于锥形瓶中，加入 10 mL 6.0 mol · L^{-1} HCl 溶液，加热至 75～85℃(此时溶液为深黄色)，然后趁热滴加 5% $SnCl_2$ 溶液至淡黄色(注意不要过量)，此时大部分 Fe^{3+}已被还原为 Fe^{2+}，再加入 1 mL 2.5% Na_2WO_4 溶液，滴加 6% $TiCl_3$ 溶液，使溶液出现蓝色，并过量一滴，以保证溶液中 Fe^{3+} 完全被还原。加入 0.4% $CuSO_4$ 溶液(催化剂)2 滴，加水 20 mL，冷却，振荡直至蓝色褪去，以确保过量的 $TiCl_3$ 氧化完全。Fe^{3+} 被还原后，加入 $MnSO_4$ 滴定液 10 mL，用 0.01 mol · L^{-1} $KMnO_4$ 标准溶液滴定，滴入 $KMnO_4$ 约 4 mL 后，加热溶液至 75～85℃，随后继续滴定至溶液呈微红色，且 30 s 不褪色即为终点。记下消耗 $KMnO_4$ 体积 $V_2(KMnO_4)$ 并计算 Fe^{3+} 的含量。

3) K^+ 含量的测定

根据 1)、2)测定结果，计算 K^+ 的含量。

五、实验数据记录与处理

(1) 计算 $K_3[Fe(C_2O_4)_3] \cdot 3H_2O$ 的产率。

(2) 将产品的定性鉴定结果填入表 7.5 中。

表 7.5 产品的定性鉴定

鉴定离子	试样	加入试剂	反应	现象	结论
K^+	产品	$Na_3[Co(NO_2)_6]$			
Fe^{3+}	产品	KSCN			
	产品+H_2SO_4	KSCN			
	$FeCl_3$	KSCN			
$C_2O_4^{2-}$	产品	$CaCl_2$			
	$K_2C_2O_4$	$CaCl_2$			

(3) 将测定实验数据填入表 7.6 中，计算 $C_2O_4^{2-}$ 与 Fe^{3+} 的配位比。

表 7.6 $n(C_2O_4^{2-}):n(Fe^{3+})$ 的测定

实验编号	Ⅰ	Ⅱ	Ⅲ
$m(K_3[Fe(C_2O_4)_3] \cdot 3H_2O)$/g			
$c(KMnO_4)/(mol \cdot L^{-1})$			
$KMnO_4$ 终读数/mL			
$KMnO_4$ 初读数/mL			
$V_1(KMnO_4)$/mL			
$\overline{V}_1(KMnO_4)$/mL			
$KMnO_4$ 终读数/mL			
$KMnO_4$ 初读数/mL			
$V_2(KMnO_4)$/mL			
$\overline{V}_2(KMnO_4)$/mL			
$n(C_2O_4^{2-}):n(Fe^{3+})$			

(4) 计算三草酸合铁(Ⅲ)酸钾中结晶水的数目。

(5) 写出自制三草酸合铁(Ⅲ)酸钾的分子式。

六、思考题

(1) 为什么氧化 $FeC_2O_4 \cdot 2H_2O$ 时温度不能太高(保持在 40℃)?
(2) 为什么在配位过程中乙二酸需缓慢加入，并将温度保持在 75～85℃?
(3) 为什么在 $KMnO_4$ 滴定 $C_2O_4^{2-}$ 时温度不能超过 90℃?
(4) 用 $KMnO_4$ 滴定 Fe^{2+}或 $C_2O_4^{2-}$ 时，如滴定速度太快，会出现什么现象?
(5) $MnSO_4$ 滴定液的作用是什么?
(6) $SnCl_2$ 还原剂加过量后有何影响? 怎样补救?
(7) 根据三草酸合铁(Ⅲ)酸钾的性质，应如何保存该化合物?

实验 45　过氧化钙的制备及含量分析

一、实验目的

(1) 了解蛋壳的预处理方法。
(2) 掌握过氧化钙制备的原理和方法。
(3) 掌握过氧化钙纯度测定的方法和条件。

二、实验原理

1. 过氧化钙的制备

过氧化钙(CaO_2)为白色至淡黄色的粉状结晶或颗粒，无臭、无毒、几乎无味，难溶于水。常温下干燥品稳定性好，但遇水或在潮湿环境中能长期缓慢释氧，是优良的供氧剂，具有漂白、杀菌、消毒能力强等特点，因此在环保、农业、水产养殖、食品、纺织、医药、冶金、化工等诸多领域得到了广泛应用，是一种多功能无机化工产品。

过氧化钙的常见制备方法有两种：①$CaCl_2 \cdot 6H_2O$ 与 H_2O_2 及 $NH_3 \cdot H_2O$ 反应；②$Ca(OH)_2$ 与 H_2O_2、NH_4Cl 反应。我国是一个禽蛋生产、消费大国，而每年废弃的鸡蛋壳约有 400 万吨，造成了严重的环境污染和资源浪费。本实验以蛋壳代替氯化钙，有利于废弃物再利用和提高学生的环保意识，能更好地激发学生的实验兴趣。制备过氧化钙的反应式如下：

$$CaCO_3 + 2\,HCl = CaCl_2 + H_2O + CO_2\uparrow$$

$$CaCl_2 + H_2O_2 + 2\,NH_3 \cdot H_2O + 6\,H_2O = CaO_2 \cdot 8H_2O + 2\,NH_4Cl$$

2. 过氧化钙的测定

测定过氧化钙的含量主要有 $KMnO_4$ 法和碘量法，其测定原理分别如下：

(1) $KMnO_4$ 法。在试样溶液中加盐酸酸化，然后用 $KMnO_4$ 标准溶液滴定，溶液由无色变为淡红色，30 s 不褪色即为终点，反应式如下：

$$5\,CaO_2 + 2\,MnO_4^- + 16\,H^+ = 5\,Ca^{2+} + 2\,Mn^{2+} + 5\,O_2\uparrow + 8\,H_2O$$

(2) 碘量法。在试样溶液中加入过量 KI 溶液后，加盐酸酸化，然后用 $Na_2S_2O_3$ 标准溶液滴定，近终点时，加入 1.0 mL 1%淀粉溶液，当蓝色消失即为终点，反应式如下：

$$CaO_2 + 2\,HCl = CaCl_2 + H_2O_2$$

$$H_2O_2 + 2\,I^- + 2\,H^+ = I_2 + 2\,H_2O$$

$$I_2 + 2\,S_2O_3^{2-} = 2\,I^- + S_4O_6^{2-}$$

三、仪器与试剂

(1) 仪器：电子天平，烘箱，电热磁力搅拌器，陶瓷研钵，酸式滴定管，水浴锅，锥形瓶，烧杯，温度计，循环水泵，吸滤瓶，布氏漏斗。

(2) 试剂：蛋壳，30%双氧水，浓氨水，无水乙醇，磷酸钙(s)，0.1 mol · L^{-1} $MnSO_4$，6.0 mol · L^{-1} HCl，0.05 mol · L^{-1} $KMnO_4$ 标准溶液，0.2 mol · L^{-1} $Na_2S_2O_3$ 标准溶液，1%淀粉溶液，20% KI 溶液。

四、实验步骤

1. 蛋壳的预处理

将蛋壳用水洗净，浸泡，用倾泻法倾出漂浮在水面的蛋壳膜，蛋壳沉积在水底，过滤后将湿蛋壳用去离子水润洗，再置于烘箱中 110℃下烘干，用研钵碾磨，得到蛋壳粉。

2. 制备过氧化钙

(1) 制备氯化钙溶液。称取 7 g 蛋壳粉转入 250 mL 烧杯中，边搅拌边滴加 16～18 mL 6.0 mol · L^{-1} HCl，滴加完毕后，在搅拌的同时温热反应 10 min，然后加热至沸，待小泡沫消除并形成较多大气泡时停止加热。冷却后抽滤，滤液转入 100 mL 烧杯，滤渣用 30 mL 去离子水分次洗涤并抽滤，合并滤液，得 $CaCl_2$ 溶液(相当于 7.5 g 左右 $CaCl_2 \cdot H_2O$)。

(2) 制备过氧化钙。将 10 mL 30%双氧水与 10 mL 浓氨水混合，并加入 1 mL 乙醇和 0.2 g $Ca_3(PO_4)_2$ (可以增加 CaO_2 的化学稳定性)。用冰水分别冷却氯化钙溶液和双氧水-氨水溶液，待冷却至 0～10℃后，在剧烈搅拌和继续冰冷条件下缓慢滴加双氧水-氨水溶液至氯化钙溶液中(约 5 min)。滴加完毕后停止搅拌，继续用冰水冷却约 30 min。抽滤，并用少量冰去离子水洗涤两三次，抽干后，得到的固体 CaO_2 先在 60℃下低温干燥 30 min，再于 120℃干燥 1 h 左右，冷却、称量。计算 CaO_2 产率。

3. 标准溶液的准备

配制和标定 0.05 mol · L^{-1} $KMnO_4$ 标准溶液(参考实验 24)和 0.2 mol · L^{-1} $Na_2S_2O_3$ 标准溶液(参考实验 29)。

4. 过氧化钙含量的测定(测定方法二选一)

(1) $KMnO_4$ 法。准确称取 0.2～0.3 g CaO_2 样品于锥形瓶中，加入 30 mL 去离子水和 20 mL 6.0 mol · L^{-1} HCl，待溶解后加入 1 mL 0.1 mol · L^{-1} $MnSO_4$ 溶液，用已标定的 0.05 mol · L^{-1} $KMnO_4$ 标准溶液滴定至溶液变为淡红色，30 s 内不褪色即为终点。平行测定 3 次，实验数据填入自行设计的表格中。

(2) 碘量法。准确称取 0.15～0.20 g CaO_2 样品于 250 mL 的碘量瓶中，分别加入 30 mL 去离子水和 3 mL 6.0 mol · L^{-1} HCl，振荡使之溶解。然后向碘量瓶中加入 10 mL 20% KI 溶液，盖上瓶塞，静置 3～5 min 后，用 0.2 mol · L^{-1} $Na_2S_2O_3$ 标准溶液滴定，直至溶液呈浅黄色，然后加入 2 mL 1%淀粉，用 $Na_2S_2O_3$ 标准溶液继续滴定，至溶液的蓝色恰好消失即为终点。平行测定 3 次，计算试样中 CaO_2 的质量分数，实验数据填入自行设计的表格中。

五、实验数据记录与处理

(1) 计算 CaO_2 的产率。

(2) 将标定标准溶液的数据填入自行设计的表格中，并计算其浓度。

(3) 将 CaO_2 含量的测定数据填入自行设计的表格中，并计算 CaO_2 的质量分数。

六、思考题

(1) 制备 CaO_2 产品时，为什么温度要低些?

(2) 在测定 CaO_2 含量时，加入的酸可否为硫酸？为什么?

实验 46 草酸合铜(Ⅱ)酸钾的制备及组成测定

一、实验目的

(1) 学习制备草酸合铜(Ⅱ)酸钾的原理和方法。

(2) 掌握配位滴定法测定 Cu(Ⅱ)的原理、方法和指示剂的选择。

(3) 掌握高锰酸钾法测定草酸根含量的条件。

二、实验原理

1. 草酸合铜(Ⅱ)酸钾的制备

草酸合铜(Ⅱ)酸钾{$K_2[Cu(C_2O_4)_2] \cdot 2H_2O$}是一种蓝色晶体，相对分子质量为 353.8，在 150℃失去结晶水，在 260℃分解。可溶于温水，但会慢慢分解。制备草酸合铜(Ⅱ)酸钾可以用草酸钾和硫酸铜反应，也可用氧化铜与草酸氢钾反应。本实验采用草酸钾和硫酸铜反应，制备草酸合铜(Ⅱ)酸钾。反应式如下：

$$CuSO_4 + 2\,K_2C_2O_4 + 2\,H_2O \xlongequal{\quad} K_2[Cu(C_2O_4)_2] \cdot 2H_2O + K_2SO_4$$

2. 产物组成的测定

(1) 由于产物在 150℃下干燥 1 h 即可失去全部结晶水，因此用重量法可测定结晶水的含量。

(2) Cu(Ⅱ)和 $C_2O_4^{2-}$ 的测定。

测定 Cu(Ⅱ)时，采用 EDTA 配位滴定法，指示剂为 PAN[1-(2-吡啶偶氮)-2-萘酚]，pH 为 10 左右，滴定至溶液颜色由红色变为翠绿色即为终点。反应式如下：

$$Cu^{2+} + EDTA \xlongequal{\quad} Cu\text{-}EDTA(\text{蓝色})$$

$$Cu\text{-}PAN(\text{红色}) + EDTA \xlongequal{\quad} Cu\text{-}EDTA + PAN(\text{黄色})$$

测定 $C_2O_4^{2-}$ 时采用高锰酸钾法，滴定时温度控制在 75～85℃，硫酸浓度为 0.5～1.0 mol · L^{-1}。

反应式如下：

$$5\,C_2O_4^{2-} + 2\,MnO_4^- + 16\,H^+ = 2\,Mn^{2+} + 10\,CO_2\uparrow + 8\,H_2O$$

滴定至溶液颜色变为粉红色即为终点。

三、仪器与试剂

(1) 仪器：电子天平，台秤，烧杯，坩埚，干燥器，烘箱，酸式滴定管，锥形瓶，循环水泵，吸滤瓶，布氏漏斗等。

(2) 试剂：$CuSO_4(s)$，$K_2C_2O_4(s)$，0.1% PAN 乙醇溶液(0.1 g PAN 溶于 100 mL 乙醇)，浓氨水，3.0 mol · L^{-1} H_2SO_4，$NH_3 \cdot H_2O$-NH_4Cl 缓冲溶液(pH ≈ 10)，0.01 mol · L^{-1} EDTA 标准溶液，0.02 mol · L^{-1} $KMnO_4$ 标准溶液。

四、实验步骤

1. 草酸合铜(Ⅱ)酸钾的制备

称取 2.0 g $CuSO_4 \cdot 5H_2O$ 溶于 8 mL 90℃的水中，另称取 6.0 g $K_2C_2O_4 \cdot H_2O$ 溶于 20 mL 90℃水中，剧烈搅拌下，趁热将 $K_2C_2O_4$ 溶液加到 $CuSO_4$ 溶液中，用冰水降至 10℃左右，有沉淀析出，减压过滤，用 4 mL 冷水分两次洗涤沉淀，在 50℃下烘干产品，称量。计算产率。

2. 产品组成的定量分析

(1) 结晶水的测定。将两个干净坩埚放入烘箱中，在 150℃下干燥 1 h 后，放入干燥器内冷却至室温，称量。再干燥 0.5 h，冷却称量，直至恒量。准确称取 0.5～1.0 g 产品两份，分别放入两个已恒量的坩埚中，在相同条件下烘干，冷却，称量，直至恒量。计算结晶水的含量。

(2) 铜含量的测定。准确称取 0.35～0.52 g 产品于小烧杯中，用 1～2 mL 浓氨水溶解后，加适量水稀释，将溶液定量转移至 100 mL 容量瓶中，稀释至刻度，摇匀。准确移取 25.00 mL 溶液于 250 mL 锥形瓶中，加入 5 mL $NH_3 \cdot H_2O$-NH_4Cl 缓冲溶液和 5 滴 PAN 指示剂后，用 0.01 mol · L^{-1} EDTA 标准溶液滴定至溶液由浅蓝色变为翠绿色，即为终点。平行测定 2 次，计算 Cu^{2+}的含量。

(3) 草酸根含量的测定。准确称取 0.20～0.30 g 产品于 250 mL 锥形瓶中，加入 2 mL 浓氨水溶解，再加入 15 mL 3.0 mol · L^{-1} H_2SO_4，此时会有淡蓝色沉淀出现，稀释至 100 mL 左右。加热至 75～85℃，用 0.02 mol · L^{-1} $KMnO_4$ 标准溶液滴定至溶液呈微红色且 30 s 内不褪色，即为终点。平行测定 2 次，计算 $C_2O_4^{2-}$ 的含量。

根据以上分析结果，推算出产品的化学式。

五、实验数据记录与处理

(1) 根据实验数据，计算产品的产率。

(2) 将标准溶液标定的数据填入自行设计的表格中，并计算其浓度。

(3) 将测定数据填入自行设计的表格中，计算 H_2O、Cu^{2+}和 $C_2O_4^{2-}$ 含量，并推算出产品的化学式。

六、思考题

(1) 测定 Cu^{2+}时，能否采用铬黑 T 指示剂？

(2) 测定时加入浓氨水有何作用？除了配位滴定法测定 Cu^{2+}，还可采用什么分析方法？

实验 47　铝制易拉罐制备明矾及其纯度的测定

一、实验目的

(1) 掌握明矾的制备方法。

(2) 练习和掌握溶解、过滤、结晶及沉淀转移和洗涤等无机制备中的基本操作。

(3) 掌握返滴法测铝的原理和方法。

二、实验原理

十二水硫酸铝钾[$KAl(SO_4)_2 \cdot 12H_2O$]，又称明矾、白矾、钾矾，是含有结晶水的硫酸钾和硫酸铝的复合盐，相对分子质量为 474.4，无色立方晶体，密度为 1.757 $g \cdot cm^{-3}$，92.5℃时失去 9 个结晶水，200℃时失去 12 个结晶水，溶于水，不溶于乙醇。

明矾可广泛应用于铝盐、发酵粉、油漆、鞣料、澄清剂、媒染剂、造纸、防水剂等，生活中常用于净水以及食用膨胀剂。

1. 明矾的制备

铝制易拉罐主要成分有铝、硅以及少量的锰。铝是两性元素，其单质既能溶于酸，又能溶于强碱，将其溶于浓氢氧化钠溶液后，得可溶性偏铝酸钠($NaAlO_2$)，再用稀 H_2SO_4 调节 pH，即转化为氢氧化铝[$Al(OH)_3$]，氢氧化铝溶于硫酸，生成硫酸铝，硫酸铝能同 K_2SO_4 在水溶液中结合成溶解度更小的明矾复盐，当温度降低之后，明矾以大的结晶析出。反应式如下：

$$2\,Al + 2\,NaOH + 2\,H_2O = 2\,NaAlO_2 + 3\,H_2\uparrow$$

$$2\,NaAlO_2 + H_2SO_4 + 2\,H_2O = 2\,Al(OH)_3 + Na_2SO_4$$

$$2\,Al(OH)_3 + 3\,H_2SO_4 = Al_2(SO_4)_3 + 6\,H_2O$$

$$Al_2(SO_4)_3 + K_2SO_4 + 24\,H_2O = 2\,KAl(SO_4)_2 \cdot 12H_2O$$

2. 明矾中铝的测定

EDTA 配位滴定法测定 Al^{3+}时不能采用直接滴定法，因为：①Al^{3+}对指示剂二甲酚橙产生封闭；②Al^{3+}在滴定最低 pH(约 4.1)下水解；③与 EDTA 配位速度慢，且生成多核配合物，因此采用返滴法。在 pH 为 3～4 的 Al^{3+}溶液中，加入已知过量的 EDTA 标准溶液，加热煮沸，此时配位反应进行完全，再调节 pH 为 5～6，以二甲酚橙为指示剂，用锌标准溶液返滴定剩余的 EDTA 溶液，至溶液由黄色变为橙色，即为终点。

3. 明矾净水原理

明矾在水中电离出的 Al^{3+}很容易水解，生成 $Al(OH)_3$胶体，反应式如下：

$$Al^{3+} + 3\ H_2O \Longleftrightarrow Al(OH)_3\downarrow + 3\ H^+$$

氢氧化铝胶体的吸附能力很强，可以吸附水里悬浮的杂质，并形成沉淀使水澄清，所以明矾是一种较好的净水剂。

三、仪器与试剂

(1) 仪器：循环水泵，台秤，电炉，吸滤瓶，布氏漏斗，蒸发皿，小烧杯，量筒。

(2) 试剂：易拉罐，NaOH(s)，3.0 mol · L^{-1} H_2SO_4，K_2SO_4(s)，1∶1 乙醇溶液，0.015 mol · L^{-1} EDTA 标准溶液，0.01 mol · L^{-1} Zn 标准溶液，6.0 mol · L^{-1} HCl，1∶1 mol · L^{-1} 氨水，20%六亚甲基四胺，0.2%二甲酚橙。

四、实验步骤

1. 明矾的制备

(1) 易拉罐的处理。将含铝废旧易拉罐打磨或灼烧，除去表面油漆并剪碎。

(2) 制备偏铝酸钠。称取 1.0 g NaOH 固体于 100 mL 烧杯中，加入 20 mL 水使之溶解。称取 0.5 g 剪碎的易拉罐，然后将碎易拉罐分批加入 NaOH 溶液中(反应激烈，防止溅出)，并不断搅拌至无气泡产生(通风橱中进行)。反应完毕后，趁热抽滤，保留滤液。

(3) 氢氧化铝的生成。滤液转移至烧杯中，在不断搅拌下逐滴加入 3.0 mol · L^{-1} H_2SO_4，调节溶液 pH 为 8～9(检验溶液的 pH)，此时溶液中生成大量的白色 $Al(OH)_3$ 沉淀。用布氏漏斗抽滤，并洗涤沉淀，直至溶液 pH 为 7～8。

(4) 明矾的制备。将沉淀转移至烧杯中，加入 25 mL 水，边搅拌边滴加 3.0 mol · L^{-1} H_2SO_4，加热使其溶解生成 $Al_2(SO_4)_3$。将制备的 $Al_2(SO_4)_3$ 转移至蒸发皿，加入计量 K_2SO_4 固体，加热至完全溶解。水浴蒸发浓缩，至表面出现晶膜，自然冷却，待结晶完全后，减压过滤，用 1∶1 的水-乙醇混合溶液洗涤晶体两三次，将晶体用滤纸吸干，称量，计算产率。

2. 明矾中铝的测定

准确称取 0.15 g 左右的明矾产品于 250 mL 烧杯中，加 25 mL 水溶解。准确加入 0.015 mol · L^{-1} EDTA 溶液 35.00 mL，加 3 滴 0.2%二甲酚橙指示剂，滴加 1∶1 $NH_3 \cdot H_2O$ 调至溶液恰呈紫红色，然后滴加 2 滴 6.0 mol · L^{-1} HCl，将溶液煮沸 2～3 min，冷却。加入 20 mL 20%六亚甲基四胺溶液，此时溶液呈黄色，用 0.01 mol · L^{-1} 锌标准溶液滴定，至溶液由黄色变为橙色，即为终点。平行测定 2 次。根据锌标准溶液所消耗的体积，计算明矾中 Al^{3+}的百分含量，以 w(Al)表示。

3. 净水试验

取浑浊的水样，试验明矾不同投放量的净水效果。

五、实验数据记录与处理

(1) 计算明矾产品的产率。

(2) 将明矾中铝的测定数据填入自行设计的表格中，计算 w(Al)。

六、思考题

(1) 本实验在哪一步除去了易拉罐中的其他杂质?

(2) 用热水洗涤 $Al(OH)_3$ 沉淀时，除去的是什么离子?

实验 48　三氯化六氨合钴(Ⅲ)的制备及其组成的测定

一、实验目的

(1) 学习三氯化六氨合钴(Ⅲ)的制备原理及其组成的测定方法。

(2) 加深理解配合物的形成对钴(Ⅲ)稳定性的影响。

(3) 练习综合实验操作技术。

二、实验原理

1. 三氯化六氨合钴(Ⅲ)的制备

三氯化六氨合钴(Ⅲ)$[Co(NH_3)_6]Cl_3$ 为橙黄色单斜晶体，溶于水而不溶于乙醇，20℃时在水中的溶解度为 0.26 mol · L^{-1}。系列钴(Ⅲ)氨合物有三氯化六氨合钴(Ⅲ)$[Co(NH_3)_6]Cl_3$(橙黄色晶体)、三氯化一水五氨合钴(Ⅲ)$[Co(NH_3)_5H_2O]Cl_3$(砖红色晶体)、二氯化一氯五氨合钴(Ⅲ)$[Co(NH_3)_5Cl]Cl_2$(紫红色晶体)等。

虽然在通常情况下，Co^{3+}的氧化性较强而使其不稳定，但生成配合物后，其氧化性大为降低。钴(Ⅲ)氨合物比钴(Ⅱ)氨合物稳定{$[Co(NH_3)_6]^{3+}$的 $K^{\ominus}_{稳}=1.41\times10^{35}$，$[Co(NH_3)_6]^{2+}$的 $K^{\ominus}_{稳}=1.29\times10^{5}$}，因此在配位合成中常用$[Co(NH_3)_6]Cl_3$ 作钴(Ⅲ)源，合成了多种重要的钴(Ⅲ)配合物。

钴(Ⅲ)氨合物的制备可用 H_2O_2 或空气中的氧将钴(Ⅱ)氨合物氧化制成钴(Ⅲ)氨合物。不同的钴(Ⅲ)氨合物生成条件各不相同，在没有活性炭存在下生成$[Co(NH_3)_5Cl]Cl_2$，有活性炭存在下主要生成$[Co(NH_3)_6]Cl_3$。本实验以 H_2O_2 为氧化剂，$CoCl_2$ 溶液与过量 NH_3 和 NH_4Cl 作用制备$[Co(NH_3)_6]Cl_3$，其反应式为

$$2\,CoCl_2 + 2\,NH_4Cl + 10\,NH_3 + H_2O_2 = 2\,[Co(NH_3)_6]Cl_3 + 2\,H_2O$$

所得固体产物中混有大量活性炭，可以将混合物溶解在酸性溶液中，过滤除去活性炭后，在高浓度的盐酸中结晶得到$[Co(NH_3)_6]Cl_3$ 晶体。

制备过程中必须严格控制温度。当温度达到 215℃时，$[Co(NH_3)_6]Cl_3$ 转变为$[Co(NH_3)_5Cl]Cl_2$，温度高于 250℃则被还原为 $CoCl_2$。

2. 三氯化六氨合钴(Ⅲ)组成的测定

产物中各组分可以用不同的方法进行测定。$[Co(NH_3)_6]^{3+}$非常稳定，在强碱(不加热时)或酸的作用下基本不分解，只有加入强碱并在煮沸的条件下才分解，其反应式为

$$2\,[Co(NH_3)_6]Cl_3 + 6\,NaOH = 2\,Co(OH)_3 + 12\,NH_3 + 6\,NaCl$$

生成的 NH_3 用 HCl 标准溶液吸收，剩余的 HCl 用 NaOH 标准溶液返滴定，便可测出 NH_3 的量。

钴(Ⅲ)可用碘量法测定，$[Co(NH_3)_6]Cl_3$ 分解后，向其中加入 KI，其反应为

$$2\,Co^{3+} + 2\,I^- = 2\,Co^{2+} + I_2$$

定量析出的 I_2 用 $Na_2S_2O_3$ 标准溶液滴定，即可测出钴(Ⅲ)的含量。

Cl^- 可用莫尔法测定。

三、仪器与试剂

(1) 仪器：循环水泵，台秤，分析天平，烘箱，锥形瓶，吸滤瓶，布氏漏斗，量筒，烧杯，酸式滴定管，碱式滴定管，普通漏斗，研钵，胶塞，玻璃管。

(2) 试剂：浓 HCl，$6.0\ mol \cdot L^{-1}$ HCl，$0.5\ mol \cdot L^{-1}$ HCl 标准溶液，$0.5\ mol \cdot L^{-1}$ NaOH 标准溶液，10% NaOH，浓 $NH_3 \cdot H_2O$，$CoCl_2 \cdot 6H_2O(s)$，$NH_4Cl(s)$，KI(s)，$0.1\ mol \cdot L^{-1}$ $Na_2S_2O_3$ 标准溶液，$0.1\ mol \cdot L^{-1}$ $AgNO_3$ 标准溶液，5% K_2CrO_4 溶液，活性炭，乙醇，6% H_2O_2，1%淀粉，1%甲基红。

四、实验步骤

1. 三氯化六氨合钴(Ⅲ)的制备

在 150 mL 锥形瓶中加入 6.0 g 研细的 $CoCl_2 \cdot 6H_2O$、4.0 g NH_4Cl 和 7 mL 去离子水，加热溶解后加入 0.3 g 活性炭。冷却后向其中加入 14 mL 浓 $NH_3 \cdot H_2O$，继续冷却至 10℃以下，缓慢加入 14 mL 6% H_2O_2，然后水浴加热至 60℃以上，并保持此温度约 20 min。用自来水冷却，再用冰水冷却。

将上述溶液减压抽滤后，取出沉淀，将其溶于含有 2 mL 浓 HCl 的 50 mL 沸水中，然后趁热过滤。在滤液中缓慢加入 7 mL 浓 HCl，以冰水冷却，即有晶体析出。减压抽滤，用少量乙醇洗涤，抽干。固体在 105℃ 以下烘干，称量并计算产率。

2. 三氯化六氨合钴(Ⅲ)组成的测定

(1) NH_3 的测定。测定 NH_3 的实验装置如图 7.1 所示。准确称取 0.2 g $[Co(NH_3)_6]Cl_3$ 于 250 mL 锥形瓶中，加入 80 mL 水溶解，然后加入 10 mL 10% NaOH 溶液。

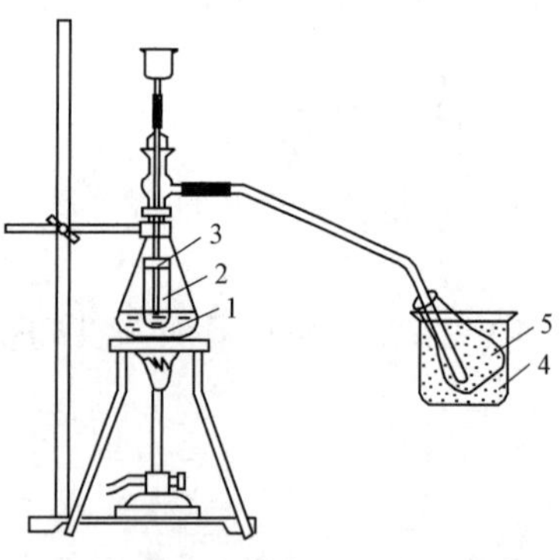

图 7.1 分解氨实验装置示意图

1. 样品；2. 10 % NaOH；3. 切口橡皮塞；4. 冰浴；5. HCl 标准溶液

在另一锥形瓶中准确加入 35 mL $0.5\ mol \cdot L^{-1}$ HCl 标准溶液，将该锥形瓶置于冰水中，作为接收器。

在安全漏斗下端放一支小试管，试管内注入 3～5 mL 10% NaOH 溶液，使漏斗柄插入小试管内液面下 2～3 cm，整个操作过程中漏斗下端出口不能在液面之上。小试管口的胶塞要切去一个缺口，保持试管内与锥形瓶大气相通。

加热样品溶液，开始时大火加热，溶液开始沸腾时改用小火，始终保持微沸状态。蒸出的 NH_3 通过导管被 HCl 标准溶液吸收，约 1 h 可将 NH_3 全部蒸出。

取出并拔掉插入 HCl 溶液中的导管，用少量去离子水将导管内外可能沾附的溶液冲洗入锥形瓶内。以甲基红为指示剂，用 $0.5\ mol \cdot L^{-1}$ NaOH 标准溶液滴定剩余的 HCl，记录 HCl 及 NaOH 用量，计算出 NH_3 含量。

(2) Co(Ⅲ)的测定。待蒸出 NH_3 后的样品溶液冷却后，取下漏斗(连胶塞)及小试管，用少量水将试管外沾附的溶液冲洗回锥形瓶中。加入 1.0 g 固体 KI 使其溶解，再加入 12 mL 6.0 mol · L^{-1} HCl 酸化，于暗处放置约 10 min。

向其中加入适量去离子水，使溶液总体积约为 100 mL，用 0.1 mol · L^{-1} $Na_2S_2O_3$ 标准溶液滴定至浅黄色。加入 1 mL 淀粉溶液，继续滴定至溶液呈粉红色为止。记录 $Na_2S_2O_3$ 用量，计算 Co 含量。

(3) Cl^- 的测定。准确称取样品 0.2 g 置于锥形瓶中，用适量去离子水溶解，以 K_2CrO_4 溶液为指示剂，用 0.1 mol · L^{-1} $AgNO_3$ 标准溶液滴定至溶液呈砖红色为止。计算 Cl^- 含量。

五、实验数据记录与处理

(1) 根据反应式计算产品的理论产量，然后根据下式计算产品的产率。

$$产率=\frac{实际产量}{理论产量}\times 100\%$$

(2) 根据对组分的分析结果，推断产品的化学式(设计数据记录表格)。

六、思考题

(1) 在$[Co(NH_3)_6]Cl_3$的制备过程中，氯化铵、活性炭、过氧化氢各起什么作用？

(2) 制备过程中水浴加热 20 min 的目的是什么？可否加热至沸？

(3) 在测定 NH_3 的装置中小试管的胶塞没有切掉一个缺口或漏斗口没有插入试管内碱液中，分别对实验有什么影响？

(4) 碘量法测量 Co(Ⅲ)时需要注意什么？

第 8 章　准设计性实验

设计性实验与综合性实验在内容、形式和要求上都有较大区别，从综合性实验向设计性实验过渡，对大学一年级学生来说难度较大。准设计性实验是介于综合性实验与设计性实验之间的实验，是在教师指导下的设计性实验。准设计性实验赋予综合性实验以设计性实验的内涵，缩小了综合性实验与设计性实验的距离，为学生搭起了独立分析问题、解决问题的平台，给学生创造独立思考问题、独立完成实验的空间，大大调动了学生的学习积极性，培养了学生的创新意识。从内容上看，准设计性实验是综合性较强的实验，学生通过查阅资料可以找到实验方案，但实验方案不唯一，学生在充分查阅文献、运用已有的理论知识反复推敲后，选择设计出最佳方案，不仅能较全面巩固所学的理论知识和基本操作技能，而且能扩大知识面，初步了解文献资料的查阅、分析、综合整理及撰写科技论文的基本要求和方法，训练文字表达能力。进行准设计性实验具体步骤如下：

(1) 下达实验任务，学生根据预习报告提纲查阅资料，写出预习报告(拟实验方案)。

(2) 教师批阅拟实验方案，指导学生写出可行性实验方案。

(3) 实验课堂教学，教师点评学生的可行性实验方案，指出确保实验成功的关键。

(4) 学生按自己的可行性实验方案独立完成实验。

(5) 学生根据实验报告提纲写出实验报告(小论文)。

小论文包括如下基本内容：题目、作者姓名、摘要、关键词、前言、实验部分、结果与讨论、结论和参考文献。

实验 49　番茄、番茄汁饮料中维生素 C 含量的测定

一、实验目的

(1) 测定番茄、番茄汁饮料中维生素 C 含量，学习多种测定方法和原理，全面巩固所学的理论知识。

(2) 训练对实物试样中某组分含量测定的一般步骤，全面提高分析问题、解决问题的能力。

(3) 初步了解文献资料的查阅、分析、综合整理及撰写科技论文的基本要求和方法，并且训练文字表达能力。

二、实验要求

(1) 提前 4 周下达实验任务，根据预习报告提纲查阅资料，写出预习报告(拟实验方案)，并在 1～2 周内完成，交实验教师评阅。

(2) 教师批阅拟实验方案，指导学生写出可行性实验方案(第 3 周)。

(3) 实验课堂教学，教师点评学生的可行性实验方案，指出确保实验成功的关键，学生进一步完善可行性实验方案(第 4 周)。

(4) 学生按自己设计的实验方案独立完成实验(第 4 周)。

(5) 学生根据实验报告提纲写出实验报告(小论文)(第 4～5 周)。

三、实验指导

1. 番茄、番茄汁饮料中维生素 C 含量的测定预习报告(拟实验方案)提纲

番茄、番茄汁饮料中维生素 C 含量的测定预习报告

姓名_______班级_________

一、查阅资料

(1) 查阅参考书。

(2) 利用网络资源。

二、写出预实验报告

1. 前言

(1) 维生素 C 的生理作用，一般果蔬所含维生素 C 的情况，测定果蔬中维生素 C 含量的意义。

(2) 测定果蔬中维生素 C 含量的一般方法(至少讨论三种方法)，分析不同分析方法的优缺点及可行性，设计出拟采用的测定番茄、番茄汁饮料中维生素 C 含量的方法。

2. 实验部分

(1) 拟采用的方法路线、反应原理及计算公式。

(2) 仪器、药品。

(3) 实验步骤。

2. 番茄、番茄汁饮料中维生素 C 含量的测定实验报告(小论文)的书写提纲

番茄、番茄汁饮料中维生素 C 含量的测定

姓名_______班级________

摘　要：指出本文采用的方法、手段、所做的工作及其结果。

关键词：维生素 C 的测定　番茄　番茄汁　果蔬

1. 前言

维生素 C 的生理作用，医药、工业等方面应用；一般果蔬所含维生素 C 的情况，测定果蔬中维生素 C 含量的意义；测定果蔬中维生素 C 含量的一般方法，分析不同方法的优缺点，指出采用的方法、所做的工作及其结果。

2. 实验部分

2.1　仪器、药品

2.2　测定原理

2.3　实验步骤

3. 结果与讨论

4. 结论

5. 参考文献

四、参考文献

董楠, 曹颖男. 2023. 快速测定果蔬中维生素 C 含量实验教学改革. 广州化工, 51(02): 264-267.

李佳璇, 时竞竹, 温利权, 等. 2021. 一种可视化电化学方法测定商业产品中维生素 C 的含量. 化学教育(中英文), 42(12): 41-46.

李文卓, 贾旭, 杨德红, 等. 2022. 维生素 C 制剂及果蔬中 Vc 含量测定实验的改进. 中原工学院学报, 33(02): 19-23.

王林梦, 黄俊林, 迟隆祥, 等. 2025. 分析化学实验的综合化改革实践——电化学法测定药片中维生素 C 含量. 广东化工, 52(03): 175-177.

邹荣. 2021. 不同水果中维生素 C 含量的测定及其影响因素研究. 食品安全导刊, (21): 190-192.

实验 50　酱油中 NaCl 含量的测定

一、实验目的

(1) 综述多种测定酱油中 NaCl 含量的方法和原理；测定酱油中 NaCl 含量，全面巩固所学的理论知识。

(2) 训练对实物试样中某组分含量测定的一般步骤，全面提高分析问题、解决问题的能力。

(3) 初步了解文献资料的查阅、分析、综合整理及撰写科技论文的基本要求和方法，并且训练语言文字表达能力。

二、实验要求(同实验 49)

三、实验指导

1. 酱油中 NaCl 含量的测定预习报告(拟实验方案)提纲

酱油中 NaCl 含量的测定预习报告

姓名________班级________

一、查阅资料

(1) 查阅参考书。

(2) 利用网络资源。

二、写出预实验报告

1. 前言

(1) 酱油的主要成分及其营养；酱油中 NaCl 的含量对其质量的关系；测定酱油中 NaCl 含量的意义。

(2) 测定酱油中 NaCl 含量的一般方法(至少讨论三种方法)，分析不同方法的优缺点及可行性，设计出拟采用的方法。

2. 实验部分

(1) 拟采用的方法路线、反应原理及计算公式。

(2) 仪器、药品。

(3) 实验步骤。

2. 酱油中 NaCl 含量的测定实验报告(小论文)的书写提纲

酱油中 NaCl 含量的测定

姓名_______班级_______

摘　要：指出本文采用的方法、手段、所做的工作及其结果。

关键词：酱油　氯化钠　含量测定

1. 前言

酱油的主要成分及其营养；酱油中 NaCl 的含量对其质量的关系；测定酱油中 NaCl 含量的意义。测定酱油中 NaCl 含量的一般方法(至少讨论三种方法)，分析不同方法的优缺点及可行性，指出本文采用的方法、所作的工作及其结果。

2. 实验部分

2.1　仪器、药品

2.2　测定原理

2.3　实验步骤

3. 结果与讨论

4. 结论

5. 参考文献

四、参考文献

丁素君. 2016. 莫尔法测定酱油和食醋中的氯化钠含量. 实验室科学, 19(03): 21-22, 25.

董淑杰, 陈生友, 杨丽, 等. 2021. 离子色谱-电导法检测酱油中氯化钠的含量. 中国酿造, 40(01): 160-163.

郭艳芬. 2020. 灰化-离子色谱法测定酱及酱油中食盐(以氯化钠计)含量. 中国卫生工程学, 19(04): 490-493.

刘炉英, 范远东, 谢丽君, 等. 2019. 正交实验优化莫尔法测定酱油中氯化钠的含量. 广东第二师范学院学报, 39(5): 84-88.

实验 51　三草酸合铁(Ⅲ)酸钾的制备及组成测定

一、实验目的

(1) 学习三草酸合铁(Ⅲ)酸钾的制备原理、方法，巩固无机制备基本操作。

(2) 学习用 $KMnO_4$ 法测定 $C_2O_4^{2-}$ 与 Fe^{3+}的原理和方法。

(3) 巩固滴定分析的基本操作，掌握确定化合物组成的原理和方法。

(4) 使学生初步了解文献资料的查阅、分析、综合整理及撰写科技论文的基本要求和方法，并且训练语言文字表达能力。

二、实验要求(同实验 49)

三、实验指导

1. 三草酸合铁(Ⅲ)酸钾的制备及组成测定预习报告(拟实验方案)提纲

三草酸合铁(Ⅲ)酸钾的制备及组成测定预习报告

姓名______班级______

一、查阅资料

(1) 查阅参考书。

(2) 利用网络资源。

二、写出预实验报告

1. 前言

(1) 三草酸合铁(Ⅲ)酸钾的性质、用途、目前制备路线及组成分析方法。要求从不同的原料出发，至少讨论三种制备路线；组成测定时需将 Fe^{3+} 还原为 Fe^{2+}，至少讨论三种方法。

(2) 分析不同制备及分析组成方法的优缺点及可行性，设计出拟采用的方法。

2. 实验部分

(1) 拟采用的方法路线、反应原理及计算公式。

(2) 仪器、药品。

(3) 实验步骤。

2. 实验报告(小论文)的书写提纲

三草酸合铁(Ⅲ)酸钾的制备及组成测定

姓名______班级______

摘　要：指出本文采用的方法、手段、所做的工作及其结果。

关键词：三草酸合铁(Ⅲ)酸钾　制备　组成测定

1. 前言

$K_2[Fe(C_2O_4)_3]\cdot 3H_2O$ 的性质、用途、合成路线和方法。从不同的原料出发，至少讨论三种制备路线；测定组成时需将 Fe^{3+}还原为 Fe^{2+}，至少讨论三种方法。分析不同制备及分析组成方法的优缺点及可行性，指出本文采用的方法、所作的工作及其结果。

2. 实验部分

2.1 $FeC_2O_4\cdot 2H_2O$ 的制备

2.1.1　仪器、药品

2.1.2　制备原理

2.1.3　实验步骤

2.1.4　产品的分析(包括公式)

2.2 $K_3[Fe(C_2O_4)_3]\cdot 3H_2O$ 的合成

2.2.1　仪器、药品

2.2.2　制备原理

2.2.3　实验步骤

2.2.4　分析方法

3. 结果与讨论

3.1　$FeC_2O_4\cdot 2H_2O$ 的合成

3.2　$K_3[Fe(C_2O_4)_3]\cdot 3H_2O$ 的合成

3.3　$K_3[Fe(C_2O_4)_3]\cdot 3H_2O$ 的组成测定

4. 结论

5. 参考文献

四、参考文献

曹韩源, 程彬, 崔培培, 等. 2022. 三草酸合铁(Ⅲ)酸钾制备新方法的探讨及其条件优化. 广东化工, 49(19): 34-37+10.

戴小敏, 冯凌竹, 李佳欣. 2021. 大学化学综合实验: 三草酸合铁(Ⅲ)酸钾的制备和结构表征. 化学教育(中英文), 42(04): 56-61.

晋昊, 祖雨豪, 王浩男, 等. 2023. 三草酸合铁酸钾改进制备及其光致还原性探究. 广州化工, 51(07): 166-168.

阮婵姿, 吕银云, 董志强, 等. 2019. “我”——“三草酸合铁(Ⅲ)酸钾晶体”的生长及影响因素. 大学化学, 34(08): 137-141.

周月, 李中春, 秦恒飞, 等. 2024. “无机化学实验”微课设计思路探讨——以三草酸合铁(Ⅲ)酸钾的合成实验为例. 化工时刊, 38(04): 47-50.

实验 52　$Na_2S_2O_3 \cdot 5H_2O$ 的制备及其质量分数的测定

一、实验目的

(1) 学习 $Na_2S_2O_3 \cdot 5H_2O$ 的制备原理和方法，巩固无机制备的基本操作。

(2) 学习用碘量法测定 $Na_2S_2O_3 \cdot 5H_2O$ 质量分数的原理和方法，巩固滴定分析的基本操作。

(3) 初步了解文献资料的查阅、分析、综合整理及撰写科技论文的基本要求和方法，并且训练文字表达能力。

二、实验要求(同实验 49)

三、实验指导

1. $Na_2S_2O_3 \cdot 5H_2O$ 的制备及其质量分数的测定预习报告(拟实验方案)提纲

$Na_2S_2O_3 \cdot 5H_2O$ 的制备及其质量分数的测定预习报告

姓名_______班级________

一、查阅资料

(1) 查阅参考书。

(2) 利用网络资源。

二、写出预实验报告

1. 前言

(1) $Na_2S_2O_3 \cdot 5H_2O$ 的性质、用途、目前制备路线及其质量分数测定方法。要求从不同的原料出发，至少讨论三种制备路线；质量分数的测定至少讨论三种方法。

(2) 分析不同制备及分析组成方法的优缺点及可行性，设计出拟采用的实验方法。

2. 实验部分

(1) 拟采用的方法路线、反应原理及计算公式。

(2) 仪器、药品。

(3) 实验步骤。

2. 实验报告(小论文)的书写提纲

$Na_2S_2O_3 \cdot 5H_2O$ 的制备及其质量分数的测定

姓名_______班级________

摘　要：指出本文采用的方法、手段、所做的工作及其结果。

关键词：硫代硫酸钠　制备　质量分数

1. 前言

$Na_2S_2O_3 \cdot 5H_2O$ 的性质、用途、制备及其质量分数测定方法原理(方程式和计算公式)。从不同的原料出发，至少讨论三种制备路线；质量分数的测定至少讨论三种方法。讨论不同制备及分析组成方法的优缺点及可行性，指出本文采用的实验方法、所做的工作及其结果。

2. 实验部分

2.1 $Na_2S_2O_3 \cdot 5H_2O$ 的制备

2.1.1 仪器、药品

2.1.2 制备原理

2.1.3 实验步骤

2.2 $Na_2S_2O_3 \cdot 5H_2O$ 质量分数测定

2.2.1 仪器、药品

2.2.2 测定原理(包括公式)

2.2.3 实验步骤

3. 结果与讨论

3.1 $Na_2S_2O_3 \cdot 5H_2O$ 的制备

3.2 $Na_2S_2O_3 \cdot 5H_2O$ 质量分数测定

4. 结论

5. 参考文献

四、参考文献

陈英, 赖红珍. 2015. 实验室硫代硫酸钠的制备条件的研究及改进. 绵阳师范学院学报, 34(02): 121-126.
程春英. 2011. 硫代硫酸钠制备实验的改进. 实验室科学, 14(1): 64-65.
解从霞, 张振英, 王小燕. 2007. 硫代硫酸钠制备实验的改进. 大学化学, 22(6): 46-48.

第 9 章　准研究性实验

研究性实验是具有探索性质的设计性实验、应用性实验和开发性实验，又称为探索(探究)性实验。在研究性实验中，学生处于独立思考，积极探索的学习情景中，所以开设研究性实验对于培养本科生的创新能力尤为重要。为了适应国家急需创新型人才的需要，教育部要求在本科教学中逐步试行和推广研究性实验，而对大一新生来说，从综合性实验向研究性实验过渡难度较大，实验难以收到预期的效果。我们尝试整合现有实验设备资源，对已有的实验项目进行改造，对实验过程和结果进行深入研究，开发出了与大一新生认知水平与规律相适应的准研究性实验。本文介绍的准研究性实验介于综合性实验与研究性实验之间，是在教师指导下的研究性实验，通过运用一定的实验方法，创设不同的实验情境，引导学生对一些化学反应从多方位、多层面进行分析，研究某一化学反应的实质和规律，从而有力地解释客观事实的实验属性。

开设准研究性实验体现了以学生为主体的教学理念。由于各实验条件不尽相同，反应现象与结果也有所差别，可激发学生的求知欲望，促使学生反复思考造成这些现象的原因。尽管有些探索甚至超出了教学要求的范围，但可以活跃学生的思维，促进学生对知识的综合运用。传统的实验让学生的思路局限在相同的步骤、现象和结果，而准研究性实验显示了实验条件是可以变化的，结果也可以是不同的，条件明显地影响着实验现象和结果。在实验过程中，学生提出很多设想，这些问题本身的创新性并不高，但学生的创新思维和创新意识在实验过程中得到了培养和提高。此外，准研究性实验还能够培养学生实事求是的科学态度。由于实验条件不唯一，有的实验结果理想，有的实验结果不理想，但在评分时并不以结果的好坏作标准，对于条件选择导致实验失败的学生，只要能认真总结经验、分析原因，也可获得优秀，这无形中培养了学生科学诚信的品质。在实验过程中，同一方案每班有数名学生同时实施。方案相同的学生，尽量保持操作的一致性，最后全班汇总讨论得出的结果要呈规律性变化。如果有一名学生操作有误，这个实验点就会落在规律以外，影响其他学生对实验现象的观察和结论，所以准研究性实验的开设也有利于培养学生的团结协作精神。

进行准研究性实验的具体步骤如下：

(1) 提前 3～4 周向学生宣布实验内容，引导学生重点讨论影响实验结果的相关因素，根据预习报告提纲查阅资料，写出实验预习报告。

(2) 在教师批阅学生实验预习报告的基础上，教师指导学生随机按题签（具体实验方案）做实验，同一方案每班 4 或 5 名学生。

(3) 实验结束，全班进行实验汇总、讨论，总结归纳实验结果，每人写出一份实验报告，重点讨论各因素的影响，确定产品合成工艺和测定方法。

实验 53　三草酸合铁(Ⅲ)酸钾的合成及组成测定

一、实验目的

(1) 学习三草酸合铁(Ⅲ)酸钾的制备原理、方法，巩固无机制备基本操作。

(2) 巩固滴定分析的基本操作，掌握确定化合物组成的原理和方法。

(3) 学习用高锰酸钾法测定 $C_2O_4^{2-}$ 和 Fe^{3+}的原理和方法。

(4) 探讨合成三草酸合铁(Ⅲ)酸钾时，部分因素对产品状态及收率的影响，培养学生的科研素质和创新能力。

(5) 通过讨论、质疑、解释，培养学生发现问题、分析问题、解决实际问题的能力及团队协作精神。

二、仪器与试剂

(1) 仪器：台秤，分析天平，烧杯，量筒，漏斗，表面皿，称量瓶，干燥器，烘箱，锥形瓶，酸式滴定管，恒温水浴锅。

(2) 试剂：$(NH_4)_2SO_4 \cdot FeSO_4 \cdot 6H_2O(s)$，$H_2C_2O_4 \cdot 2H_2O(s)$，$K_2C_2O_4 \cdot 2H_2O(s)$，6.0 $mol \cdot L^{-1}$ HCl，2.0 $mol \cdot L^{-1}$ HCl，2.0 $mol \cdot L^{-1}$ H_2SO_4，6% H_2O_2，$MnSO_4$滴定液(配制方法同实验 44)，Zn 粉，5% $SnCl_2$，2.5% Na_2WO_4，6% $TiCl_3$，0.4% $CuSO_4$，$Na_3[Co(NO_2)_6]$溶液，0.1 $mol \cdot L^{-1}$ KSCN，0.5 $mol \cdot L^{-1}$ $CaCl_2$，自行配制和标定的 0.01 $mol \cdot L^{-1}$ $KMnO_4$标准溶液(配制与标定方法参考实验 24)。

三、实验步骤

1. 教学单元安排

(1) 提前 3～4 周向学生布置实验内容，要求学生查阅资料，写出文献综述(实验预习报告)，教师要求学生重点讨论“三草酸合铁(Ⅲ)酸钾的合成及组成测定”实验中影响实验结果的诸因素。

(2) 在教师批阅学生实验预习报告的基础上，在教师的指导下，学生随机按题签(具体实验方案)做试验，同一方案每班 3～4 名学生。

(3) 实验结束，每组进行实验汇总，讨论，总结归纳实验结果，每人写一份实验报告。

2. 实验的具体步骤

(1) 制备 $FeC_2O_4 \cdot 2H_2O$。称取 5.0 g 自制的$(NH_4)_2SO_4 \cdot FeSO_4 \cdot 6H_2O$ 固体于 100 mL 烧杯中，加入 40 mL 去离子水和 5 滴 2 $mol \cdot L^{-1}$ H_2SO_4溶液，加热使其溶解。向此溶液中加入 2.0 g $H_2C_2O_4 \cdot 2H_2O$ 固体，在不断搅拌下加热至沸，析出 $FeC_2O_4 \cdot 2H_2O$ 黄色沉淀，静置，尽量使沉淀沉降，倾出上清液。在沉淀上加入约 20 mL 去离子水，搅拌并温热洗涤沉淀，静置(沉淀完全沉降)后倾出上清液。再洗涤沉淀 2 次，以除去可溶性杂质，最后尽可能倾净清液。

(2) 氧化。在上述沉淀中，加入<u>*A*</u>mL 去离子水得到悬浊液，边搅拌边加入 3.5 g $K_2C_2O_4 \cdot H_2O$ 固体，置水浴中加热至 40℃，在不断搅拌并维持溶液温度约 40℃下，滴加<u>*B*</u>mL 6% H_2O_2溶液(边滴边搅拌)，使 Fe(Ⅱ)充分氧化为 Fe(Ⅲ)，此时会有棕色沉淀析出。滴加完后，加热溶液至沸以除去过量的 H_2O_2。

(3) 生成配合物。保持上述溶液 75℃左右状态，分批缓慢加入<u>*C*</u>g $H_2C_2O_4 \cdot 2H_2O$ 固体至体系呈翠绿色透明溶液(测定溶液的 pH 和溶液的体积)，滴加氨水调节溶液 pH=<u>*D*</u>。若有混浊现象可趁热将溶液过滤，滤液保存于小烧杯中(记下此时溶液的体积)，冷却放置过夜。待析出晶体，用倾析法分离出晶体，在滤纸上吸干(请教师观察状态)，称量并计算产率，将晶体置于暗处避光保存。

上述 A、B、C、D 是在实验中影响该实验的诸因素，每班按下列正交试验表 9.1 分成 9 组进行实验。

表 9.1　三草酸合铁(Ⅲ)酸钾合成实验 $L_9(3^4)$ 正交试验表

试验号	A(去离子水)/mL	B(6% H_2O_2)/mL	C($H_2C_2O_4 \cdot 2H_2O$)/g	D(溶液的 pH)
1	10	10	0.8	3
2	10	11	1.0	4
3	10	12	1.2	5
4	13	10	1.0	3
5	13	11	1.2	4
6	13	12	0.8	5
7	16	10	1.2	3
8	16	11	0.8	4
9	16	12	1.0	5

(4) 产品组成的测定。采用高锰酸钾法测定三草酸合铁(Ⅲ)酸钾的组成。其中在测定 Fe(Ⅲ)时，将 Fe(Ⅲ)还原为 Fe(Ⅱ)，讨论 3 种方法，并向学生提供两种实验方案的药品，可供学生选择和应用。

四、对实验结果进行总结讨论

首先同方案的同学进行结果总结，不同方案的组与组之间进行对比。在此基础上写出实验报告，重点讨论各因素的影响和组成测定方法，初步确定较佳的合成三草酸合铁(Ⅲ)酸钾的工艺和较适宜的测定其组成的方法。

五、参考文献

张振英, 于莹, 解从霞. 2009. 开设基础化学准研究性实验的探索与实践. 青岛科技大学学报: 自然科学版(增刊), 24-26.

实验 54　$BaCl_2 \cdot 2H_2O$ 中钡的质量分数及硫酸钡溶度积常数的测定

一、实验目的

(1) 学习重量法测定 $BaCl_2 \cdot 2H_2O$ 中 Ba 的质量分数(w_B)的方法、原理，深刻理解形成晶形沉淀的条件和方法。

(2) 掌握沉淀的过滤、洗涤、灼烧等操作技术。

(3) 学习电导率法测定 $K^{\ominus}_{sp,BaSO_4}$ 的方法和电导率仪的使用方法。

(4) 探讨 $BaSO_4$ 的沉淀条件与 $BaSO_4$ 的状态、w_B 及 $K^{\ominus}_{sp,BaSO_4}$ 的相关性，培养学生的创新能力。

二、仪器与试剂

(1) 仪器：分析天平，烧杯，表面皿，瓷坩埚，玻璃漏斗，马弗炉，DDS-307 型电导仪。

(2) 试剂：1.0 mol · L^{-1} H_2SO_4，2.0 mol · L^{-1} HCl，0.1 mol · L^{-1} $AgNO_3$，2.0 mol · L^{-1} HNO_3，$BaCl_2 \cdot 2H_2O$ (s)，定量滤纸(慢速或中速)，二次去离子水。

三、实验步骤

1. 教学单元安排

(1) 提前 3～4 周向学生宣布实验内容，要求学生查阅资料，写出实验预习报告，教师要求学生重点讨论生成 $BaSO_4$ 沉淀的条件对 $BaSO_4$ 的状态、w_B 和 $K^{\ominus}_{sp,BaSO_4}$ 的影响。

(2) 将全班分成 5 组(每组 6 个实验方案)，学生随机按题签(具体实验方案)做实验，同一方案每班 4～5 名同学。

(3) 实验结束，每组进行实验汇总，讨论，总结归纳实验结果，每人写一份实验报告。

2. 实验的具体步骤

1) $BaCl_2 \cdot 2H_2O$ 中钡的测定

按实验 32 测定 $BaCl_2 \cdot 2H_2O$ 中钡的质量分数(w_B)。

2) $K^{\ominus}_{sp,BaSO_4}$ 的测定

(1) $BaSO_4$ 初溶饱和溶液溶度积 $K^{\ominus}_{sp,BaSO_4(1)}$ 的测定。

(i) $BaSO_4$ 初溶饱和溶液的制备。分别取不同沉淀条件所得的 $BaSO_4$ 0.2 g，置于 100 mL 烧杯中，加入二次去离子水 60～80 mL，加热至沸 5 min，并不断搅拌，然后静置冷却至室温，得到 $BaSO_4$ 初溶饱和溶液。

(ii) $BaSO_4$ 初溶饱和溶液电导 $G_{BaSO_4溶液(1)}$ 的测定。取上述制得并冷却的 $BaSO_4$ 初溶饱和溶液的上层清液测定 $G_{BaSO_4溶液(1)}$。

(iii) 二次去离子水电导 G_{H_2O} 的测定。取 50 mL 二次水，测定其 G_{H_2O} (注意操作要迅速)。

(iv) $K^{\ominus}_{sp,BaSO_4(1)}$ 的计算。$K^{\ominus}_{sp,BaSO_4(1)}$ 按下式计算：

$$K^{\ominus}_{sp,BaSO_4} = \left[1000 \times \frac{(G_{BaSO_4溶液} - G_{H_2O})\dfrac{l}{A}}{\lambda_{0,BaSO_4}} \right]^2 \tag{9-1}$$

式中：$\dfrac{l}{A}$ 是电极常数，由电极标出；$\lambda_{0,BaSO_4}$ 是 $BaSO_4$ 的极限摩尔电导率。

(2) $BaSO_4$ 饱和溶液溶度积 $K^{\ominus}_{sp,BaSO_4(2)}$ 的测定。

(i) $BaSO_4$ 饱和溶液的制备。分别取不同沉淀条件所得的 $BaSO_4$ 0.2 g，置于 100 mL 烧杯中，加二次去离子水 60～80 mL，加热煮沸 5 min，并不断搅拌，然后静置，用去离子水洗 3 次，再加去离子水 60～80 mL，并加热煮沸 2 min，静置、冷却至室温，得 $BaSO_4$ 饱和溶液。

(ii) $BaSO_4$ 饱和溶液电导 $G_{BaSO_4溶液(2)}$ 的测定。取上述制得并冷却的 $BaSO_4$ 饱和溶液的上层

清液测定 $G_{BaSO_4溶液(2)}$。

(iii) 按式(9-1)计算 $K^{\ominus}_{sp,BaSO_4(2)}$。

四、实验讨论

1. 沉淀温度的影响

在其他条件不变的情况下，考察沉淀温度对 $BaSO_4$ 沉淀状态、$BaCl_2 \cdot 2H_2O$ 中 w_B 以及 $K^{\ominus}_{sp,BaSO_4}$ 的影响。其结果填入表 9.2。

表 9.2　沉淀温度对测定 $BaCl_2 \cdot 2H_2O$ 中 w_B 及产物 $BaSO_4$ 的 $K^{\ominus}_{sp,BaSO_4}$ 的影响

沉淀条件	$BaSO_4$ 状态(颜色)	w_B/%	$G_{BaSO_4溶液(1)}$/s	$G_{BaSO_4溶液(2)}$/s	$K^{\ominus}_{sp,BaSO_4(1)}$	$K^{\ominus}_{sp,BaSO_4(2)}$
室温沉淀						
加热沉淀						
$BaSO_4$(分析纯)						

2. 沉淀的洗涤的影响

在其他条件不变的情况下，考察沉淀的洗涤对 $BaSO_4$ 沉淀状态、$BaCl_2 \cdot 2H_2O$ 中 w_B 以及 $K^{\ominus}_{sp,BaSO_4}$ 的影响。其结果填入表 9.3。

表 9.3　沉淀的洗涤对测定 $BaCl_2 \cdot 2H_2O$ 中 w_B 及产物 $BaSO_4$ 的 $K^{\ominus}_{sp,BaSO_4}$ 的影响

沉淀条件	$BaSO_4$ 状态(颜色)	w_B/%	$G_{BaSO_4溶液(1)}$/s	$G_{BaSO_4溶液(2)}$/s	$K^{\ominus}_{sp,BaSO_4(1)}$	$K^{\ominus}_{sp,BaSO_4(2)}$
不洗涤						
洗涤一遍						
洗涤三遍						
$BaSO_4$(分析纯)						

3. 沉淀陈化的影响

在其他条件不变的情况下，考察沉淀的陈化对 $BaSO_4$ 沉淀状态、$BaCl_2 \cdot 2H_2O$ 中 w_B 以及 $K^{\ominus}_{sp,BaSO_4}$ 的影响。其结果填入表 9.4。

表 9.4　沉淀的陈化对测定 $BaCl_2 \cdot 2H_2O$ 中 w_B 及产物 $BaSO_4$ 的 $K^{\ominus}_{sp,BaSO_4}$ 的影响

沉淀条件	$BaSO_4$ 状态(颜色)	w_B/%	$G_{BaSO_4溶液(1)}$/s	$G_{BaSO_4溶液(2)}$/s	$K^{\ominus}_{sp,BaSO_4(1)}$	$K^{\ominus}_{sp,BaSO_4(2)}$
陈化						
不陈化						
$BaSO_4$(分析纯)						

4. 滴加沉淀剂的速率的影响

在其他条件不变的情况下，考察沉淀剂的加入速率对 $BaSO_4$ 沉淀的状态、$BaCl_2 \cdot 2H_2O$ 中 w_B 以及 $K^{\ominus}_{sp,BaSO_4}$ 的影响。其结果填入表 9.5。

表 9.5 滴加沉淀剂的速率对测定 $BaCl_2 \cdot 2H_2O$ 中 w_B 及产物 $BaSO_4$ 的 $K^{\ominus}_{sp,BaSO_4}$ 的影响

沉淀条件	$BaSO_4$ 状态(颜色)	w_B/%	$G_{BaSO_4溶液(1)}$/S	$G_{BaSO_4溶液(2)}$/S	$K^{\ominus}_{sp,BaSO_4(1)}$	$K^{\ominus}_{sp,BaSO_4(2)}$
慢加沉淀剂						
快加沉淀剂						
$BaSO_4$(分析纯)						

5. $BaSO_4$ 饱和溶液的制备对 $K^{\ominus}_{sp,BaSO_4}$ 的影响

对以上不同条件下制备的 $BaSO_4$ 分别制得初溶饱和溶液和饱和溶液(煮沸后洗涤三次)，并测其相应的溶度积 $K^{\ominus}_{sp,BaSO_4(1)}$ 和 $K^{\ominus}_{sp,BaSO_4(2)}$。

6. 几点说明

(1) 生成 $BaSO_4$ 沉淀的沉淀条件与所得的 $BaSO_4$ 状态、w_B 以及 $BaSO_4$ 的初溶饱和溶液 $K^{\ominus}_{sp,BaSO_4(1)}$ 和饱和溶液(煮沸后洗涤三遍后) $K^{\ominus}_{sp,BaSO_4(2)}$ 有一定的相关性。若实验严格按照晶形沉淀的条件"稀、热、慢、搅、陈"进行操作，所得 $BaSO_4$ 沉淀的颜色、w_B 以及 $K^{\ominus}_{sp,BaSO_4(1)}$ 和 $K^{\ominus}_{sp,BaSO_4(2)}$ 与试剂级 $BaSO_4$ 的 $K^{\ominus}_{sp,BaSO_4(1)}$ 和 $K^{\ominus}_{sp,BaSO_4(2)}$ 相接近；若实验操作条件控制不好，则误差较大。所以，实验的考核应从所得 $BaSO_4$ 的状态、w_B 以及 $K^{\ominus}_{sp,BaSO_4}$ 综合测评，并与分析纯 $BaSO_4$ 的相应值($BaSO_4$ 的颜色、w_B 以及 $K^{\ominus}_{sp,BaSO_4}$)比较。

(2) 该实验是把教学大纲要求的基本实验方法和手段经过改进并有机组合、串联而成的。前一步实验的产物为后一步的原料，可大大减少实验经费。该实验集化学分析(重量分析)和仪器分析于一体，能较全面地培养学生的综合实验技能。以准研究性实验的形式开设，有利于学生创新能力的培养，适合大一新生第二学期开设。

五、参考文献

解从霞，于莹，张振英，等. 2010. 基础化学准研究性实验——$BaCl_2 \cdot 2H_2O$ 中钡的质量分数及硫酸钡溶度积常数的测定. 实验技术与管理，27(12)：151-153.

实验 55 两种 Co(Ⅲ)配合物键合异构体的制备、表征及转化分析

一、实验目的

(1) 通过 $[Co(NH_3)_5NO_2]Cl_2$ 和 $[Co(NH_3)_5ONO]Cl_2$ 的制备，了解配合物的键合异构现象。

(2) 巩固天平、酸度计的使用以及浓缩、蒸发、抽滤和纯化等基本操作。

(3) 了解红外光谱的原理、仪器的使用及压片技术；学会利用红外光谱图鉴别这两种键合异构体。

(4) 探讨温度、放置时间等条件对键合异构体结构的影响，培养学生的科研素质和创新能力。

(5) 通过讨论、质疑、解释，培养学生发现问题、分析问题、解决实际问题的能力及团结协作精神。

二、仪器与试剂

(1) 仪器：Nicolet 510P FT-IR 红外光谱仪，恒温磁力搅拌器，双孔恒温水浴锅，长颈漏斗，布氏漏斗，吸滤瓶(250 mL)，研钵，酸度计。

(2) 试剂：氨水，无水乙醇，30%双氧水，亚硝酸钠(s)，溴化钾(s)，丙酮，盐酸，氯化钴(s)，氯化铵(s)，实验中所用试剂均为分析纯。

三、实验步骤

1. 教学单元安排

(1) 提前 3～4 周向学生宣布实验内容，要求学生查阅资料，写出实验预习报告，教师要求学生重点讨论键合异构体的制备过程及生成条件对其结构的影响。

(2) 将全班分成 7 组(共 7 个实验方案)，学生随机按题签(具体实验方案)做实验，同一方案每班 4～5 名学生。

(3) 实验结束，全班进行实验汇总，讨论，总结归纳实验结果，每人写一份实验报告。

2. 实验的具体步骤

1) 按文献(钟山，2003)制备中间体$[Co(NH_3)_5Cl]Cl_2$及两种配合物键合异构体$[Co(NH_3)_5NO_2]Cl_2$和$[Co(NH_3)_5ONO]Cl_2$

具体步骤如下：

(1) 中间体$[Co(NH_3)_5Cl]Cl_2$的合成。在 250 mL 烧杯中，将 4.2 g 氯化铵溶解在 25 mL 浓氨水中，不断搅拌下将 8.5 g 研细的 $CoCl_2 \cdot 6H_2O$ 分批加入溶液中，并且应在前一份钴盐溶解后再加入下一份。不断搅拌下缓慢滴加 6.5 mL 30% H_2O_2，再向此溶液中缓慢地加入 25 mL 浓盐酸，将混合物放在水浴上加热 15 min，冷却到室温，抽滤，得到颗粒极细的石膏状紫红色沉淀，即$[Co(NH_3)_5Cl]Cl_2$。

用 20 mL 冰冷的水将沉淀洗涤多次，然后用 20 mL 6 $mol \cdot L^{-1}$ HCl 洗涤，再用 20 mL 乙醇洗两次，10 mL 丙酮洗一次，在 100～150℃下干燥 1～2 h。计算产率，保留产品供以下实验使用。

(2) 键合异构体$[Co(NH_3)_5NO_2]Cl_2$的制备。在 15 mL 2 $mol \cdot L^{-1}$ $NH_3 \cdot H_2O$ 中溶解 1.0 g $[Co(NH_3)_5Cl]Cl_2$，水浴加热使其全部溶解{一定要保证$[Co(NH_3)_5Cl]Cl_2$全部溶解形成深紫红色溶液，否则易造成产品产率过低，影响后续实验}，过滤除去不溶物，溶液冷却后用 4 $mol \cdot L^{-1}$ HCl 酸化到 pH=4，加入 1.5 g $NaNO_2$，加热使析出沉淀全部溶解，冷却溶液后，慢慢地加入 15 mL 浓盐酸，冰浴冷却，滤出棕黄色晶体，用 20 mL 无水乙醇洗涤，风干保存，并摄取该异构体的红外光谱。

(3) 键合异构体$[Co(NH_3)_5ONO]Cl_2$的制备。在 20 mL 水和 7 mL 浓氨水混合物中溶解 1.0 g

中间体，水浴加热使其全部溶解，过滤除去不溶物，滤液冷却后，以 4 mol · L^{-1} HCl 酸化到 pH=3～4，冷却后，加入 1.0 g $NaNO_2$，搅拌使其溶解，再在冰水浴中冷却结晶，有橙红色晶体析出，过滤晶体，用 20 mL 冰冷的水和 20 mL 无水乙醇洗涤，室温干燥，并摄取该异构体的红外光谱。

2) 温度对异构体转化的影响

取制备的$[Co(NH_3)_5ONO]Cl_2$ 0.3 g 加入 30 mL 水，水浴加热并不断搅拌使其溶解，在不同温度下结晶，过滤晶体，在室温下烘干，观察不同温度下晶体的颜色。

3) 放置时间对异构体转化的影响

将新鲜制得的$[Co(NH_3)_5ONO]Cl_2$ 放于干燥器中保存两天，观察其颜色变化，摄取红外光谱，并与新鲜制品的谱图进行比较。

4) 红外光谱测定条件

将上述新鲜制备的两种异构体粉末用 KBr 压片，在 400～4000 cm^{-1} 内摄取红外光谱。

四、实验讨论

1. 两种配合物键合异构体的红外光谱分析

根据两种配合物键合异构体的红外光谱图，重点对 N—O 键的特征吸收峰进行比较。

2. 温度对异构体转化的影响

在其他条件不变的情况下，考察反应温度对配合物键合异构体状态及结构的影响，其结果填入表 9.6。

表 9.6 随温度的变化$[Co(NH_3)_5ONO]Cl_2$的转化情况

温度/℃	25	50	60	70	80	90
晶体颜色						

3. 放置时间对异构体转化的影响

将新鲜制得的配合物键合异构体在干燥器中放置 2 天后，观察其颜色变化，并摄取红外光谱，参考红外谱图对其结构的转变进行分析。

4. 对实验结果进行总结讨论

实验结束后，经分组讨论、解释及总结，在此基础上写出实验报告，重点讨论反应温度和放置时间对两种键合异构体结构的影响。此外，指导教师就本实验所涉及的基本操作技能和红外光谱检测技术进行简单介绍，并对实验进行归纳总结。

五、参考文献

王小燕, 王书文, 王春芙, 等. 2014. 两种钴(Ⅲ)配合物键合异构体的制备表征及转化分析. 实验技术与管理, 31(7): 190-192.

钟山. 2003. 中级无机化学实验. 北京: 高等教育出版社.

实验 56　不同来源氧化铜含量分析及对制备 $CuSO_4 \cdot 5H_2O$ 产率的影响

一、实验目的

(1) 掌握间接碘量法的基本原理、干扰离子的影响，并熟练掌握滴定分析的基本操作。

(2) 掌握 CuO 制备 $CuSO_4 \cdot 5H_2O$ 的实验方法和产率计算。

(3) 了解原子吸收光谱法。

(4) 掌握 NO_3^- 和 Fe^{3+} 的鉴定方法。

(5) 培养学生理论联系实践的能力、灵活运用知识的能力以及解决问题的能力。

二、仪器与试剂

(1) 仪器：原子吸收分光光度计，分析天平，烧杯(100 mL，500 mL)，量筒(10 mL，20 mL，50 mL)，250 mL 容量瓶，漏斗，10 mL 移液管，表面皿，试管，胶头滴管，碘量瓶。

(2) 试剂：Na_2CO_3(s)，$Na_2S_2O_3 \cdot 5H_2O$(s)，基准 $K_2Cr_2O_7$(s)，20% KI 溶液，3 mol · L^{-1} H_2SO_4 溶液，1%淀粉溶液，CuO 粉(原料Ⅰ，原料Ⅱ，原料Ⅲ)，5 mol · L^{-1} H_2SO_4，浓 HNO_3，$FeSO_4 \cdot 7H_2O$ 晶体，浓 H_2SO_4，10% KSCN 溶液，5 mol · L^{-1} HNO_3。

三、实验步骤

1. 教学单元安排

(1) 提前 3～4 周向学生宣布实验内容，要求学生查阅资料，写出实验预习报告，教师要求学生重点讨论间接碘量法测定铜含量的原理、干扰离子的影响及鉴定，原子吸收光谱法的原理及应用。

(2) 将全班分成 6 组(3 种氧化铜原料，6 个实验方案)，学生随机按题签(具体实验方案)做实验，同一方案每班 4～5 名学生。

(3) 实验结束，全班进行实验汇总讨论，总结归纳实验结果，每人写一份实验报告。

2. 实验的具体步骤

1) 样品前处理

方法一：准确称取 4.2～4.5 g CuO 粉(原料Ⅰ，原料Ⅱ，原料Ⅲ)，分别置于 100 mL 烧杯中，各加入 20 mL 5 mol · L^{-1} H_2SO_4 溶液，小火加热至沸 5 min 后，加去离子水 30 mL，继续用小火加热 15 min 左右。待冷至室温后将烧杯内物质直接完全转移至 250 mL 容量瓶中，定容，摇匀备用。

方法二：准确称取 4.2～4.5 g CuO 粉(原料Ⅱ，原料Ⅲ)，分别置于 100 mL 烧杯中，各加入 20 mL 5 mol · L^{-1} H_2SO_4 溶液，小火加热至沸 5 min，加去离子水 30 mL，继续用小火加热 15 min 左右，此时溶液的颜色为蓝色并有残渣。冷却后将上层清液先倒入 250 mL 容量瓶中，将烧杯内残渣用 10 mL 浓硝酸加热溶解，盖上表面皿，然后加入 15 mL 5 mol · L^{-1} 硫酸溶液，加热溶液至接近干涸，使 HNO_3 完全分解，然后加入少量去离子水，将烧杯内物质完全转移至

250 mL 容量瓶中，定容，摇匀备用。

方法三：实验步骤同方法二，只是将残渣用 20 mL 5 mol · L^{-1} 硝酸加热溶解。

2) CuO 含量的测定

(1) $Na_2S_2O_3$ 标准溶液的配制与标定。配制 500 mL 0.1 mol · L^{-1} $Na_2S_2O_3$ 溶液并标定，方法见实验 29，数据填入自行设计的表格中。

(2) CuO 含量测定。测定方法见实验 43，数据填入自行设计的表格中，计算 CuO 含量，以 w(CuO)表示。

3) $CuSO_4 \cdot 5H_2O$ 的制备

称取 4.0 g CuO(原料Ⅰ，原料Ⅱ，原料Ⅲ)分别置于 100 mL 烧杯中，各加入 20 mL 5 mol · L^{-1} H_2SO_4 溶液，小火加热至沸 5 min 后，加去离子水约 30 mL，再用小火加热 15 min。趁热过滤，用干净的蒸发皿盛接滤液，将滤液用小火加热，浓缩至出现晶膜后，冷却结晶。通过减压抽滤得到产品。

四、实验讨论

1. CuO 含量的测定分析

1) 不同来源原料前处理方法的比较

引导学生重点观察三种样品前处理方法对残渣的作用。根据固体氧化铜粉与酸反应后的残渣颜色及质量、硝酸处理残渣后溶液的颜色，初步判断氧化铜粉中 CuO 含量的高低及残渣的主要组分。样品前处理实验现象填入表 9.7。

表 9.7 样品前处理实验现象

样品前处理	原料Ⅰ	原料Ⅱ	原料Ⅲ
方法一			
方法二			
方法三			

2) 不同样品前处理方法对氧化铜含量的影响

(1) NO_3^- 影响分析。因 NO_3^- 的存在，会大大影响碘量法的准确性，所以在测定氧化铜含量之前，要通过棕色环实验(参考实验 33)进行 NO_3^- 的鉴定。若棕色环出现，试液需重新处理，直至溶液的酸性完全由 H_2SO_4 提供，消除了 NO_3^- 对随后的间接碘量法实验的影响。

(2) Fe^{3+}的定性与定量分析。Fe^{3+}的鉴定试剂是 KSCN。若试液中加入 KSCN 溶液后，溶液均变为血红色，即试液中有 Fe^{3+}存在。若 Fe^{3+}含量较高，将会氧化 I^-，导致测定结果偏高。原子吸收光谱法具有选择性好、测定快速简便、灵敏度高、分析范围广的特点，因此可采用原子吸收光谱法来检测样品中 Fe^{3+}的含量。如 Fe^{3+}的含量甚微，对 CuO 含量测定的影响可以忽略不计。

(3) CuO 含量的测定。测定数据填入表 9.8 中。

表 9.8 CuO 含量的测定

CuO 样品	原料Ⅰ			原料Ⅱ			原料Ⅲ		
	方法一	方法二	方法三	方法一	方法二	方法三	方法一	方法二	方法三
$m(CuO)/g$									
$w(CuO)/\%$									

2. 不同来源原料制备 $CuSO_4 \cdot 5H_2O$ 产率比较

分别使用三种不同来源的粉状 CuO 作为原料，按照实验步骤 3)制备 $CuSO_4 \cdot 5H_2O$。产率比较结果填入表 9.9。

表 9.9 不同来源粉状 CuO 制得 $CuSO_4 \cdot 5H_2O$ 产率

产物	原料Ⅰ	原料Ⅱ	原料Ⅲ
$CuSO_4 \cdot 5H_2O$ 产率/%			

3. 对实验结果进行总结讨论

实验结束后，指导教师引导学生在“五水硫酸铜的制备、提纯”实验中观察比较残渣颜色和质量的不同，思考产生残渣的原因，分析影响产品产率的因素。经分组讨论、解释及总结，在此基础上写出实验报告。实验完成后，指导教师就实验所涉及的基本操作技能和原子吸收检测技术进行总结，并对实验结果进行全面点评。

五、参考文献

王小燕, 王静, 罗世忠, 等. 2018. 准研究性基础化学实验: 不同来源氧化铜含量分析及对制备 $CuSO_4 \cdot 5H_2O$ 产率的影响. 化学教育, 39(14): 27-30.

实验 57 离子选择性电极法测定茶叶及茶水中的氟含量

一、实验目的

(1) 掌握用氟离子选择性电极测定茶叶及茶水中氟含量的原理和方法。

(2) 掌握茶水比、冲泡温度、冲泡时间、冲泡次数、茶叶粒度、茶叶种类对茶叶氟浸出率的影响，培养学生的科研思维和团结协作精神。

(3) 了解离子选择性电极法测氟的应用领域及微量氟的其他检测方法。

(4) 培养学生的创新能力及解决实际问题的能力。

(5) 通过茶与健康通识内容的渗透，提高实验趣味性，培养学生的健康意识。

二、仪器与试剂

(1) 仪器：酸度计，氟离子选择性电极，饱和甘汞电极，电磁搅拌器，恒温水浴锅，分析天平，40 目筛，100 mL 烧杯，容量瓶(50 mL、100 mL)，25 mL 量筒，10 mL 吸量管。

(2) 试剂：$1000\ \mu g \cdot mL^{-1}$ 氟标准储备液(称取于 120℃烘 4 h 的 NaF 1.106 g，溶解，定容

至 500 mL，摇匀，储存于聚乙烯瓶中)，0.1 mol · L^{-1} 高氯酸溶液(取 8.4 mL70%～72%高氯酸，用水稀释至 1000 mL，得到 0.1 mol · L^{-1} 高氯酸溶液)，茶叶(某正山小种、某崂山绿茶、某霍山黄芽、某白毫银针、某安化茯砖茶)烘干，置于干燥器中备用。

三、实验步骤

1. 教学单元安排

(1) 在实验前一周布置实验内容，引导学生查阅文献，进行实验原理和方法讨论，解析影响实验结果的相关因素，设计可行的实验方案。重点讨论用氟离子选择性电极测定茶叶及茶水中氟含量的原理和方法、干扰离子的影响及消除。

(2) 将全班分成 6 组(分别负责茶水比、冲泡温度、冲泡时间、冲泡次数、茶叶粒度、茶叶种类等对茶叶氟浸出率的影响)，学生随机按题签(具体实验方案)做实验，同一方案每班 4～5 名学生。

(3) 实验结束，全班进行实验汇总讨论，总结归纳实验结果，每人写出一份实验报告。

2. 实验的具体步骤

(1) 氟离子标准溶液的配制及电动势测定

稀释氟离子标准储备液(1000 μg · mL^{-1})，得到 100 μg · mL^{-1} 和 10 μg · mL^{-1} 的 F^-标准溶液。准确移取 10 μg · mL^{-1} F^-标准溶液 0.00 mL、1.00 mL、6.00 mL、10.00 mL 于 4 个 100 mL 容量瓶中，准确移取 100 μg · mL^{-1} F^-标准溶液 2.00 mL、4.00 mL、6.00 mL、8.00 mL、10.00 mL 于 5 个 100 mL 容量瓶中，分别加入 25 mL TISAB，定容、摇匀。得到 0 μg · mL^{-1}、0.10 μg · mL^{-1}、0.60 μg · mL^{-1}、1.00 μg · mL^{-1}、2.00 μg · mL^{-1}、4.00 μg · mL^{-1}、6.00 μg · mL^{-1}、8.00 μg · mL^{-1}、10.00 μg · mL^{-1} 的 F^-标准溶液。

将标准系列溶液按低浓度到高浓度依次转入聚乙烯烧杯中，插入氟离子选择性电极和饱和甘汞电极，用电磁搅拌器搅拌 1 min，停止搅拌，读取平衡电位 E，做出 $E\text{-}\lg c_{F^-}$ 标准曲线。

(2) 测定茶叶中的氟含量。

按照农业部标准 NY/T 838—2004，用氟离子选择性电极法测定茶叶中的氟含量：

准确称取制备的茶样于聚乙烯烧杯中，加入 25 mL 0.1 mol · L^{-1} 高氯酸溶液，搅拌 30 min，继续加入 12.5 mL TISAB，插入氟离子选择性电极和饱和甘汞电极，搅拌 30 min。读取 E 值，计算氟含量。

(3) 茶水氟含量的测定。

准确称取某茶样于 100 mL 小烧杯中，加入一定量去离子水，置于恒温水浴锅中保温 30 min，倾出茶汤于小烧杯中，冷却，定量转入 100 mL 容量瓶中，定容，摇匀。

准确移取一定量的茶汤于 50 mL 容量瓶中，准确加入一定体积的 TISAB，定容，摇匀，利用氟离子选择性电极法测定其中氟含量。

在不同的实验条件(茶水比、茶水冲泡温度、冲泡时间及冲泡次数)下测定茶水的氟含量。测定茶叶及茶水中的氟含量，所用的样品均为某崂山绿茶。

计算茶叶氟的浸出率，计算公式如下：

$$\text{氟浸出率}=\frac{\text{茶水氟含量}}{\text{茶叶氟含量}}\times 100\%\ (\text{茶水为等量茶叶冲泡}) \tag{9-2}$$

四、实验讨论

1. 样品中共存离子的干扰与消除

茶叶中含有的 Ca^{2+}、Mg^{2+}、Fe^{3+}、Al^{3+}等能与 F^-生成沉淀或配合物，干扰测定，需加入柠檬酸钠、EDTA 等掩蔽剂消除干扰，本实验选择柠檬酸钠为掩蔽剂。通过加入 TISAB，消除干扰的同时控制酸度。

2. 茶水比对茶中氟浸出的影响

分别准确称取一定质量的茶样，加入一定体积的去离子水，使茶水比为 1∶25、1∶50、1∶75、1∶100、1∶125，置于 80℃的恒温水浴锅中恒温后，按以上实验步骤 2 中的(3)测定茶水中的氟含量。

由表 9.10 可知，茶水比越小，茶叶氟的浸出率越高，结合人们日常的饮茶习惯，确定适宜的茶水比为 1∶75。

表 9.10　茶水比对茶水氟含量的影响

茶水比	茶叶质量/g	$c/(\mu g \cdot mL^{-1})$	浸出量/$(mg \cdot kg^{-1})$	浸出率/%
1∶25	3.2025	1.7955	112.13	57.40
1∶50	1.6011	1.0681	133.43	68.29
1∶75	1.0670	0.8076	151.37	77.48
1∶100	0.8013	0.6354	158.60	81.18
1∶125	0.6390	0.5204	162.87	83.36

3. 冲泡温度对茶中氟浸出的影响

固定茶水比 1∶75，在不同冲泡温度下，测定茶水中的氟含量，计算茶叶氟的浸出率。

如表 9.11 所示，冲泡温度越高，茶叶氟的浸出率越高，但冲泡温度过高，会破坏茶叶中其他的营养物质和有益成分，而且不同种类的茶适宜的冲泡温度也有差别，实验确定茶的冲泡温度为 80℃。

表 9.11　冲泡温度对茶水氟含量的影响

温度/℃	茶叶质量/g	$c/(\mu g \cdot mL^{-1})$	浸出量/ $(mg \cdot kg^{-1})$	浸出率/%
21.5(室温)	1.3330	0.5917	88.78	45.44
40.0	1.3340	0.6631	99.42	50.89
60.0	1.3348	0.7431	111.35	56.99
80.0	1.3330	0.8018	120.29	61.57
100.0	1.3348	0.9693	145.24	74.34

4. 冲泡时间对茶中氟浸出的影响

固定茶水比 1∶75，冲泡温度 80℃，改变茶的冲泡时间，测定茶水中的氟含量，计算茶叶中氟的浸出率。

从表 9.12 结果可知，冲泡时间由 10 min 增加到 50 min，茶中氟的浸出率增加了 19.68%，考虑人们日常饮茶冲泡等待时间为 5～15 min，本实验茶水冲泡时间控制为 15 min。

表 9.12　冲泡时间对茶水氟含量的影响

时间/min	茶叶质量/g	c/(μg · mL^{-1})	浸出量/(mg · kg^{-1})	浸出率/%
10	1.0629	0.6228	117.19	59.99
20	1.0600	0.6228	117.51	60.15
30	1.0685	0.6485	121.39	62.14
40	1.0668	0.7625	142.95	73.17
50	1.0624	0.8268	155.65	79.67

5. 冲泡次数对茶中氟浸出的影响

准确称取 3 份茶样于 3 个 100 mL 小烧杯中(茶水比为 1∶75)。另取 3 个 100 mL 小烧杯，分别加入 80 mL 去离子水，置于 80℃的恒温水浴锅中恒温后，将去离子水倒入盛有茶样的烧杯中，水浴恒温 10 min 后，得到冲泡一次后的茶水。另取 80 mL 80℃去离子水，加入盛有茶渣的烧杯中，在水浴中继续恒温 10 min，为第二泡茶水。以此类推，得到第三、四、五泡茶水。

由表 9.13 可知，冲泡次数越多，茶水中的氟含量越低。第一泡茶水是第二泡茶水氟含量的 4 倍。因此对于黄茶和白茶等氟含量较低的茶，可直接饮用第一泡的茶水。但对于黑茶和普洱砖茶等氟含量较高的茶，可弃去第一泡茶水，饮用第二泡茶水，且宜采用冲泡而不是熬煮的方式，以降低氟的浸出率。

表 9.13　冲泡次数对茶水氟含量的影响

冲泡次数	平均浸出量/ (mg · kg^{-1})	浸出率/%
1	109.27	53.24
2	27.59	13.45
3	17.65	9.04
4	15.79	8.72
5	13.60	6.88

6. 茶叶粒度和氟浸出率的关系

相同实验条件下，分别测定研碎过 40 目筛的茶叶与茶叶原叶的氟含量，并进行对比。

由表 9.14 结果可知，粉碎过筛后的茶冲泡时浸出氟的量比茶叶原叶略高，冲泡时间 30 min 时，浸出率相差最大为 11%。

表 9.14　茶叶粒度及冲泡时间对茶水氟含量的影响

冲泡时间/min	茶样	茶叶质量/g	c/(μg · mL^{-1})	浸出量/(mg · kg^{-1})	浸出率/%
10	原叶	1.0629	0.6228	117.19	59.99
	研碎	1.0675	0.7032	131.75	67.44
20	原叶	1.0600	0.6228	117.51	60.15
	研碎	1.0643	0.7032	132.15	67.64

续表

冲泡时间/min	茶样	茶叶质量/g	$c/(\mu g \cdot mL^{-1})$	浸出量/$(mg \cdot kg^{-1})$	浸出率/%
30	原叶	1.0685	0.6485	121.39	62.14
	研碎	1.0673	0.7625	142.88	73.14
40	原叶	1.0668	0.7625	142.95	73.17
	研碎	1.0624	0.7940	149.47	76.51
50	原叶	1.0624	0.8268	155.65	79.67
	研碎	1.0656	0.8609	161.59	82.71

7. 五类茶氟含量的测定

在确定的实验条件下，分别测定了黄茶、白茶、红茶、绿茶和黑茶的五种代表性茶样的氟含量及茶叶氟的浸出率。

由表 9.15 可知，黄茶样品浸出的氟含量最低，而所测黑砖茶浸出的氟含量是绿茶浸出氟含量的十倍还多，主要原因是黑茶是加工成茶砖的粗茶。而根据我国农业部《茶叶中铬、镉、汞、砷及氟化物限量》(NY 659—2003)中的规定：每公斤茶叶中氟化物含量应低于 200 mg，该黑砖茶已超标近 7 倍。世界卫生组织推荐的人均每天适宜的氟摄入量为 2.5～4.0 mg，而我国居民膳食氟适宜摄入量为成人每天 1.5 mg，可耐受最高摄入量为成人每天 3.0 mg。如此推算，这几类茶的摄入量上限分别是：黄茶，95 g；白茶，31 g；红茶，23 g；绿茶，14 g；黑茶，1 g。因此，除了饮用黑茶时要注意少量，饮用其他茶一般不会有氟摄入过量的风险。对于氟含量较高的黑茶，为防止氟中毒，最好每日饮用不要超过 1 g，或在饮用时弃去第一次冲泡的茶水。此外，引导学生进一步分析，五类茶中除了黑茶，为何崂山绿茶的氟含量最高？

表 9.15　五类茶氟含量的测定

样品	平均浸出量/$(mg \cdot kg^{-1})$	茶叶氟含量/$(mg \cdot kg^{-1})$	平均浸出率/%
某黄茶(霍山黄芽)	15.78	21.62	73.00
某白茶(白毫银针)	47.83	61.70	77.52
某红茶(正山小种)	64.52	88.63	72.80
某绿茶(崂山绿茶)	109.27	195.37	53.24
某黑茶(安化茯砖茶)	1326.04	1538.58	86.19

8. 实验拓展与延伸

(1) 离子选择性电极法除了测定茶叶或茶水中的氟含量，还能用于测定哪些实际样品？选取了某河水、某尿样、某品牌牙膏，通过标准加入法分别测其氟含量，结果见表 9.16。

如表 9.16 所示，离子选择性电极法可广泛应用于环境、医学、日用化学品等领域。

表 9.16 不同样品氟含量的测定

样品	样品用量	氟含量
环境水样 1	25.00 mL	1.28 mg · L^{-1}
环境水样 2	25.00 mL	1.49 mg · L^{-1}
尿液	25.00 mL	1.10 mg · L^{-1}
牙膏	0.1027 g	1.43 g · kg^{-1}

(2) 随着化学学科的发展，除了利用离子选择性电极法测定微量氟，还有哪些检测方法可利用？它们各自的优缺点是什么？学生带着问题去查阅资料，展开讨论，最后教师总结，向学生介绍一些在权威期刊上发表的代表性的检测方法，如分光光度法、离子色谱法等，拓展学生的视野，调动学生的科研探索的兴趣。

9. 对实验结果进行总结讨论

实验结束后，指导教师引导学生分析影响茶叶氟浸出率的主要因素。经分组讨论、解释及总结，写出实验报告。实验完成后，指导教师就实验所涉及的基本操作技能和离子选择性电极法进行总结，并对实验结果进行全面点评。

五、参考文献

王小燕, 戴冬梅, 刘润泽, 等. 2022. 离子选择性电极法测定茶叶及茶水中的氟含量. 大学化学, 37(5): 27-34.

实验 58 差示分光光度法测定废水中苯胺的含量

一、实验目的

(1) 研究不同酸度溶液中苯胺的紫外吸收光谱，建立差示紫外分光光度法，优化实验条件，探讨体系中共存物的影响及处理方法，测定印染厂废水中苯胺含量。

(2) 评价实验方法和测定结果的精密度、准确度及回收率，并与国标法进行对比实验。

(3) 总结讨论实验结果，写出规范的实验论文，培养学生的书面表达能力。

(4) 培养学生将各学科知识和技能融合应用，分析、解决实际问题的综合素质和研究能力。

二、实验原理

1. 苯胺的紫外吸收光谱

紫外吸收光谱中吸收峰的特征(波长、强度、形状)主要取决于生色团的性质，而助色团的助色效应导致吸收波红移，颜色加深。此外因环境条件(溶剂极性、溶液酸度)的影响也常常使其吸收波红移或蓝移。

苯胺的生色团是苯环，助色团是—NH_2，在水和碱溶液中，苯胺以分子的形式($C_6H_5NH_2$)存在，由于 p-π 共轭作用电子活动范围增大，导致两个特征吸收峰分别位于 230 nm 和 280 nm。在酸性溶液中，苯胺分子与 H^+结合，以苯胺阳离子($C_6H_5NH_3^+$)的形式存在，失去了非成键的 p 电子使—NH_2 的助色效应消失，导致两个吸收峰蓝移，分别位于 203 nm 和 254 nm。

2. 紫外分光光度法和差示紫外分光光度法

水溶液中苯胺的最大吸收峰位于 230 nm，摩尔吸光系数为 8600 $L \cdot mol^{-1} \cdot cm^{-1}$。该吸收波长下吸光度 A 与苯胺的浓度 c 遵循朗伯-比尔定律($A = \varepsilon cb$)。此为紫外分光光度法，可直接用于苯胺的定量测定。但在实际水样测定中，因样品中共存的苯系物和无机离子在此处常有较大吸收，此方法无法消除这些干扰因素，导致结果偏高。

差示紫外分光光度法以苯胺的酸性溶液为参比溶液，以等浓度的苯胺水溶液为待测溶液，测定吸收光谱，特征吸收峰仍分别位于 230 nm 和 280 nm。选择测定波长为 230 nm，该波长下吸光度差值ΔA 与苯胺浓度仍满足朗伯-比尔定律($\Delta A = \Delta\varepsilon cb$)，可直接用于苯胺的定量测定。在实际水样测定中，即使有苯系物和无机离子共存，因其在酸性介质和水中结构完全相同，浓度也相等，在差示吸收光谱中被完全扣除，从而不会对苯胺的测定产生干扰。

三、仪器与试剂

(1) 仪器：Cary 60 型紫外可见分光光度计(安捷伦)，1 cm 石英比色皿，pHS-25 型酸度计，231 型玻璃电极，232 型饱和甘汞电极，磁力搅拌器，100 mL 容量瓶，1 mL 移液管，2 mL 吸量管，10 mL 比色管，25 mL 比色管，精密 pH 试纸(0.5～5.0)。

(2) 试剂：0.1 $mol \cdot L^{-1}$ HCl，0.1 $mol \cdot L^{-1}$ NaOH，1.0 $mg \cdot mL^{-1}$ 苯胺标准溶液，0.05 $mol \cdot L^{-1}$ H_2SO_4，5% $NaNO_2$，2.5%氨基磺酸铵，5 $g \cdot L^{-1}$ N-(1-萘基)乙二胺盐酸盐，实验用水为二次去离子水。

四、实验步骤

1. 教学单元安排

(1) 指导教师提前四周向学生布置实验内容，给出实验目的和要求、实验背景知识和原理、常用实验方法和手段，引导学生查阅文献资料和工具书，在一周内写出文献综述(预习报告)。

(2) 第二周教师对预习报告进行点评，指导学生设计切实可行的实验方案。

(3) 第三周学生进入实验室，两至三周内完成实验，并要求学生以论文的形式撰写实验报告。

(4) 实验完成后，指导教师就实验相关理论知识、实验技能和检测技术进行总结，讨论实验方法的特点、原理、实验条件的选择、影响实验结果的主要因素、实验方法和结果的评价，对实验过程和结果进行全面点评。

2. 实验的具体步骤

1) 苯胺标准溶液的配制

将新蒸馏的苯胺用水配制成 1.0 $mg \cdot mL^{-1}$ 储备液，使用时先稀释至 250 $mg \cdot L^{-1}$，再用此溶液配制成 50 $mg \cdot L^{-1}$ 和 10 $mg \cdot L^{-1}$ 使用液。

2) 差示紫外分光光度法

(1) 不同 pH 溶液中苯胺的紫外吸收光谱及差示紫外吸收光谱。

分别配制 pH 为 1.0、3.0 和 6.0 的 25 $mg \cdot L^{-1}$ 苯胺溶液。用 1 cm 的比色皿，以相应酸度的溶液为参比液，在 200～400 nm 波长范围内进行光谱扫描，可得不同 pH 溶液中苯胺的紫外吸收光谱。

以 25 mg · L^{-1} 苯胺酸溶液(0.1 mol · L^{-1} HCl)为参比液，以 25 mg · L^{-1} 苯胺水溶液为测定液，在 200～400 nm 波长范围内进行光谱扫描，可测得两者的差示紫外吸收光谱。

(2) 标准曲线的制作。

准确移取 0.1 mL、0.2 mL、0.5 mL、1.0 mL、2.0 mL、2.5 mL 苯胺标准溶液(50 mg · L^{-1})各 2 份于 10 mL 比色管中，分别用水和盐酸(0.1 mol · L^{-1})稀释定容至 10 mL。以苯胺酸溶液为参比溶液，等浓度的苯胺水溶液为测定溶液，在 230 nm 处测定其吸光度差值ΔA，制作标准曲线。

(3) 水样中苯胺含量及回收率测定。

按要求采集水样，视水样情况可先进行过滤或蒸馏等预处理。准确移取一定量水样，按(1)中方法绘制水样的差示紫外吸收光谱。按照(2)中方法测定水样的ΔA，用标准曲线法计算苯胺的含量，同时做标准加入测定回收率。

3) 国标法

(1) 标准曲线的制作：准确移取 0.0 mL、0.5 mL、1.0 mL、2.0 mL、3.0 mL、4.0 mL、5.0 mL 苯胺标准溶液(10 mg · L^{-1})于 7 支 25 mL 比色管中，加水至 10 mL，用 0.05 mol · L^{-1} H_2SO_4 调节溶液 pH=1.5～2.0，滴入 1 滴 5% $NaNO_2$ 溶液，摇匀后放置 3 min，加入 0.5 mL 2.5%氨基磺酸铵并充分振荡。放置 3 min 待气泡除尽，加入 4.0 mL 5 g · L^{-1} *N*-(1-萘基)乙二胺盐酸盐溶液，加水稀释，定容，摇匀后放置 30 min。用 1 cm 的比色皿，以试剂空白为参比液，在 545 nm 处测定标准溶液的吸光度 *A*，制作标准曲线。

(2) 水样中苯胺含量及回收率测定：准确移取适量水样(浓度范围 0.4～1.2 mg · L^{-1})，以同样方法测定水样中苯胺，用标准曲线法计算结果。

五、实验讨论

1. 差示紫外分光光度法的建立

在分析化学教材中，差示紫外分光光度法是以被测物低浓度的标准溶液为参比溶液，其原理为$\Delta A = \varepsilon \Delta cb$。本实验差示紫外分光光度法以被测物不同酸度的标准溶液为参比溶液，特点是参比和被测溶液中苯胺浓度必须相等，其原理为$\Delta A = \Delta \varepsilon cb$。

(1) 不同酸度下苯胺的紫外吸收光谱解析。

图 9.1 为不同酸度下 200～400 nm 苯胺的紫外吸收光谱，其中图 9.1(a)为 pH=1.0、3.0、6.0 时苯胺的紫外吸收全谱，图 9.1(b)为(a)图的局部放大谱图。由图 9.1(a)可知，当 pH=1.0 时，苯胺的吸收峰位于 203 nm(E_2 带)和 254 nm(B 带)。pH=6.0 时，由于—NH_2 上氮的孤对电子与苯环存在 p-π 共轭，助色作用明显，吸收波红移至 230 nm 和 280 nm 处。由图 9.1(b)可以明显看到，pH=1.0 时，B 带中可见 248 nm、254 nm 和 260 nm 三个小吸收峰，这是由于—NH_2 上氮的孤对电子与质子结合，失去了非成键的 p 电子，p-π 共轭消失，助色效应消失，结构变为苯胺离子 $C_6H_5NH_3^+$，其吸收光谱和苯环类似。pH=6.0 时，B 带三个峰全部消失，此时苯胺以分子的形式存在。pH=3.0 时，苯胺在 203 nm、230 nm、248 nm、254 nm、260 nm 和 280 nm 处均有吸收峰，此时苯胺离子 $C_6H_5NH_3^+$ 和苯胺分子 $C_6H_5NH_2$ 两种结构同时存在。

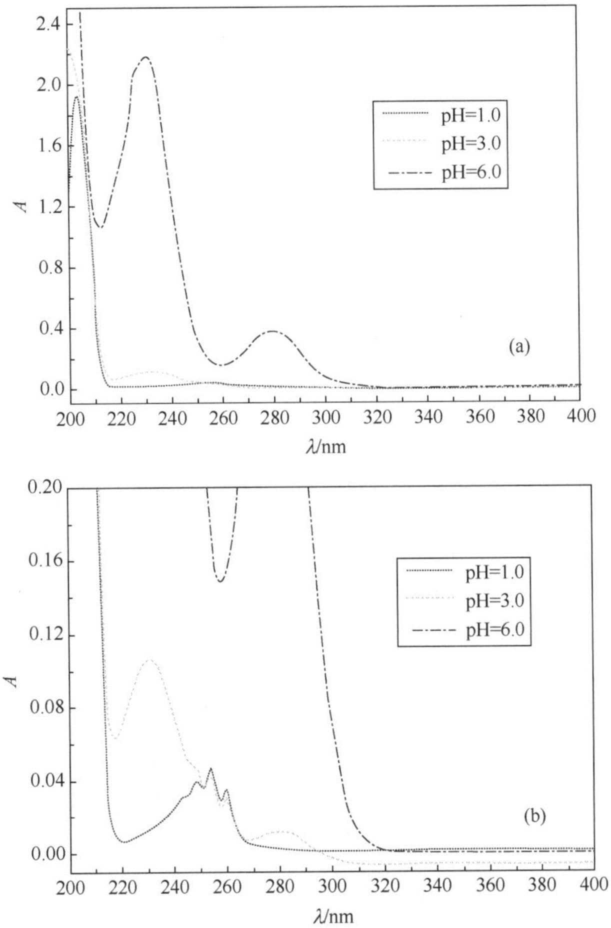

图 9.1　pH 为 1.0、3.0 和 6.0 时，苯胺的紫外吸收光谱

(a) 全谱；(b) 局部放大光谱

(2) 溶液酸度选择。

溶液酸度选择原则是：以只有酸式苯胺($C_6H_5NH_3^+$)存在的溶液为参比液，以等浓度的只有碱式苯胺($C_6H_5NH_2$)存在的溶液为测定液。为简化操作，本实验以苯胺酸溶液(0.1 mol · L^{-1} HCl，pH=1.0)为参比液，同浓度的苯胺水溶液(pH=6.0)为待测液，进行ΔA 的测定。

(3) 测定波长的选择。

图 9.2 为苯胺的差示紫外吸收光谱，其峰值位于 230 nm 和 280 nm。由于 230 nm 处的 A 值最大，灵敏度高，所以确定测定波长为 230 nm。

(4) 标准曲线的绘制。

图 9.3 为测定波长下苯胺标准溶液浓度 c 与吸光度差值ΔA 之间的标准曲线，回归方程为 $\Delta A=0.08505c+0.0002$，$R^2=0.9997$，线性范围为 0.5～12.5 mg · L^{-1}，方法检出限为 0.1 mg · L^{-1}。

2. 体系的稳定性实验

按实验步骤 2 中的 1)方法配制苯胺溶液，改变放置时间，室温下测定ΔA，4 h 内ΔA 基本不变，表明体系稳定性较好。

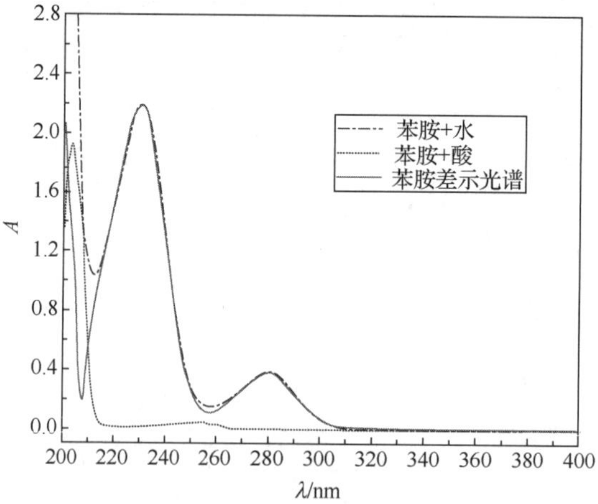

图 9.2　苯胺的差示紫外吸收光谱

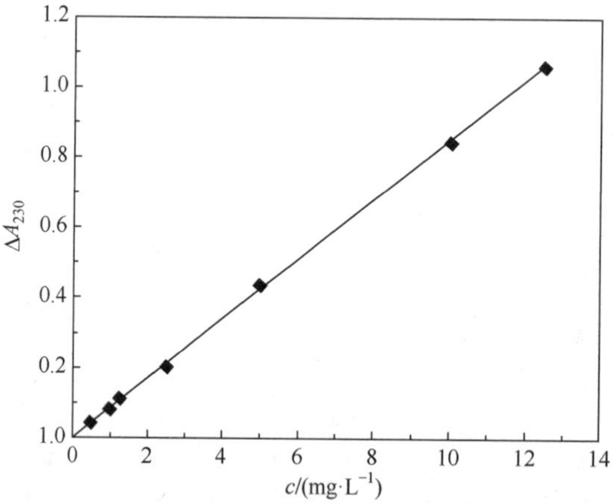

图 9.3　差示紫外分光光度法的苯胺标准溶液浓度-吸光度标准曲线

3. 共存物的影响及处理方法

如表 9.17 所示，在测定相对误差±5%的范围内，1.0×10^{-3} mol · L^{-1} 的 Na^+、Mg^{2+}、NH_4^+、K^+、Ca^{2+}、Ba^{2+}、Zn^{2+}、Ni^{2+}、Cl^-、F^-、Br^-、I^-、S^{2-}、SCN^-、SO_3^{2-}、SO_4^{2-}、NO_3^-、CO_3^{2-}、CH_3COO^-、HPO_4^{2-} 和 PO_4^{3-} 对苯胺测定无干扰。Cr^{3+}、Co^{2+}、Mn^{2+}对苯胺测定有影响。200 mg · L^{-1} 的苯、甲苯、二甲苯、苯酚、正丁醇和环己烷不会对苯胺的测定产生干扰。苯胺还原性强易氧化，当溶液中存在氧化性离子 Fe^{3+}、Cu^{2+}、$S_2O_8^{2-}$、NO_2^- 时对结果影响很大。样品中共存的大量无机离子的影响可以通过预蒸馏消除。复杂的实际样品中苯胺往往与其同系物共存，这些物质生色团相同，最大吸收波长相近，所以本方法和国标法一样测定的是苯胺类物质的含量。

表 9.17　共存物质对差示紫外分光光度法测定苯胺的影响

共存物	浓度	对苯胺的测定是否有干扰
Na^+、Mg^{2+}、NH_4^+、K^+、Ca^{2+}、Ba^{2+}、Zn^{2+}、Ni^{2+}	1.0×10^{-3} mol · L^{-1}	无
Cl^-、F^-、Br^-、I^-、S^{2-}、SCN^-、SO_3^{2-}、SO_4^{2-}、NO_3^-、CO_3^{2-}、CH_3COO^-、HPO_4^{2-}、PO_4^{3-}	1.0×10^{-3} mol · L^{-1}	无

续表

共存物	浓度	对苯胺的测定是否有干扰
Cr^{3+}、Co^{2+}、Mn^{2+}	1.0×10^{-3} mol · L^{-1}	有
苯、甲苯、二甲苯、苯酚、正丁醇、环己烷	200 mg · L^{-1}	无
Fe^{3+}、Cu^{2+}、$S_2O_8^{2-}$、NO_2^-	—	有

4. 水样测定结果及评价

(1) 差示紫外分光光度法和国标法测定结果。

采用差示紫外分光光度法进行实际样品中苯胺的检测。图 9.4 为青岛某印染厂废水样品的差示紫外吸收光谱图。

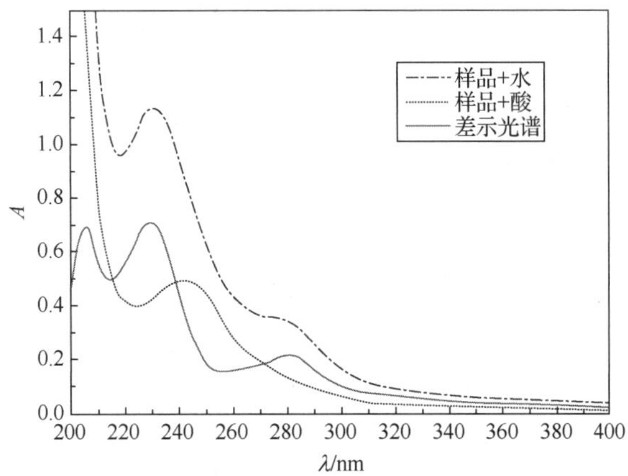

图 9.4　水样的差示紫外吸收光谱图

由图 9.4 可知，废水样品成分复杂，许多共存物质如其他苯系物及无机离子在紫外区都有吸收。因吸光度具有加和性，水样的紫外吸收曲线是所有物质紫外吸收的加和，所以与苯胺标准溶液的紫外吸收光谱图相比，废水样品在水溶液(pH=6.0)和酸溶液(pH=1.0)中都表现出紫外吸收峰明显加宽、峰形不对称、拖尾严重的特点。但在二者的差示光谱中，这些共存物因浓度相等，且在 pH=6.0 和 pH=1.0 的条件下结构不变，其紫外吸收值相等，可被完全扣除，因此对苯胺类物质的测定无干扰。

为评价差示紫外分光光度法的精密度和准确度，通过标准加入测定了回收率并与国标法进行比较，结果如表 9.18 所示。

表 9.18　水样测定及回收率实验结果

样品	国标法	差示紫外分光光度法		
	苯胺浓度/(mg · L^{-1})	苯胺浓度/(mg · L^{-1})	RSD/%	回收率/%
1 号水样	未检出	未检出	—	98.2～100.8
2 号水样	31.36	31.17	1.53 (n=6)	96.7～102.9
3 号水样	12.23	12.76	2.26 (n=6)	97.9～106.2

注：1 号水样为青岛李村河入海口水样，2、3 号水样为青岛某印染厂不同取样点水样。

由表 9.18 可知，差示紫外分光光度法回收率为 96.7%～106.2%，相对标准偏差小，精密度良好，测定结果与国标法相对误差小于±5%。

(2) 差示紫外分光光度法特点。

差示紫外分光光度法与国标法相比：①线性范围宽(0.5～12.5 mg · L^{-1})，回收率高，体系稳定，结果重现性好，测定精度高。②通过简单操作，可扣除共存苯系物及无机离子的影响。国标法中当样品含苯酚 200 mg · L^{-1}时，对苯胺测定有明显干扰，需通过离子交换除去苯酚，操作繁杂。本实验因苯酚在水和酸溶液中存在状态相同且浓度一致，所以在差示吸收光谱中可被扣除，对苯胺测定无干扰。③操作简便，不需显色，分析时间短。国标法显色反应慢，需 30～40 min，显色剂 *N*-(1-萘基)乙二胺盐酸盐性质毒性大，不稳定，易氧化变质，致使溶液浑浊，不能长期保存，且操作烦琐，分析时间长，显色反应受温度影响大。差示紫外分光光度法不需显色，简便易行，分析速度快，特别适合工厂或研究工作中的快速跟踪测定。④可快速确定样品稀释倍数。实际水样中苯胺含量未知，确定水样取样量和稀释倍数需要反复试验，费时费力，消耗高，效率低。差示紫外分光光度法直接扫描就可得知样品的含量范围，以确定水样取样量和稀释倍数。

总体来看，国标法灵敏度高，检出限低，但操作繁杂，分析时间长。差示紫外分光光度法准确、快速、简便，两者可相互补充和印证。

5. 注意事项

实验中发现了一些平时实验课上容易忽略的问题，如印染厂废水苯胺含量高，测定时需确定水样取样量及稀释倍数。学生发现，在用差示紫外分光光度法测定同一水样时，不同取样量及稀释倍数下测定结果不同。例如，2 号水样，稀释倍数为 2、5、10、20、50 倍时，苯胺含量分别为 26.43 mg · L^{-1}、32.15 mg · L^{-1}、31.80 mg · L^{-1}、31.52 mg · L^{-1}、39.85 mg · L^{-1}。为什么出现这种“测不准”现象？教师先建议学生将数据作图，找规律，引导学生意识到稀释倍数为 5、10、20 倍时苯胺含量相近，再将上述数据对应的吸光度差值ΔA(1.125、0.548、0.288、0.133、0.068)列出后，得到结论，稀释倍数过小或过大，即吸光度值过大或过小时，仪器的测量误差(光度误差)较大，结果准确度差。吸光度 A 为 0.15～0.70 时，浓度的相对误差较小，所以选择取样量及稀释倍数时应以吸光度 A 为依据。

6. 实验拓展与延伸

苯胺离子 $C_6H_5NH_3^+$ (酸式)和苯胺分子 $C_6H_5NH_2$(碱式)在紫外区的最大吸收波长不同，两者在溶液中存在解离平衡。随着溶液 pH 增大，$C_6H_5NH_3^+$ 浓度降低，$C_6H_5NH_2$ 浓度增大，相应地 $C_6H_5NH_3^+$ 最大吸收波长处吸光度减小，$C_6H_5NH_2$ 最大吸收波长处吸光度增加。据此引导学生思考能否通过分光光度法测定 $C_6H_5NH_3^+$ 的离解常数？根据本实验原理，引导学生思考可否将本方法用于水样中苯酚含量的测定？若水样中同时含有苯胺和苯酚，二者之间有干扰吗？如何同时测定苯胺和苯酚的含量？

六、参考文献

李会平, 李明华, 王小燕, 等. 2021. “废水中苯胺的测定”研究性教学实验设计. 实验室科学, 24(6): 5-9.

附　　录

附录 1　298.2 K 时弱酸在水中的离解常数

名称	分子式	离解常数 K_a		pK_a	
砷酸	H_3AsO_4	K_{a_1}	6.5×10^{-3}	pK_{a_1}	2.19
		K_{a_2}	1.15×10^{-7}	pK_{a_2}	6.94
		K_{a_3}	3.2×10^{-12}	pK_{a_3}	11.50
亚砷酸	$HAsO_2$		6.0×10^{-10}		9.22
硼酸	H_3BO_3		5.8×10^{-10}		9.24
碳酸	H_2CO_3	K_{a_1}	4.2×10^{-7}		6.38
		K_{a_2}	5.6×10^{-11}		10.25
氢氰酸	HCN		4.9×10^{-10}		9.31
氢硫酸	H_2S	K_{a_1}	8.9×10^{-8}	pK_{a_1}	7.05
		K_{a_2}	1.2×10^{-13}	pK_{a_2}	12.92
磷酸	H_3PO_4	K_{a_1}	6.9×10^{-3}	pK_{a_1}	2.16
		K_{a_2}	6.2×10^{-8}	pK_{a_2}	7.21
		K_{a_3}	4.8×10^{-13}	pK_{a_3}	12.32
硅酸	H_2SiO_3	K_{a_1}	1.7×10^{-10}	pK_{a_1}	9.77
		K_{a_2}	1.6×10^{-12}	pK_{a_2}	11.88
硫酸	H_2SO_4	K_{a_2}	1.2×10^{-2}	pK_{a_2}	1.92
亚硫酸	$H_2SO_3(SO_2+H_2O)$	K_{a_1}	1.29×10^{-2}	pK_{a_1}	1.89
		K_{a_2}	6.3×10^{-8}	pK_{a_2}	7.20
甲酸	HCOOH		1.7×10^{-4}		3.77
乙酸	CH_3COOH		1.75×10^{-5}		4.76
丙酸	C_2H_5COOH		1.35×10^{-5}		4.87
氯乙酸	$ClCH_2COOH$		1.38×10^{-3}		2.86
二氯乙酸	$Cl_2CHCOOH$		5.5×10^{-2}		1.26
氨基乙酸	$NH_3^+CH_2COOH$	K_{a_1}	4.5×10^{-3}	pK_{a_1}	2.35
	$NH_3^+CH_2COO^-$	K_{a_2}	1.7×10^{-10}	pK_{a_2}	9.78
苯甲酸	C_6H_5COOH		6.2×10^{-5}		4.21
草酸	$H_2C_2O_4$	K_{a_1}	5.6×10^{-2}	pK_{a_1}	1.25
		K_{a_2}	5.1×10^{-5}	pK_{a_2}	4.29

续表

名称	分子式	离解常数 K_a		pK_a	
α-酒石酸	CH(OH)COOH–CH(OH)COOH	K_{a_1}	9.1×10^{-4}	pK_{a_1}	3.04
		K_{a_2}	4.3×10^{-5}	pK_{a_2}	4.37
琥珀酸	CH_2COOH–CH_2COOH	K_{a_1}	6.2×10^{-5}	pK_{a_1}	4.21
		K_{a_2}	2.3×10^{-6}	pK_{a_2}	5.64
邻苯二甲酸	$C_6H_4(COOH)_2$	K_{a_1}	1.12×10^{-3}	pK_{a_1}	2.95
		K_{a_2}	3.91×10^{-6}	pK_{a_2}	5.41
柠檬酸	CH_2COOH–C(OH)COOH–CH_2COOH	K_{a_1}	7.4×10^{-4}	pK_{a_1}	3.13
		K_{a_2}	1.7×10^{-5}	pK_{a_2}	4.76
		K_{a_3}	4.0×10^{-7}	pK_{a_3}	6.40
苯酚	C_6H_5OH		1.12×10^{-10}		9.95
顺丁烯二酸	CHCOOH=CHCOOH	K_{a_1}	1.2×10^{-2}	pK_{a_1}	1.92
		K_{a_2}	6.0×10^{-7}	pK_{a_2}	6.22
氢氟酸	HF		6.8×10^{-4}		3.17
铬酸	H_2CrO_4	K_{a_2}	3.2×10^{-7}	pK_{a_2}	6.50
水杨酸(18℃)	$C_6H_4(OH)COOH$	K_{a_1}	1.07×10^{-3}	pK_{a_1}	2.97
		K_{a_2}	4×10^{-14}	pK_{a_2}	13.40

附录 2　298.2 K 时弱碱在水中的离解常数

名称	分子式	离解常数 K_b		pK_b	
氨水	$NH_3\cdot H_2O$		1.8×10^{-5}		4.75
联氨	$H_2N—NH_2$	K_{b_1}	9.8×10^{-7}	pK_{b_1}	6.01
		K_{b_2}	1.32×10^{-15}	pK_{b_2}	14.88
羟胺	NH_2OH		9.1×10^{-9}		8.04
苯胺	$C_6H_5NH_2$		4.2×10^{-10}		9.38
苯甲胺(20℃)	$C_6H_5CH_2NH_2$		2.14×10^{-5}		4.67
甲胺	CH_3NH_2		4.2×10^{-4}		3.38
乙胺	$C_2H_5NH_2$		4.3×10^{-4}		3.37
乙二胺	$H_2NCH_2CH_2NH_2$	K_{b_1}	8.5×10^{-5}	pK_{b_1}	4.07
		K_{b_2}	7.1×10^{-8}	pK_{b_2}	7.15
三乙醇胺	$N(CH_2CH_2OH)_3$		5.8×10^{-7}		6.24
六亚甲基四胺	$(CH_2)_6N_4$		1.35×10^{-9}		8.87
吡啶	C_5H_5N		1.8×10^{-9}		8.74

附录 3　常用酸碱试剂的浓度和密度

酸碱	浓 HCl	浓 HNO_3	浓 H_2SO_4	浓 H_3PO_4	浓 HAc	浓氨水
浓度/($mol \cdot L^{-1}$)(近似)	12.2	15.7	18	15	17	15
密度/($g \cdot mL^{-1}$)	1.19	1.42	1.84	1.7	1.05	0.90

附录 4　常用酸碱指示剂

指示剂名称	pH 变色范围	颜色变化	$pK^{\ominus}_{HIn}$	配制方法
0.1%百里酚蓝	1.2～2.8	红～黄	1.7	0.1 g 百里酚蓝溶于 20 mL 乙醇中，加水至 100 mL
0.1%甲基橙	3.1～4.4	红～黄	3.4	0.1 g 甲基橙溶于 100 mL 热水中
0.1%溴酚蓝	3.0～4.6	黄～紫	4.1	0.1 g 溴酚蓝溶于 20 mL 乙醇中，加水至 100 mL
0.1%溴甲酚绿	4.0～5.6	黄～蓝	4.9	0.1 g 溴甲酚绿溶于 20 mL 乙醇中，加水至 100 mL
0.1%甲基红	4.4～6.2	红～黄	5.0	0.1 g 甲基红溶于 60 mL 乙醇中，加水至 100 mL
0.1%溴百里酚蓝	6.2～7.6	黄～蓝	7.3	0.1 g 溴百里酚蓝溶于 20 mL 乙醇中，加水至 100 mL
0.1%中性红	6.8～8.0	红～黄橙	7.4	0.1 g 中性红溶于 60 mL 乙醇中，加水至 100 mL
0.2%酚酞	8.0～10.0	无～红	9.1	0.2 g 酚酞溶于 90 mL 乙醇中，加水至 100 mL
0.1%百里酚蓝	8.0～9.6	黄～蓝	8.9	0.1 g 百里酚蓝溶于 20 mL 乙醇中，加水至 100 mL
0.1%百里酚酞	9.4～10.6	无～蓝	10.0	0.1 g 百里酚酞溶于 90 mL 乙醇中，加水至 100 mL

附录 5　常用酸碱混合指示剂

指示剂溶液的组成	变色时 pH	颜色		备注
		酸色	碱色	
一份 0.1%甲基黄乙醇溶液 一份 0.1%次甲基蓝乙醇溶液	3.25	蓝紫	绿	pH=3.2，蓝紫色 pH=3.4，绿色
四份 0.2%溴甲酚绿乙醇溶液 一份 0.2%二甲基黄乙醇溶液	3.90	橙	绿	变色点为黄色
一份 0.1%甲基橙水溶液 一份 0.25%靛蓝二磺酸水溶液	4.1	紫	黄绿	
一份 0.1%溴甲酚绿钠盐水溶液 一份 0.2%甲基橙水溶液	4.3	橙	蓝绿	pH=3.5，黄色；pH=4.05，绿色； pH=4.3，浅绿色
三份 0.1%溴甲酚绿乙醇溶液 一份 0.2%甲基红乙醇溶液	5.1	酒红	绿	

续表

指示剂溶液的组成	变色时 pH	颜色		备注
		酸色	碱色	
一份 0.1%溴甲酚绿钠盐水溶液 一份 0.1%氯酚红钠盐水溶液	6.1	黄绿	蓝绿	pH=5.4，蓝绿；pH=5.8，蓝； pH=6.0，蓝带紫；pH=6.2，蓝紫
一份 0.1%中性红乙醇溶液 一份 0.1%次甲基蓝乙醇溶液	7.0	紫蓝	绿	pH=7.0，紫蓝
一份 0.1%甲酚红钠盐水溶液 三份 0.1%百里酚蓝钠盐水溶液	8.3	黄	紫	pH=8.2，玫瑰红 pH=8.4，清晰的紫色
一份 0.1%百里酚蓝 50%乙醇溶液 三份 0.1%酚酞 50%乙醇溶液	9.0	黄	紫	从黄到绿，再到紫
一份 0.1%酚酞乙醇溶液 一份 0.1%百里酚酞乙醇溶液	9.9	无	紫	pH=9.6，玫瑰红 pH=10，紫色

附录 6　常用酸碱缓冲溶液及配制方法

缓冲溶液组成	pH	配制方法
氨基乙酸-HCl	2.3	150 g 氨基乙酸溶于 500 mL 水中后，加 80 mL 浓 HCl，稀释至 1000 mL
H_3PO_4-柠檬酸盐	2.5	113 g $Na_2HPO_4 \cdot 12H_2O$ 溶于 200 mL 水中后，加柠檬酸 387 g 溶解，过滤后稀释至 1000 mL
一氯乙酸-NaOH	2.8	200 g 一氯乙酸溶于 200 mL 水中，加 NaOH 40 g 溶解，稀释至 1000 mL
HAc-NaAc	3.6	8 g $NaAc \cdot 3H_2O$ 溶于适量水中，加 6 $mol \cdot L^{-1}$ HAc 溶液 134 mL，稀释至 500 mL
	4.0	将 60 mL 冰醋酸和 16 g 无水乙酸钠溶于 100 mL 水中，稀释至 500 mL
	4.5	将 30 mL 冰醋酸和 30 g 无水乙酸钠溶于 100 mL 水中，稀释至 500 mL
	5.0	将 30 mL 冰醋酸和 60 g 无水乙酸钠溶于 100 mL 水中，稀释至 500 mL
	5.7	100 g $NaAc \cdot 3H_2O$ 溶于适量水中，加 6 $mol \cdot L^{-1}$ HAc 溶液 13 mL，稀释至 500 mL
六亚甲基四胺-HCl	5.4	将 40 g 六亚甲基四胺溶于 90 mL 水中，加入 20 mL 6 $mol \cdot L^{-1}$ HCl 溶液
NH_4Ac	7.0	77 g NH_4Ac 溶于适量水中，稀释至 500 mL
$NH_4Cl-NH_3 \cdot H_2O$	7.5	60 g NH_4Cl 溶于适量水中，加浓氨水 1.4 mL，稀释至 500 mL
	8.0	50 g NH_4Cl 溶于适量水中，加浓氨水 3.5 mL，稀释至 500 mL
	8.5	40 g NH_4Cl 溶于适量水中，加浓氨水 8.8 mL，稀释至 500 mL
	9.0	35 g NH_4Cl 溶于适量水中，加浓氨水 24 mL，稀释至 500 mL
	9.5	30 g NH_4Cl 溶于适量水中，加浓氨水 65 mL，稀释至 500 mL
	10.0	27 g NH_4Cl 溶于适量水中，加浓氨水 175 mL，稀释至 500 mL
	11.0	3 g NH_4Cl 溶于适量水中，加浓氨水 207 mL，稀释至 500 ml

附录 7　常用沉淀指示剂

指示剂名称	颜色变化	可测元素	测定条件	配制方法
荧光黄	黄绿～粉红	Cl^-, Br^-, I^-, SCN^-	中性或弱碱性	1%钠盐水溶液
二氯荧光黄	黄绿～粉红	Cl^-, Br^-, I^-	pH=4.4～7.2	1%钠盐水溶液
曙红	橙红～红紫	Br^-, I^-	pH=1～2	1%钠盐水溶液
铬酸钾	黄～砖红色	Cl^-, Br^-, I^-, SCN^-, Ag^+	pH=6.5～10.5	5%铬酸钾水溶液
硫酸铁铵	无色～血红色	Ag^+, Cl^-, Br^-, I^-	$[H^+]$=0.1～1.0 mol · L^{-1}	$NH_4Fe(SO_4)_2 \cdot 12H_2O$ 饱和水溶液，加几滴浓 H_2SO_4

附录 8　常用氧化还原性指示剂

指示剂	φ'_{In} /V ($[H^+]$=1 mol · L^{-1})	颜色		配制方法
		氧化型	还原型	
二苯胺	0.76	紫	无色	1%的浓 H_2SO_4 溶液
二苯胺磺酸钠	0.85	紫红	无色	0.5%的水溶液
邻苯氨基苯甲酸	1.08	红	无色	0.1 g 邻苯氨基苯甲酸加 20 mL 5% Na_2CO_3 溶液，用水稀释至 100 mL
邻二氮菲亚铁	1.06	浅蓝	红色	1.485 g 邻二氮菲和 0.965 g 硫酸亚铁溶于含 2 滴浓 H_2SO_4 的 100 mL 水中
5-硝基邻二氮菲亚铁	1.25	浅蓝	紫红色	1.608 g 5-硝基邻二氮菲和 0.695 g 硫酸亚铁溶于含 2 滴浓 H_2SO_4 的 100 mL 水中

附录 9　常用金属指示剂

指示剂	颜色变化		pH 范围	直接滴定的离子	指示剂配制
	In	MIn			
铬黑 T (EBT)	蓝	酒红	8～11	Pb^{2+}、Mg^{2+}、Zn^{2+}、Cd^{2+}等	(1) 0.2 g 铬黑 T 溶于 15 mL 三乙醇胺及 5 mL 甲醇中 (2) 1 g 铬黑 T 与 100 g NaCl 研细混匀(1 : 100)
二甲酚橙(XO)	黄	紫红	<6.3	Bi^{3+}、Zn^{2+}、Pb^{2+}、Cd^{2+}、Hg^{2+}及稀土离子等	0.1 g 二甲酚橙溶于 100 mL 水中
吡啶偶氮萘酚(PAN)	黄	紫红	1.9～12.2	Cu^{2+}、Bi^{3+}、Ni^{2+}、Th^{4+}等	0.2 g PAN 溶于 100 mL 水中
钙指示剂	蓝	酒红	12～13	Ca^{2+}	0.5 g 钙指示剂与 100 g NaCl 研细混匀
磺基水杨酸	无	紫红	1.5～2.5	Fe^{3+}	10%水溶液

附录 10　常用基准物质的干燥条件与应用

名称	分子式	干燥后组成	干燥条件	标定对象
碳酸氢钠	$NaHCO_3$	Na_2CO_3	270～300℃	酸
无水碳酸钠	Na_2CO_3	Na_2CO_3	105～110℃	酸
硼砂	$Na_2B_4O_7 \cdot 10H_2O$	$Na_2B_4O_7 \cdot 10H_2O$	放在含 NaCl 和蔗糖饱和液的干燥器中	酸
乙二酸	$H_2C_2O_4 \cdot 2H_2O$	$H_2C_2O_4 \cdot 2H_2O$	室温空气干燥	碱或 $KMnO_4$
邻苯二甲酸氢钾	$KHC_8H_4O_4$	$KHC_8H_4O_4$	110～120℃	碱
重铬酸钾	$K_2Cr_2O_7$	$K_2Cr_2O_7$	140～150℃	还原剂
溴酸钾	$KBrO_3$	$KBrO_3$	130℃	还原剂
碘酸钾	KIO_3	KIO_3	130℃	还原剂
铜	Cu	Cu	室温空气干燥	还原剂
三氧化二砷	As_2O_3	As_2O_3	放在含浓 H_2SO_4 的干燥器中	氧化剂
乙二酸钠	$Na_2C_2O_4$	$Na_2C_2O_4$	130℃	氧化剂
碳酸钙	$CaCO_3$	$CaCO_3$	110℃	EDTA
锌	Zn	Zn	室温干燥器中保存	EDTA
氧化锌	ZnO	ZnO	900～1000℃	EDTA
氯化钠	NaCl	NaCl	500～600℃	$AgNO_3$
氯化钾	KCl	KCl	500～600℃	$AgNO_3$
硝酸银	$AgNO_3$	$AgNO_3$	120℃	氯化物
氟化钠	NaF	NaF	铂坩埚中 500～550℃下保存 40～50 min 后，H_2SO_4 干燥器中冷却	

附录 11　常见难溶电解质的溶度积 $K_{sp}^{\ominus}$ (298.2 K，离子强度 I=0)

难溶电解质	$K_{sp}^{\ominus}$	难溶电解质	$K_{sp}^{\ominus}$
AgCl	1.77×10^{-10}	$CaC_2O_4 \cdot H_2O$	2.34×10^{-9}
AgBr	5.35×10^{-13}	CaF_2	1.46×10^{-10}
AgI	8.51×10^{-17}	$Ca_3(PO_4)_2$	2.07×10^{-33}
Ag_2CO_3	8.45×10^{-12}	$CaSO_4$	7.10×10^{-5}
Ag_2CrO_4	1.12×10^{-12}	$Cd(OH)_2$	5.27×10^{-15}
Ag_2SO_4	1.20×10^{-5}	CdS	1.40×10^{-29}
$Ag_2S(\alpha)$	6.69×10^{-50}	$Co(OH)_2$(桃红)	1.09×10^{-15}
$Ag_2S(\beta)$	1.09×10^{-49}	$Co(OH)_2$(蓝)	5.92×10^{-15}
$Al(OH)_3$	2×10^{-33}	$CoS(\alpha)$	4.0×10^{-21}
$BaCO_3$	2.58×10^{-9}	$CoS(\beta)$	2.0×10^{-25}
$BaSO_4$	1.07×10^{-10}	$Cr(OH)_3$	7.0×10^{-31}
$BaCrO_4$	1.17×10^{-10}	CuI	1.27×10^{-12}
$CaCO_3$	4.96×10^{-9}	CuS	1.27×10^{-36}

续表

难溶电解质	$K_{sp}^{\ominus}$	难溶电解质	$K_{sp}^{\ominus}$
$Fe(OH)_2$	4.87×10^{-17}	$PbCrO_4$	1.77×10^{-14}
$Fe(OH)_3$	2.64×10^{-39}	PbF_2	7.12×10^{-7}
FeS	1.59×10^{-19}	$PbSO_4$	1.82×10^{-8}
Hg_2Cl_2	1.45×10^{-18}	PbS	9.04×10^{-29}
HgS(黑)	6.44×10^{-53}	PbI_2	8.49×10^{-9}
$MgCO_3$	6.82×10^{-6}	$Pb(OH)_2$	1.6×10^{-17}
$Mg(OH)_2$	5.61×10^{-12}	$SrCO_3$	5.60×10^{-10}
$Mn(OH)_2$	2.06×10^{-13}	$SrSO_4$	3.44×10^{-7}
MnS	4.65×10^{-14}	$ZnCO_3$	1.19×10^{-10}
$Ni(OH)_2$	5.47×10^{-16}	$Zn(OH)_2(\alpha)$	6.68×10^{-17}
NiS	1.07×10^{-21}	$Zn(OH)_2(\beta)$	7.71×10^{-17}
$PbCl_2$	1.17×10^{-5}	$Zn(OH)_2(\gamma)$	4.12×10^{-17}
$PbCO_3$	1.46×10^{-13}	ZnS	2.93×10^{-25}

附录 12　标准电极电势(298.2 K)

电极反应	$\varphi^{\ominus}$/V
$F_2 + 2\,e^- \rightleftharpoons 2\,F^-$	2.87
$O_3 + 2\,H^+ + 2\,e^- \rightleftharpoons O_2 + H_2O$	2.07
$S_2O_8^{2-} + 2\,e^- \rightleftharpoons 2\,SO_4^{2-}$	2.0
$H_2O_2 + 2\,H^+ + 2\,e^- \rightleftharpoons 2\,H_2O$	1.776
$MnO_4^- + 4\,H^+ + 3\,e^- \rightleftharpoons MnO_2 + 2\,H_2O$	1.679
$HClO + H^+ + e^- \rightleftharpoons 1/2\,Cl_2 + H_2O$	1.63
$BrO_3^- + 6\,H^+ + 5\,e^- \rightleftharpoons 1/2\,Br_2 + 3\,H_2O$	1.52
$Mn^{3+} + e^- \rightleftharpoons Mn^{2+}$	1.51
$MnO_4^- + 8\,H^+ + 5\,e^- \rightleftharpoons Mn^{2+} + 4\,H_2O$	1.491
$HClO + H^+ + 2\,e^- \rightleftharpoons Cl^- + H_2O$	1.49
$ClO_3^- + 6\,H^+ + 5\,e^- \rightleftharpoons 1/2\,Cl_2 + 3\,H_2O$	1.47
$PbO_2 + 4\,H^+ + 2\,e^- \rightleftharpoons Pb^{2+} + 2\,H_2O$	1.46
$ClO_3^- + 6\,H^+ + 6\,e^- \rightleftharpoons Cl^- + 3\,H_2O$	1.45
$Ce^{4+} + e^- \rightleftharpoons Ce^{3+}$	1.4430
$BrO_3^- + 6\,H^+ + 6\,e^- \rightleftharpoons Br^- + 3\,H_2O$	1.44
$Cl_2 + 2\,e^- \rightleftharpoons 2\,Cl^-$	1.3583
$Cr_2O_7^{2-} + 14\,H^+ + 6\,e^- \rightleftharpoons 2\,Cr^{3+} + 7\,H_2O$	1.33
$O_2 + 4\,H^+ + 4\,e^- \rightleftharpoons 2H_2O$	1.229
$MnO_2 + 4\,H^+ + 2\,e^- \rightleftharpoons Mn^{2+} + 2\,H_2O$	1.208

续表

电极反应	$\varphi^\ominus$/V
$2\ IO_3^- + 12\ H^+ + 10\ e^- \rightleftharpoons I_2 + 6\ H_2O$	1.19
$Br_2(aq) + 2\ e^- \rightleftharpoons 2\ Br^-$	1.087
$IO_3^- + 6\ H^+ + 6\ e^- \rightleftharpoons I^- + 3\ H_2O$	1.085
$HNO_2 + H^+ + e^- \rightleftharpoons NO + H_2O$	0.99
$NO_3^- + 4\ H^+ + 3\ e^- \rightleftharpoons NO + 2\ H_2O$	0.96
$NO_3^- + 3\ H^+ + 2\ e^- \rightleftharpoons HNO_2 + H_2O$	0.94
$2Hg^{2+} + 2\ e^- \rightleftharpoons Hg_2^{2+}$	0.905
$ClO^- + H_2O + 2\ e^- \rightleftharpoons Cl^- + 2OH^-$	0.90
$Hg^{2+} + 2\ e^- \rightleftharpoons Hg$	0.851
$Ag^+ + e^- \rightleftharpoons Ag$	0.7991
$Hg_2^{2+} + 2\ e^- \rightleftharpoons 2\ Hg$	0.7961
$Fe^{3+} + e^- \rightleftharpoons Fe^{2+}$	0.771
$O_2 + 2\ H^+ + 2\ e^- \rightleftharpoons H_2O_2$	0.682
$MnO_4^- + 2\ H_2O + 3\ e^- \rightleftharpoons MnO_2 + 4\ OH^-$	0.588
$MnO_4^- + e^- \rightleftharpoons MnO_4^{2-}$	0.564
$I_2 + 2\ e^- \rightleftharpoons 2\ I^-$	0.5355
$I_3^- + 2\ e^- \rightleftharpoons 3\ I^-$	0.5338
$Cu^{2+} + 2\ e^- \rightleftharpoons Cu$	0.3402
$Hg_2Cl_2 + 2\ e^- \rightleftharpoons 2\ Hg + 2\ Cl^-$	0.2682
$AgCl + e^- \rightleftharpoons Ag + Cl^-$	0.2223
$Cu^{2+} + e^- \rightleftharpoons Cu^+$	0.158
$Sn^{4+} + 2\ e^- \rightleftharpoons Sn^{2+}$	0.15
$S_4O_6^{2-} + 2\ e^- \rightleftharpoons 2\ S_2O_3^{2-}$	0.09
$AgBr + e^- \rightleftharpoons Ag + Br^-$	0.0713
$2\ H^+ + 2\ e^- \rightleftharpoons H_2$	0.000
$Fe^{3+} + 3\ e^- \rightleftharpoons Fe$	−0.036
$Ag_2S + 2\ H^+ + 2\ e^- \rightleftharpoons 2\ Ag + H_2S$	−0.0366
$Pb^{2+} + 2\ e^- \rightleftharpoons Pb$	−0.1263
$Sn^{2+} + 2\ e^- \rightleftharpoons Sn$	−0.1364
$AgI + e^- \rightleftharpoons Ag + I^-$	−0.1519
$Ni^{2+} + 2\ e^- \rightleftharpoons Ni$	−0.23
$Co^{2+} + 2\ e^- \rightleftharpoons Co$	−0.28
$Cd^{2+} + 2\ e^- \rightleftharpoons Cd$	−0.4026

续表

电极反应	$\varphi^\ominus$/V
$Fe^{2+} + 2e^- \rightleftharpoons Fe$	−0.4402
$2CO_2 + 2H^+ + 2e^- \rightleftharpoons H_2C_2O_4$	−0.49
$S + 2e^- \rightleftharpoons S^{2-}$	−0.508
$2SO_3^{2-} + 3H_2O + 4e^- \rightleftharpoons S_2O_3^{2-} + 6OH^-$	−0.58
$Zn^{2+} + 2e^- \rightleftharpoons Zn$	−0.7628
$Sn(OH)_6^{2-} + 2e^- \rightleftharpoons HSnO_2^- + 3OH^- + H_2O$	−0.96
$Mn^{2+} + 2e^- \rightleftharpoons Mn$	−1.029
$Mg^{2+} + 2e^- \rightleftharpoons Mg$	−2.375
$Na^+ + e^- \rightleftharpoons Na$	−2.7109
$Ca^{2+} + 2e^- \rightleftharpoons Ca$	−2.76
$Sr^{2+} + 2e^- \rightleftharpoons Sr$	−2.89
$Ba^{2+} + 2e^- \rightleftharpoons Ba$	−2.90
$K^+ + e^- \rightleftharpoons K$	−2.924
$Li^+ + e^- \rightleftharpoons Li$	−3.045

附录 13 一些常见配离子的稳定常数

配离子	$K^\ominus_{稳}$	$\lg K^\ominus_{稳}$	配离子	$K^\ominus_{稳}$	$\lg K^\ominus_{稳}$
1 : 1			$[Au(CN)_2]^-$	2.00×10^{38}	38.30
$[NaY]^{3-}$	4.57×10^{1}	1.66	$[Ag(S_2O_3)_2]^{3-}$	2.88×10^{13}	13.46
$[AgY]^{3-}$	2.00×10^{7}	7.30	1 : 3		
$[MgY]^{2-}$	4.90×10^{8}	8.69	$[Fe(SCN)_3]$	2.00×10^{3}	3.30
$[CaY]^{2-}$	4.90×10^{10}	10.96	$[Al(C_2O_4)_3]^{3-}$	2.00×10^{16}	16.30
$[FeY]^{2-}$	2.14×10^{14}	14.33	$[Fe(C_2O_4)_3]^{3-}$	1.58×10^{20}	20.20
$[CdY]^{2-}$	3.16×10^{16}	16.50	1 : 4		
$[NiY]^{2-}$	4.68×10^{18}	18.67	$[CdCl_4]^{2-}$	3.09×10^{2}	2.49
$[CuY]^{2-}$	6.38×10^{18}	18.80	$[Cd(SCN)_4]^{2-}$	3.80×10^{2}	2.58
$[HgY]^{2-}$	6.30×10^{21}	21.80	$[Co(SCN)_4]^{2-}$	1.00×10^{3}	3.00
$[FeY]^-$	1.26×10^{25}	25.10	$[CdI_4]^{2-}$	3.02×10^{6}	6.48
$[CoY]^-$	1.00×10^{36}	36.00	$[Cd(NH_3)_4]^{2+}$	1.29×10^{7}	7.11
1 : 2			$[Zn(NH_3)_4]^{2+}$	2.88×10^{9}	9.46
$[Ag(NH_3)_2]^+$	1.60×10^{7}	7.23	$[Cu(NH_3)_4]^{2+}$	1.70×10^{13}	13.23
$[Ag(en)]^+$	6.31×10^{7}	7.80	$[Cu(en)_2]^{2+}$	3.98×10^{19}	19.60
$[Ag(SCN)_2]^-$	3.71×10^{7}	8.60	$[HgCl_4]^{2-}$	1.26×10^{15}	15.10
$[Cu(NH_3)_2]^+$	7.41×10^{10}	10.87	$[Zn(CN)_4]^{2-}$	1.00×10^{6}	16.00
$[Ag(CN)_2]^-$	1.00×10^{21}	21.00	$[Cu(CN)_4]^{2-}$	2.00×10^{27}	27.30
$[Cu(CN)_2]^-$	1.00×10^{24}	24.00	$[HgI_4]^{2-}$	6.80×10^{29}	29.83

续表

配离子	$K^{\ominus}_{稳}$	$\lg K^{\ominus}_{稳}$	配离子	$K^{\ominus}_{稳}$	$\lg K^{\ominus}_{稳}$
$[Hg(CN)_4]^{2-}$	1.00×10^{41}	41.00	$[Co(NH_3)_6]^{3+}$	1.41×10^{35}	35.15
$[Ni(CN)_4]^{2-}$	2.0×10^{31}	31.30	$[AlF_6]^{3-}$	6.92×10^{19}	19.84
1：6			$[Fe(CN)_6]^{3-}$	1.00×10^{42}	42.00
$[Co(NH_3)_6]^{2+}$	1.29×10^{5}	5.11	$[Fe(CN)_6]^{4-}$	1.00×10^{35}	35.00
$[Cd(NH_3)_6]^{2+}$	1.29×10^{7}	7.11	$[Co(CN)_6]^{3-}$	1.00×10^{64}	64.00
$[Ni(NH_3)_6]^{2+}$	1.10×10^{8}	8.04	$[FeF_6]^{3-}$	1.00×10^{16}	16.00

附录 14　常见离子和化合物的颜色

一、离子

元素	离子式	颜色	元素	离子式	颜色
1. 铬	$[Cr(H_2O)_4]^{2+}$	天蓝色	5. 钴	$[Co(NH_3)_6]^{2+}$	土黄色
	$[Cr(H_2O)_6]^{3+}$	蓝紫色		$[Co(NH_3)_6]^{3+}$	红棕色
	$[Cr(NH_3)_6]^{3+}$	黄色		$[CoCl(NH_3)_6]^{2+}$	红紫色
	$[Cr(H_2O)_5Cl]^{2+}$	蓝绿色		$[Co(NH_3)_5(H_2O)]^{3+}$	粉红
	$[Cr(H_2O)_4Cl_2]^{+}$	绿色		$[Co(NH_3)_5(CO_3)]^{+}$	紫红色
	$[Cr(OH)_4]^{-}$	亮绿色		$[Co(CN)_6]^{3-}$	浅黄色
	$[Cr(NH_3)_2(H_2O)_4]^{3+}$	紫红色		$[Co(SCN)_4]^{2-}$	蓝色
	$[Cr(NH_3)_3(H_2O)_3]^{3+}$	浅红色	6. 铜	$[Cu(H_2O)_4]^{2+}$	蓝色
	$[Cr(NH_3)_4(H_2O)_2]^{3+}$	橙红色		$[Cu(NH_3)_4]^{2+}$	深蓝色
	$[Cr(NH_3)_5(H_2O)]^{3+}$	橙黄色		$[Cu(OH)_4]^{2-}$	亮蓝色
	CrO_4^{2-}	黄色		$[CuCl_2]^{-}$	浅黄色
	$Cr_2O_7^{2-}$	橙色		$[Cu(NH_3)_2]^{+}$	无色
2. 钛	$[Ti(H_2O)_6]^{3+}$	紫色		$[CuCl_4]^{2-}$	黄色
	$[TiO(H_2O_2)]^{3+}$	橙黄色	7. 锰	$[Mn(H_2O)_6]^{2+}$	肉色
	$[TiCl(H_2O)_5]^{2+}$	绿色		MnO_4^{2-}	绿色
	TiO^{2+}	无色		MnO_4^{-}	紫红色
3. 碘	I_3^{-}	浅棕黄色	8. 钒	$[V(H_2O)_6]^{2+}$	蓝紫色
4. 铁	$[Fe(H_2O)_6]^{2+}$	浅绿色		$[V(H_2O)_6]^{3+}$	绿色
	$[Fe(H_2O)_6]^{3+}$	浅紫色		VO^{2+}	蓝色
	$[Fe(NCS)_n]^{3-n}$	血红色		VO_2^{+}	黄色
	$[Fe(CN)_6]^{4-}$	黄色		$[VO_2(O_2)_2]^{3-}$	黄色
	$[Fe(CN)_6]^{3-}$	红棕色		$[V(O_2)]^{3+}$	深红色
	$[FeCl_6]^{3-}$	黄色	9. 镍	$[Ni(H_2O)_6]^{2+}$	亮绿色
	$[FeF_6]^{3-}$	无色		$[Ni(NH_3)_6]^{2+}$	蓝紫色
	$[Fe(C_2O_4)_3]^{3-}$	翠绿色		$[Ni(CN)_4]^{2-}$	黄色
5. 钴	$[Co(H_2O)_6]^{2+}$	粉红色			

二、化合物

化合物	分子式	颜色
1. 氧化物	Ag_2O	褐色
	Bi_2O_3	黄色
	CdO	棕黄色
	CoO	灰绿色
	Co_2O_3	黑色
	Cr_2O_3	绿色
	CrO_3	橙红色
	CuO	黑色
	FeO	黑色
	Fe_2O_3	棕红色
	Fe_3O_4	黑色
	Hg_2O	黑色
	HgO	红色或黄色
	MnO_2	黑色
	MoO_2	铅灰色
	NiO	暗绿色
	PbO	黄色
	PbO_2	棕褐色
	Pb_3O_4	红色
	Pb_2O_3	橙色
	Sb_2O_3	白色
	TiO_2	白色
	V_2O_5	红棕色
	VO	亮灰色
	WO_2	棕红色
	ZnO	白色
2. 氢氧化物	$Al(OH)_3$	白色
	$Bi(OH)_3$	白色
	BiO(OH)	灰黄色
	$Cd(OH)_2$	白色
	$Fe(OH)_2$	白色
	$Fe(OH)_3$	红棕色
2. 氢氧化物	$Co(OH)_2$	粉红色
	CoO(OH)	褐色
	$Cr(OH)_3$	灰绿色
	Cu(OH)	黄色
	$Cu(OH)_2$	浅蓝色
	$Mg(OH)_2$	白色
	$Mn(OH)_2$	白色
	$MnO(OH)_2$	棕黑色
	$Ni(OH)_2$	绿色
	NiO(OH)	黑色
	$Pb(OH)_2$	白色
	$Sb(OH)_3$	白色
	$Sn(OH)_2$	白色
	$Sn(OH)_4$	白色
	$Zn(OH)_2$	白色
3. 氯化物	AgCl	白色
	BiOCl	白色
	$CoCl_2$	蓝色
	$CoCl_2 \cdot H_2O$	蓝棕色
	$CoCl_2 \cdot 2H_2O$	紫红色
	$CoCl_2 \cdot 6H_2O$	粉红色
	Co(OH)Cl	蓝色
	$CrCl_3 \cdot 6H_2O$	绿色
	$CuCl_2 \cdot 2H_2O$	绿色
	$CuCl_2$	棕褐色
	$FeCl_3 \cdot 6H_2O$	棕黄色
	Hg_2Cl_2	白色
	$Hg(NH_2)Cl$	白色
	$PbCl_2$	白色
	SbOCl	白色
	Sn(OH)Cl	白色
	$TiCl_3 \cdot 6H_2O$	紫色或绿色

续表

化合物	分子式	颜色
4. 溴化物	$AgBr$	浅黄色
	$CuBr_2$	黑紫色
	$PbBr_2$	白色
5. 碘化物	AgI	黄色
	BiI_3	褐色
	CuI	白色
	Hg_2I_2	黄绿色
	HgI_2	红色
	PbI_2	黄色
	SbI_2	黄色
	TiI_4	暗棕色
6. 硫化物	Ag_2S	黑色
	As_2S_3	黄色
	As_2S_5	黄色
	Bi_2S_3	黑色
	Bi_2S_5	黑褐色
	CdS	黄色
	CoS	黑色
	CuS	黑色
	Cu_2S	黑色
	FeS	黑色
	Fe_2S_3	黑色
	HgS	红色或黑色
	MnS	肉色
	NiS	黑色
	PbS	黑色
	Sb_2S_3	橙色
	Sb_2S_5	橙色
	SnS	褐色
	SnS_2	黄色
	ZnS	白色
7. 硫酸盐	$Cu_2(OH)_2SO_4$	浅蓝色
7. 硫酸盐	$CuSO_4 \cdot 5H_2O$	蓝色
	$[Fe(NO)]SO_4$	深棕色
	$(NH_4)_2Fe(SO_4)_2 \cdot 6H_2O$	浅绿色
	$NH_4Fe(SO_4)_2 \cdot 12H_2O$	浅紫色
	$HgSO_4$	白色
	$HgSO_4 \cdot HgO$	黄色
	$PbSO_4$	白色
	$SrSO_4$	白色
	Ag_2SO_4	白色
	$BaSO_4$	白色
	$CaSO_4$	白色
	$CoSO_4 \cdot 7H_2O$	红色
	$Cr_2(SO_4)_3$	桃红色
	$Cr_2(SO_4)_3 \cdot 18H_2O$	紫色
	$Cr_2(SO_4)_3 \cdot 6H_2O$	绿色
8. 碳酸盐	Ag_2CO_3	白色
	$BaCO_3$	白色
	$Bi(OH)CO_3$	白色
	$CaCO_3$	白色
	$CdCO_3$	白色
	$Cd_2(OH)_2CO_3$	白色
	$Co_2(OH)_2CO_3$	红色
	$Cu_2(OH)_2CO_3$	蓝色或暗绿色
	$FeCO_3$	白色
	Hg_2CO_3	浅黄色
	$Hg_2(OH)_2CO_3$	红褐色
	$Mg_2(OH)_2CO_3$	白色
	$MnCO_3$	白色
	$Ni_2(OH)_2CO_3$	浅绿色
	$Pb_2(OH)_2CO_3$	白色
	$SrCO_3$	白色
	$Zn_2(OH)_2CO_3$	白色

续表

化合物	分子式	颜色
9. 磷酸盐	Ag_3PO_4	黄色
	$BaHPO_4$	白色
	$CaHPO_4$	白色
	$Ca_3(PO_4)_2$	白色
	$FePO_4$	浅黄色
	NH_4MgPO_4	白色
10. 硅酸盐	Ag_2SiO_3	黄色
	$BaSiO_3$	白色
	$CoSiO_3$	紫色
	$CuSiO_3$	蓝色
	$Fe_2(SiO_3)_3$	棕红色
	$MnSiO_3$	肉色
	$NiSiO_3$	翠绿色
	$ZnSiO_3$	白色
11. 铬酸盐	$CaCrO_4$	黄色
	$CdCrO_4$	黄色
	$FeCrO_4 \cdot 2H_2O$	黄色
	$HgCrO_4$	红色
	Hg_2CrO_4	棕色
	$PbCrO_4$	黄色
	Ag_2CrO_4	砖红色
	$BaCrO_4$	黄色
12. 草酸盐	$Ag_2C_2O_4$	白色
	BaC_2O_4	白色
	CaC_2O_4	白色
	$FeC_2O_4 \cdot 2H_2O$	浅黄色
	PbC_2O_4	白色
13. 拟卤化物	AgCN	白色

化合物	分子式	颜色
13. 拟卤化物	AgSCN	白色
	CuCN	白色
	$Cu(CN)_2$	黄色
	$Cu(SCN)_2$	暗绿色
	$Ni(CN)_2$	浅绿色
14. 其他含氧酸盐	$Ag_2S_2O_3$	白色
	BaS_2O_3	白色
	$BaSO_3$	白色
	$NaBiO_3$	浅黄色
	$SrSO_3$	白色
15. 其他化合物	$Ag_4[Fe(CN)_6]$	白色
	$Ag_3[Fe(CN)_6]$	橙色
	$Cd_2[Fe(CN)_6]$	白色
	$Co_2[Fe(CN)_6]$	绿色
	$Cu_2[Fe(CN)_6]$	棕红色
	$Mn_2[Fe(CN)_6]$	白色
	$Ni_2[Fe(CN)_6]$	浅绿色
	$Pb_2[Fe(CN)_6]$	白色
	$Zn_2[Fe(CN)_6]$	白色
	$Zn_3[Fe(CN)_6]_2$	黄褐色
	$K[Fe(CN)_6Fe]$	深蓝色
	$K_3[Co(NO_2)_6]$	黄色
	$K_2[Cu(C_2O_4)_2]$	蓝色
	$K_2[PtCl_6]$	黄色
	$Na_2[Fe(CN)_5NO] \cdot 2H_2O$	红色
	$(NH_4)_2MoS_4$	血红色
	二(丁二酮肟)合镍(Ⅱ)	桃红色
	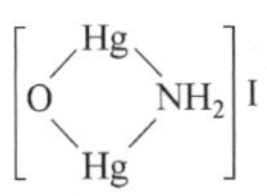	红棕色

附录 15　某些试剂的配制

试剂名称	浓度	配制方法
三氯化铋	0.1 mol · L^{-1}	31.6 g $BiCl_3$ 溶于 330 mL 6 mol · L^{-1} HCl 中，加水稀释至 1 L
三氯化锑	0.1 mol · L^{-1}	22.8 g $SbCl_3$ 溶于 30 mL 6 mol · L^{-1} HCl 中，加水稀释至 1 L
三氯化铁	1 mol · L^{-1}	90 g $FeCl_3 \cdot 6H_2O$ 溶于 80 mL 6 mol · L^{-1} HCl 中，加水稀释至 1 L
三氯化铬	0.5 mol · L^{-1}	44.5 g $CrCl_3 \cdot 6H_2O$ 溶于 40 mL 5 mol · L^{-1} HCl 中，加水稀释至 1 L
氯化亚锡	0.1 mol · L^{-1}	22.6 g $SnCl_2 \cdot 2H_2O$ 溶于 330 mL 16 mol · L^{-1} HCl 中，加水稀释至 1 L，加入数粒纯锡
硝酸汞	0.1 mol · L^{-1}	33.4 g $Hg(NO_3)_2 \cdot 0.5H_2O$ 溶于 1 L 0.6 mol · L^{-1} HNO_3 中
硝酸亚汞	0.1 mol · L^{-1}	56.1 g $Hg_2(NO_3)_2 \cdot 2H_2O$ 溶于 1 L 0.6 mol · L^{-1} HNO_3 中，并加入少许金属汞
硫化钠	2 mol · L^{-1}	240 g $Na_2S \cdot 9H_2O$ 及 40 g NaOH 溶于一定量水中，稀释至 1 L
硫化铵	3 mol · L^{-1}	在 200 mL 浓氨水中通入 H_2S，直至不再吸收为止，然后加入 200 mL 浓氨水，稀释至 1 L
硫酸氧钛 $TiOSO_4$	0.1 mol · L^{-1}	19 g 液态 $TiCl_4$ 溶于 220 mL 1∶1 H_2SO_4 中，再用水稀释至 1 L 注意：液态 $TiCl_4$ 在空气中强烈发烟，因此必须在通风橱中配制
钼酸铵 $(NH_4)_6Mo_7O_{24}$	0.1 mol · L^{-1}	124 g $(NH_4)_6Mo_7O_{24} \cdot 4H_2O$ 溶于 1 L 水中，将所得溶液倒入 1 L 6 mol · L^{-1} HNO_3 中，放置 24 h，取其澄清液
硝酸银-氨溶液		1.7 g $AgNO_3$ 溶于水中，加 17 mL 浓氨水，稀释至 1 L
氯水		在水中通入氯气直至饱和
溴水		在水中滴入液溴直至饱和
碘水	0.1 mol · L^{-1}	2.5 g 碘和 3 g KI 溶于尽可能少量的水中，加水稀释至 1 L
镁试剂		0.01 g 对硝基苯偶氮间苯二酚溶于 1 L 1 mol · L^{-1} NaOH 溶液中
淀粉溶液	1%	将 1 g 淀粉和少量冷水调成糊状，倒入 100 mL 沸水中，煮沸后冷却
奈斯勒试剂		115 g HgI_2 和 80 g KI 溶于水中，稀释至 500 mL，加入 500 mL 6 mol · L^{-1} NaOH 溶液静置后，取其清液，保存在棕色瓶中
二苯硫腙		溶解 0.1 g 二苯硫腙于 1 L CCl_4 或 $CHCl_3$ 中
铬黑 T		将铬黑 T 和烘干的 NaCl 按 1∶100 的比例研细，均匀混合，储于棕色瓶中
钙指示剂		将钙指示剂和烘干的 NaCl 按 1∶50 的比例研细，均匀混合，储于棕色瓶中
紫脲酸铵指示剂		1 g 紫脲酸铵加 100 g 氯化钠，研匀
亚硝酰铁氰化钠 $Na_2[Fe(CN)_5NO]$	1%	1 g 亚硝酰铁氰化钠溶于 100 mL 水中，如溶液变成蓝色，则需重新配制(只能保存数天)
甲基橙	0.1%	1 g 甲基橙溶于 1 L 热水中
石蕊	0.5%～1%	5～10 g 石蕊溶于 1 L 水中
酚酞	0.1%	1 g 酚酞溶于 900 mL 乙醇与 100 mL 水的混合液中
淀粉-碘化钾		0.5%淀粉溶液中含 0.1 mol · L^{-1} 碘化钾
丁二酮肟		1 g 丁二酮肟溶于 100 mL 95%乙醇中
甲醛		1 份 40%甲醛溶液与 7 份水混合

附录 16 常见化合物的相对分子质量

化合物	相对分子质量	化合物	相对分子质量	化合物	相对分子质量
Ag_3AsO_4	462.52	CO_2	44.01	$CrCl_3$	158.35
AgBr	187.77	$CdCl_2$	183.32	$CrCl_3 \cdot 6H_2O$	266.45
AgCl	143.32	CdS	144.47	Cu_2O	143.09
AgCN	133.89	$Ce(SO_4)_2$	332.24	CuS	95.61
AgSCN	165.95	$Ce(SO_4)_2 \cdot 4H_2O$	404.30	$CuSO_4$	159.60
Ag_2CrO_4	331.73	$CoCl_2$	129.84	$CuSO_4 \cdot 5H_2O$	249.68
AgI	234.77	$CoCl_2 \cdot 6H_2O$	237.93	$Cu(C_2H_3O_2)_2 \cdot 3Cu(AsO_2)_2$	1013.80
$AgNO_3$	169.87	$Co(NO_3)_2$	132.94	CaO	56.08
$AlCl_3$	133.34	$Co(NO_3)_2 \cdot 6H_2O$	291.03	$CaCO_3$	100.09
$AlCl_3 \cdot 6H_2O$	241.43	CoS	90.99	CaC_2O_4	128.10
$Al(NO_3)_3$	213.00	$CoSO_4$	154.99	$CaCl_2$	110.99
$Al(NO_3)_3 \cdot 9H_2O$	375.13	$CoSO_4 \cdot 7H_2O$	281.10	$CaCl_2 \cdot 6H_2O$	219.08
Al_2O_3	101.96	$CO(NH_2)_2$(尿素)	60.06	$Ca(NO_3)_2 \cdot 4H_2O$	236.15
$Al(OH)_3$	78.00	$CS(NH_2)_2$(硫脲)	76.12	$Ca(OH)_2$	74.09
$Al_2(SO_4)_3$	342.14	CH_3COOH	60.052	$Ca_3(PO_4)_2$	310.18
$Al_2(SO_4)_3 \cdot 18H_2O$	666.41	C_6H_5OH	94.11	$CaSO_4$	136.14
As_2O_3	197.84	CH_2O(甲醛)	30.03	$CdCO_3$	172.42
As_2O_5	229.84	CH_3COONH_4	77.083	$Cr(NO_3)_3$	238.01
As_2S_3	246.02	CH_3COONa	82.034	Cr_2O_3	151.99
$BaCO_3$	197.34	$CH_3COONa \cdot 3H_2O$	136.08	CuCl	98.999
BaC_2O_4	225.35	$C_{14}H_{14}N_3O_3SNa$(甲基橙)	327.33	$CuCl_2$	134.45
$BaCl_2$	208.24	$C_6H_5NO_3$(硝基酚)	139.11	$CuCl_2 \cdot 2H_2O$	170.48
$BaCl_2 \cdot 2H_2O$	244.27	$C_4H_8N_2O_2$(丁二酮肟)	116.12	CuSCN	121.62
$BaCrO_4$	253.32	$(CH_2)_6N_4$(六亚甲基四胺)	140.19	CuI	190.45
BaO	153.33	$C_7H_6O_6S \cdot 2H_2O$(磺基水杨酸)	254.22	$Cu(NO_3)_2$	187.56
$Ba(OH)_2$	171.34	C_9H_6NOH(8-羟基喹啉)	145.16	$Cu(NO_3)_2 \cdot 3H_2O$	241.60
$BaSO_4$	233.39	$C_{12}H_8N_2 \cdot H_2O$(邻菲啰啉)	198.22	CuO	79.545
$BiCl_3$	315.34	$C_2H_5NO_2$(氨基乙酸，甘氨酸)	75.07	$FeCl_2$	126.75
BiOCl	260.43	$C_6H_{12}N_2O_2S_2$(L-胱氨酸)	240.30	$FeCl_2 \cdot 4H_2O$	198.81

续表

化合物	相对分子质量	化合物	相对分子质量	化合物	相对分子质量
$FeCl_3$	162.21	HgS	232.65	$KHC_8H_4O_4$(邻苯二甲酸氢钾)	204.22
$FeCl_3 \cdot 6H_2O$	270.30	$HgSO_4$	296.65	$KHSO_4$	136.16
$FeNH_4(SO_4)_2 \cdot 12H_2O$	482.18	Hg_2SO_4	497.24	KI	166.00
$Fe(NO_3)_3$	241.86	$H_2C_2O_4 \cdot 2H_2O$	126.07	KIO_3	214.00
$Fe(NO_3)_3 \cdot 9H_2O$	404.00	HCl	36.461	$KIO_3 \cdot HIO_3$	389.91
FeO	71.846	HF	20.006	$KMnO_4$	158.03
Fe_2O_3	159.69	HI	127.91	$KNaC_4H_4O_6 \cdot 4H_2O$	282.22
Fe_3O_4	231.54	HIO_3	175.91	KNO_3	101.0
$Fe(OH)_3$	106.87	HNO_3	63.013	KNO_2	85.104
FeS	87.91	HNO_2	47.013	K_2O	94.196
Fe_2S_3	207.87	H_2O	18.015	KOH	56.106
$FeSO_4$	151.9	H_2O_2	34.015	$MgCO_3$	84.314
$FeSO_4 \cdot 7H_2O$	278.01	H_3PO_4	97.995	$MgCl_2$	95.211
$FeSO_4 \cdot (NH_4)_2SO_4 \cdot 6H_2O$	392.13	H_2S	34.08	$MgCl_2 \cdot 6H_2O$	203.30
H_3AsO_3	125.94	$KAl(SO_4)_2 \cdot 12H_2O$	474.38	MgC_2O_4	112.33
H_3AsO_4	141.94	KBr	119.00	$Mg(NO_3)_2 \cdot 6H_2O$	256.41
H_3BO_3	61.83	$KBrO_3$	167.00	$MgNH_4PO_4$	137.32
HBr	80.912	KCl	74.551	MgO	40.304
HCN	27.026	$KClO_3$	122.55	$Mg(OH)_2$	58.32
$HCOOH$	46.026	$KClO_4$	138.55	$Mg_2P_2O_7$	222.55
H_2CO_3	62.025	KCN	65.116	$MgSO_4 \cdot 7H_2O$	246.47
$H_2C_2O_4$	90.035	$KSCN$	97.18	$MnCO_3$	114.95
H_2SO_3	82.07	K_2CO_3	138.21	$MnCl_2 \cdot 4H_2O$	197.91
H_2SO_4	98.07	K_2SO_4	174.25	$Mn(NO_3)_2 \cdot 6H_2O$	287.04
$Hg(CN)_2$	252.63	K_2CrO_4	194.19	MnO	70.937
$HgCl_2$	271.50	$K_2Cr_2O_7$	294.18	MnO_2	86.937
Hg_2Cl_2	472.09	$K_3Fe(CN)_6$	329.25	MnS	87.00
HgI_2	454.40	$K_4Fe(CN)_6$	368.35	$MnSO_4$	151.00
$Hg_2(NO_3)_2$	525.19	$KFe(SO_4)_2 \cdot 12H_2O$	503.24	$MnSO_4 \cdot 4H_2O$	223.06
$Hg_2(NO_3)_2 \cdot 2H_2O$	561.22	$KHC_2O_4 \cdot H_2O$	146.14	$NaSCN$	81.07
$Hg(NO_3)_2$	324.60	$KHC_2O_4 \cdot H_2C_2O_4 \cdot 2H_2O$	254.19	Na_2CO_3	105.99
HgO	216.59	$KHC_4H_4O_6$(酒石酸氢钾)	188.18	$Na_2CO_3 \cdot 10H_2O$	286.14

续表

化合物	相对分子质量	化合物	相对分子质量	化合物	相对分子质量
$Na_2C_2O_4$	134.00	$(NH_4)_2SO_4$	132.13	SO_3	80.06
$Na_3C_6H_5O_7$(柠檬酸钠)	258.07	$(NH_4)_3PO_4 \cdot 12MoO_3$	1876.53	$SbCl_3$	228.11
$NaC_5H_8NO_4 \cdot H_2O$(L-谷氨酸钠)	187.13	Na_3AsO_3	191.89	$SbCl_5$	299.02
NaCl	58.443	$Na_2B_4O_7$	201.22	Sb_2O_3	291.50
NaClO	74.442	$Na_2B_4O_7 \cdot 10H_2O$	381.37	Sb_2S_3	339.68
$NaHCO_3$	84.007	$NaBiO_3$	279.97	SiF_4	104.08
$Na_2HPO_4 \cdot 12H_2O$	358.14	NaCN	49.007	SiO_2	60.084
$Na_2H_2C_{10}H_{12}O_8N_4$(EDTA 二钠盐)	336.21	$Na_2S \cdot 9H_2O$	240.18	$SnCl_2$	189.62
$Na_2H_2C_{10}H_{12}O_8N_4 \cdot 2H_2O$	372.24	Na_2SO_3	126.04	$SnCl_2 \cdot 2H_2O$	225.65
$NaNO_2$	68.995	Na_2SO_4	142.04	$SnCl_4$	260.52
$NaNO_3$	84.995	$Na_2S_2O_3$	158.10	$SnCl_4 \cdot 5H_2O$	350.596
Na_2O	61.979	$Na_2S_2O_3 \cdot 5H_2O$	248.17	SnO_2	150.71
Na_2O_2	77.978	$NiCl_2 \cdot 6H_2O$	237.69	SnS	150.776
NaOH	39.997	NiS	90.75	$SrCO_3$	147.63
Na_3PO_4	163.94	$NiSO_4 \cdot 7H_2O$	280.85	SrC_2O_4	175.64
Na_2S	78.04	$Ni(C_4H_7N_2O_2)_2$(丁二酮肟镍)	288.91	$SrCrO_4$	203.61
NO	30.006	$PbSO_4$	303.30	$Sr(NO_3)_2$	211.63
NO_2	46.006	P_2O_5	141.94	$Sr(NO_3)_2 \cdot 4H_2O$	283.69
$NH_2OH \cdot HCl$(盐酸羟胺)	69.49	$PbCO_3$	267.20	$SrSO_4$	183.68
NH_3	17.03	PbC_2O_4	295.22	$UO_2(CH_3COO)_2 \cdot 4H_2O$	424.15
NH_4Cl	53.491	$PbCl_2$	278.10	$ZnCO_3$	125.39
$(NH_4)_2CO_3$	96.086	$PbCrO_4$	323.20	ZnC_2O_4	153.40
$(NH_4)_2C_2O_4$	124.10	$Pb(CH_3COO)_2$	325.30	$ZnCl_2$	136.29
$(NH_4)_2C_2O_4 \cdot H_2O$	142.11	$Pb(CH_3COO)_2 \cdot 3H_2O$	379.30	$Zn(CH_3COO)_2$	183.47
NH_4SCN	76.12	PbI_2	461.00	$Zn(CH_3COO)_2 \cdot 2H_2O$	219.50
NH_4HCO_3	79.055	$Pb(NO_3)_2$	331.20	$Zn(NO_3)_2$	189.39
$(NH_4)_2MoO_4$	196.01	PbO	223.20	$Zn(NO_3)_2 \cdot 6H_2O$	297.48
NH_4NO_3	80.043	PbO_2	239.20	ZnO	81.38
$(NH_4)_2HPO_4$	132.06	$Pb_3(PO_4)_2$	811.54	ZnS	97.44
$(NH_4)_2S$	68.14	PbS	239.30	$ZnSO_4$	161.44
NH_4VO_3	116.98	SO_2	64.06	$ZnSO_4 \cdot 7H_2O$	287.54

附录17　常见阳离子与常用试剂反应总表

离子 \ 试剂	离子颜色	HCl	H_2SO_4	NaOH		$NH_3 \cdot H_2O$		$(NH_4)_2CO_3$		H_2S	$(NH_4)_2S$		KI		K_2CrO_4（弱酸性介质）
				适量	过量	适量	过量	适量	过量	0.3 mol·L^{-1} [H^+]	适量	过量	适量	过量	
Mg^{2+}	无色			$Mg(OH)_2\downarrow$ (白色)	难溶	$Mg(OH)_2\downarrow$	难溶	$[Mg(OH)_2]_2CO_3\downarrow$ (白色)	难溶						
Ba^{2+}	无色		$BaSO_4\downarrow$ (白色)	$Ba(OH)_2\downarrow$ (白色) [Ba^{2+}]较大时才沉淀	难溶			$BaCO_3\downarrow$ (白色)	难溶						$BaCrO_4\downarrow$ (黄色)
Sr^{2+}	无色		$SrSO_4\downarrow$ (白色)	$Sr(OH)_2\downarrow$ (白色) [Sr^{2+}]较大时才沉淀	难溶			$SrCO_3\downarrow$ (白色)	难溶						
Ca^{2+}	无色		$CaSO_4\downarrow$ (白色) (溶解度较大)	$Ca(OH)_2\downarrow$ (白色) [Ca^{2+}]较大时才沉淀	难溶			$CaCO_3\downarrow$ (白色)	难溶						
Al^{3+}	无色			$Al(OH)_3\downarrow$ (白色)	$[Al(OH)_4]^-$ (无色)	$Al(OH)_3\downarrow$	难溶	$Al(OH)_3\downarrow$	难溶		$Al(OH)_3\downarrow$	难溶			
Sn^{2+}	无色			$Sn(OH)_2\downarrow$ (白色)	$[Sn(OH)_4]^{2-}$ (无色)	$Sn(OH)_2\downarrow$	难溶	$Sn(OH)_2\downarrow$	难溶	$SnS\downarrow$ (褐色)	$SnS\downarrow$	难溶			
Sn(Ⅳ)	无色			$Sn(OH)_4\downarrow$ (白色)	$[Sn(OH)_6]^{2-}$ (无色)	$Sn(OH)_4\downarrow$	难溶	$Sn(OH)_4\downarrow$	难溶	$SnS_2\downarrow$ (黄色)	$SnS_2\downarrow$	SnS_3^{2-}	$SnI_2\downarrow$ (橙色)	难溶	
Pb^{2+}	无色	$PbCl_2\downarrow$ (白色)	$PbSO_4\downarrow$ (白色)	$Pb(OH)_2\downarrow$ (白色)	$[Pb(OH)_4]^{2-}$ (无色)	$Pb(OH)_2\downarrow$ 或碱式盐沉淀	难溶	$[Pb(OH)]_2CO_3\downarrow$	难溶	$PbS\downarrow$ (黑色)	$PbS\downarrow$	难溶	$PbI_2\downarrow$ (黄色)	$[PbI_4]^{2-}$ (无色)	$PbCrO_4\downarrow$ (黄色)

续表

离子 \ 试剂	离子颜色	HCl	H_2SO_4	NaOH		$NH_3 \cdot H_2O$		$(NH_4)_2CO_3$		H_2S	$(NH_4)_2S$		KI		K_2CrO_4(弱酸性介质)
				适量	过量	适量	过量	适量	过量	$0.3\ mol \cdot L^{-1}$ $[H^+]$	适量	过量	适量	过量	
Sb^{3+}	无色			$Sb(OH)_3\downarrow$(白色)	$[Sb(OH)_4]^-$(无色)	$Sb(OH)_3\downarrow$	难溶	$Sb(OH)_3\downarrow$	难溶	$Sb_2S_3\downarrow$(橙红)	$Sb_2S_3\downarrow$	SbS_3^{2-}	$SbI_3\downarrow$(黄色)(溶于酸)	难溶	
Sb(V)	无色			$H_3SbO_4\downarrow$(白色)	难溶	$H_3SbO_4\downarrow$	难溶	$H_3SbO_4\downarrow$	难溶	$Sb_2S_5\downarrow$(橙红)	$Sb_2S_5\downarrow$	SbS_4^{2-}	析出 I_2(酸性介质)	难溶	
Bi^{3+}	无色			$Bi(OH)_3\downarrow$	难溶	$Bi(OH)_3\downarrow$	难溶	$Bi(OH)CO_3\downarrow$(白色)	难溶	$Bi_2S_3\downarrow$(黑褐色)	$Bi_2S_3\downarrow$	难溶	$BiI_3\downarrow$(黑色)	$[BiI_4]^-$(黄色)	$(BiO)_2Cr_2O_7\downarrow$
Cu^{2+}	蓝色			$Cu(OH)_2\downarrow$(浅蓝色)	$[Cu(OH)_4]^{2-}$(蓝色)	碱式盐↓(蓝色)	$[Cu(NH_3)_4]^{2+}$(深蓝色)	$[Cu(OH)]_2CO_3\downarrow$(浅蓝色)	$[Cu(OH)_4]^{2+}$	$CuS\downarrow$(黑色)	$CuS\downarrow$	难溶	Cu_2I_2(白)+ I_2(溶液呈棕黄色)	难溶	
Ag^+	无色	$AgCl\downarrow$	Ag_2SO_4(白色) $[Ag^+]$较大才能沉淀	Ag_2O(暗褐色)	难溶	$Ag_2O\downarrow$	$[Ag(NH_3)_2]^+$(无色)	$Ag_2CO_3\downarrow$(无色)	$[Ag(NH_3)_2]^+$	$Ag_2S\downarrow$(黑色)	$Ag_2S\downarrow$	难溶	$AgI\downarrow$(黄色)	难溶	$Ag_2CrO_4\downarrow$(砖红色)
Zn^{2+}	无色			$Zn(OH)_2\downarrow$(白色)	$[Zn(OH)_4]^{2-}$(无色)	$Zn(OH)_2\downarrow$	$[Zn(NH_3)_4]^{2+}$(无色)	$[Zn(OH)]_2CO_3\downarrow$(无色)	$[Zn(NH_3)_4]^{2+}$		$ZnS\downarrow$(白色)	难溶			
Cd^{2+}	无色			$Cd(OH)_2\downarrow$(黄色)	难溶	$Cd(OH)_2\downarrow$	$[Cd(NH_3)_4]^{2+}$	$[Cd(NH_3)_4]^{2+}$	难溶	$CdS\downarrow$(黄色)	$CdS\downarrow$	难溶	$CdI_2\downarrow$(浅黄色)	$[CdI_4]^{2-}$(无色)	
Hg^{2+}	无色			$HgO\downarrow$(红色或黄色)	难溶	$HgNH_2Cl$(白色) 在硝酸汞溶液中则生成 $HgO \cdot NH_2HgNO_3$(白色)	难溶	$HgCO_3 \cdot 3H_2O\downarrow$(红棕色)	难溶	$HgS\downarrow$(黑色)	$HgS\downarrow$	难溶	HgI_2(红色)	$[HgI_4]^{2-}$(无色)	

续表

离子	试剂 / 离子颜色	HCl	H_2SO_4	NaOH 适量	NaOH 过量	$NH_3 \cdot H_2O$ 适量	$NH_3 \cdot H_2O$ 过量	$(NH_4)_2CO_3$ 适量	$(NH_4)_2CO_3$ 过量	H_2S 0.3 mol·L^{-1} [H$^+$]	$(NH_4)_2S$ 适量	$(NH_4)_2S$ 过量	KI 适量	KI 过量	K_2CrO_4 (弱酸性介质)
Hg_2^{2+}	无色	Hg_2Cl_2↓(白色)	Hg_2SO_4↓(白色)	Hg_2O↓(黑色)→HgO + Hg	难溶	$HgO \cdot NH_2HgNO_3$↓ + Hg↓	难溶	Hg_2CO_3↓(浅黄色)→HgO + Hg↓	难溶	HgS↓ + Hg↓	HgS↓ + Hg	难溶	Hg_2I_2↓(黄绿色)	$[HgI_4]^{2-}$ + Hg↓	$HgCrO_4$↓(红褐色)
Cr^{3+}	蓝紫色			$Cr(OH)_3$↓(灰绿色)	$[Cr(OH)_4]^-$(绿色)	$Cr(OH)_3$↓	微溶	$Cr(OH)_3$↓	难溶		$Cr(OH)_3$↓	难溶			
Mn^{2+}	肉色(离子浓度低时近似无色)			$Mn(OH)_2$↓(肉色)→$MnO(OH)_2$↓(棕色)	难溶	$Mn(OH)_2$↓→$MnO(OH)_2$↓	难溶	$MnCO_3$↓(肉色)	难溶		MnS↓(肉色)	难溶			
Fe^{2+}	浅绿色			$Fe(OH)_2$↓(白色)→FeO(OH)↓(红棕色)	难溶	$Fe(OH)_2$↓→FeO(OH)↓	难溶	$[Fe(OH)]_2CO_3$↓(白色)→FeO(OH)↓	难溶		FeS↓(黑色)	难溶			
Fe^{3+}	浅黄色			FeO(OH)↓	难溶	FeO(OH)↓	难溶	FeO(OH)↓	难溶		Fe_2S_3↓	难溶	生成Fe^{2+}并析出 I_2，溶液呈棕黄色	同左	
Co^{2+}	粉红色			$Co(OH)_2$↓(粉红色)→CoO(OH)↓(褐色)	难溶	碱式盐沉淀(蓝色)	$[Co(NH_3)_6]^{2+}$(土黄色)→$[Co(NH_3)_6]^{3+}$(红棕色)	$[Co(OH)]_2CO_3$↓(粉红色)	$[Co(NH_3)_6]^{2+}$→$[Co(NH_3)_6]^{3+}$		CoS↓(黑色)	CoS↓(黑色)			
Ni^{2+}	苹果绿色			$Ni(OH)_2$↓(绿色)	难溶	碱式盐沉淀(浅绿色)	$[Ni(NH_3)_6]^{2+}$(蓝色)	$[Ni(OH)]_2CO_3$↓(绿色)	$[Ni(NH_3)_6]^{2+}$(蓝色)		NiS↓(黑色)	NiS↓(黑色)			$K_2Ni(CrO_4)_2 \cdot 2H_2O$↓(黄色)

附录 18　常见阴离子与常用试剂反应总表

试剂 离子	稀 H_2SO_4 或稀 HCl	$BaCl_2$		$AgNO_3$		I_2-淀粉	$KMnO_4$	KI-淀粉
		中性或酸性溶液	酸性溶液或生成 Ba^{2+} 盐沉淀后加酸	中性或微酸性溶液	稀 HNO_3 中			
SO_4^{2-}		$BaSO_4\downarrow$ (白色)	$BaSO_4\downarrow$ (白色)	$Ag_2SO_4\downarrow$ (白色) 浓缩液中析出，溶于大量水				
SO_3^{2-}	$SO_2\uparrow$	$BaSO_3\downarrow$ (白色)	溶解放出 $SO_2\uparrow$	$Ag_2SO_3\downarrow$ (白色)		SO_4^{2-} 蓝色褪去	SO_4^{2-} $KMnO_4$ 紫红色褪去	
$S_2O_3^{2-}$	$SO_2\uparrow + S\downarrow$	$BaS_2O_3\downarrow$ (白色)	溶解放出 $SO_2\uparrow$ $+S\downarrow$	$Ag_2S_2O_3\downarrow$ $\rightarrow Ag_2S\downarrow$ 颜色由白→黄→棕→黑	$S\downarrow$	$S_4O_6^{2-}$ 蓝色褪去	SO_4^{2-} $KMnO_4$ 紫红色褪去	
CO_3^{2-}	$CO_2\uparrow$	$BaCO_3\downarrow$ (白色)	溶解放出 $CO_2\uparrow$		$CO_2\uparrow$			
PO_4^{3-}		$Ba_3(PO_4)_2\downarrow$ (白色)	溶解	$Ag_3PO_4\downarrow$ (黄色)				
SiO_3^{2-}	$H_2SiO_3\downarrow$ (白色凝胶)	$BaSiO_3\downarrow$ (白色)	$H_2SiO_3\downarrow$	$Ag_2SiO_3\downarrow$ (黄色)	$H_2SiO_3\downarrow$			
Cl^-				$AgCl\downarrow$ (白色)	$AgCl\downarrow$		Cl_2 $KMnO_4$ 紫红色褪去	
Br^-				$AgBr\downarrow$ (淡黄色)	$AgBr\downarrow$		Br_2 $KMnO_4$ 紫红色褪去	
I^-				$AgI\downarrow$ (黄色)	$AgI\downarrow$		I_2 $KMnO_4$ 紫红色褪去	
S^{2-}				$Ag_2S\downarrow$ (黑色)	$Ag_2S\downarrow$	$S\downarrow$ 蓝色褪去	$S\downarrow$ $KMnO_4$ 紫红色褪去	
NO_3^-								
NO_2^-	$NO_2\uparrow$ $+NO\uparrow$			$AgNO_2\downarrow$ (浅黄色)			NO_3^- $KMnO_4$ 紫红色褪去	$NO\uparrow$ KI-淀粉液变蓝